策略管理個案集

Strategic
Management

An Analytical Introduction

原著：
George Luffman
Edward Lea
Stuart Anderson
Brian Kenny

賴士葆　推薦
王秉鈞　校閱
李茂興　譯者

弘智文化事業有限公司

Strategic Management

An Analytical Introduction

This edition published 1996
Reprinted 1996, 1997
Blackwell Publishers Ltd
108 Cowley Road
Oxford OX4 1JF, UK

Blackwell Publishers Inc
350 Main Street
Malden, Massachusetts 02148, USA

Chinese edition copyright ©2001

By Hurng -Chih Book Co.,Ltd..

For sales in Worldwide.

ISBN   957-0453-28-1

Printed in Taiwan, Republic of China

原書序

　　本書《策略管理個案集》與姊妹品《策略管理》已將作者先前的兩本書：《企業政策：分析性導引》（Business Policy: An Analytical Introduction）與《企業政策個案》（Cases in Business Policy），做了徹底的更新。個案是全新的素材，將有助於學生掌握時代的脈動。這兩本書也是作者群超過二十年來，在教學、研究、與策略管理顧問工作的經驗結晶。

　　傳統上，企業政策的課程是開給研究生。由於他們較成熟，在學習前擁有一定的程度與工作經驗，因此他們擁有較好的基礎，能接受參與式的教學技巧，例如採用研討企業個案的方式。不論企業問題的本質如何，這些研究生通常有能力，能將自身的背景特徵，與一些分析工作相結合，例如問題分析、策略評估、以及訂出正確的行動方案。然而近年來，企業政策已涵蓋在許多大學部的課程裡，企業界也越來越想了解在自己經營的環境中有哪些變化。

　　特別是近幾年來，大學部學生的數目大量增加，學生／教職員的比率提高，使教授越來越難以經常更新課程，以符合學生的期望。針對這方面，若能結合個案集，將有助於學生了解企業政策分析的基本模式與技巧。

　　企業政策的教育非常仰賴整合性的教學法，這些方法需要應用跨學科

的商業技能，理想上，這些方法應該在課程的最後階段再來介紹。然而爲了因應實際需求，學校往往必須同時安排進階的專業訓練。儘管作者嘗試將個案以按部就班的方式陳列，但在一開始，由於學生缺乏足夠的概念性知識與分析技巧，即使不會因此使教學完全無效果，仍會妨礙學生學習的過程。有鑑於此，我們精挑細選並重整課程內容，以減少這項固有的缺點。因此，《策略管理》可視爲企業政策的入門教本。此書不會將所有適合的方法都一一納入，因爲這樣會使初學本科目的學生混淆不清。

最後，我們建議，學好本科目的不二法門，便是廣泛的閱讀本書中一再引用、參考、與企業政策及企業策略相關的精彩書籍與文獻。我們深刻體會到，若想以非常嚴謹的概念架構，加在個案分析中，是一件危險的事。我們建議學生將每次所遇到的個案，都視爲有其個別價值，且是特定的狀況來分析，這才是主要的關鍵點。

簡言之，我們相信本書能帶給學習企業政策與（或）企業策略的商科大學生與研究生諸多價值。除此之外，本書對於其他管理學院的學生，如會計系與其他科系的學生也頗有助益，因爲業界越來越希望這些學生也能對企業政策有更多的了解。此外，對於那些想找尋策略制定過程中，更系統化的方法之業界人士，本書更具有實務上參考的價值。

我們要感謝我們的同事—布萊恩‧洛斯（Bryan Lowes）、彼得‧柏克利（Peter Buckley）與克利斯‧帕斯（Chriss Pass），他們分別完成本書的第九、十三與第十七章。也要感謝提姆‧古菲勒（Tim Goodfellow）及他的同事們，完成本書最後的定稿。最後，我們也要感謝提供本書資料的企業、學生與研究學者，使本書能夠完成順利出版，更衷心感謝採用本書做爲教科書的教授們，你們的採用給予作者們莫大的欣慰與動力。

企管系列叢書—主編的話

― 黃雲龍 ―

　　弘智文化事業有限公司一直以出版優質的教科書與增長智慧的軟性書爲其使命，並以心理諮商、企管、調查研究方法、及促進跨文化瞭解等領域的教科書與工具書爲主，其中較爲人熟知的，是由中央研究院調查工作室前主任章英華先生與前副主任齊力先生規劃翻譯的《應用性社會科學調查研究方法》系列叢書，以及《社會心理學》、《教學心理學》、《健康心理學》、《組織變格心理學》、《生涯諮商》、《追求未來與過去》等心理諮商叢書。

　　弘智出版社的出版品以翻譯爲主，文字品質優良，字裡行間處處爲讀者是否能順暢閱讀、是否能掌握內文眞義而花費極大心力求其信雅達，相信採用過的老師教授應都有同感。

　　有鑑於此，加上有感於近年來全球企業競爭激烈，科技上進展迅速，我國又即將加入世界貿易組織，爲了能在當前的環境下保持競爭優勢與持續繁榮，企業人才的培育與養成，實屬扎根的重要課題，因此本人與一群教授好友（簡介於下）樂於爲該出版社規劃翻譯一套企管系列叢書，在知識傳播上略盡棉薄之力。

　　在選書方面，我們廣泛搜尋各國的優良書籍，包括歐洲、加拿

大、印度，以博採各國的精華觀點，並不以美國書爲主。在範圍方面，除了傳統的五管之外，爲了加強學子的軟性技能，亦選了一些與企管極相關的軟性書籍，包括《如何創造影響力》《新白領階級》《平衡演出》，以及國際企業的相關書籍，都是極值得精讀的好書。目前已選取的書目如下所示（將陸續擴充，以涵蓋各校的選修課程）：

企業管理系列叢書

一、生產管理與作業管理類

1.《生產與作業管理》（上）（下）

2.《生產與作業管理》（精簡版）

3.《生產策略》

4.《全球化物流管理》

二、財務管理類

1.《財務管理：理論與實務》

2.《國際財務管理：理論與實務》

3.《新金融工具》

4.《全球金融市場》

5.《金融商品評價的數量方法》

三、行銷管理類

1.《行銷策略》

2.《認識顧客：顧客價值與顧客滿意的新取向》

3.《服務業的行銷與管理》

4.《服務管理：理論與實務》

5.《行銷量表》

四、人力資源管理類

　　1.《策略性人力資源管理》

　　2.《人力資源策略》

　　3.《管理品質與人力資源》

　　4.《新白領階級》

五、一般管理類

　　1.《管理概論：全面品質管理取向》

　　2.《如何創造影響力》

　　3.《平衡演出》

　　4.《國際企業與社會》

　　5.《策略管理》

　　6.《策略管理個案集》

　　7.《全面品質管理》

　　8.《組織行為管理》

　　9.《組織行為精通》

　　10.《品質概論》

　　11.《策略的賽局》

　　12.《新資訊科技的應用》

六、國際企業管理類

　　1.《國際企業管理》

　　2.《國際企業與社會》

　　3.《全球化與企業實務》

　　我們認為一本好的教科書，不應只是專有名詞的堆積，作者也不應只是紙上談兵、欠缺實務經驗的花拳秀才，因此在選書方面，我們極為重視理論與實務的銜接，務使學子閱讀一章有一章的領

悟，對實務現況有更深刻的體認及產生濃厚的興趣。以本系列叢書的《生產與作業管理》一書為例，該書為英國五位頂尖教授精心之作，除了架構完整、邏輯綿密之外，全書並處處穿插圖例說明及140餘篇引人入勝的專欄故事，包括傢俱業巨擘IKEA、推動環保理念不遺力的BODY SHOP、俄羅斯眼科怪傑的手術奇觀、美國旅館業巨人 Formule1 的經營手法、全球運輸大王 TNT、荷蘭阿姆斯特丹花卉拍賣場的作業流程、世界著名的巧克力製造商 Godia、全歐洲最大的零售商 Aldi 、德國窗戶製造商 Veka 、英國路華汽車Rover的振興史，讀來極易使人對於生產與作業管理留下深刻印象及產生濃厚興趣。

　　我們希望教科書能像小說那般緊湊與充滿趣味性，也衷心感謝你(妳)的採用。任何意見，請不吝斧正。

　　我們的審稿委員謹簡介如下(按姓氏筆劃)：

尚榮安　　助理教授

主修：國立台灣大學商學研究所 資訊管理博士
專長：資訊管理、策略管理、研究方法、組織理論
現職：東吳大學企業管理系助理教授
經歷：屏東科技大學資訊管理系助理教授、電算中心教學資訊
　　　組組長(1997-1999)

吳學良　　博士

主修：英國伯明翰大學 商學博士
專長：產業政策、策略管理、科技管理、政府與企業
　　　等相關領域
現職：行政院經濟建設委員會，部門計劃處，技正
經歷：英國伯明翰大學，產業策略研究中心兼任研究員(1995-
　　　1996)
　　　行政院經濟建設委員會，薦任技士（ 1989-1994）

工業技術研究院工業材料研究所，　副研究員(1989)

林曾祥　　副教授

主修：國立清華大學工業工程與工程管理研究所 資訊與作業
　　　研究博士

專長：統計學、作業研究、管理科學、績效評估、專案管理、
　　　商業自動化

現職：國立中央警察大學資訊管理研究所副教授

經歷：國立屏東商業技術學院企業管理副教授兼科主任(1994-
　　　1997)
　　　國立雲林科技大學工業管理研究所兼任副教授
　　　元智大學會計學系兼任副教授

林家五　　助理教授

主修：國立台灣大學商學研究所組 織行為與人力資源管理博
　　　士

專長：組織行為、組織理論、組織變革與發展、人力資源管
　　　理、消費者心理學

現職：國立東華大學企業管理學系助理教授

經歷：國立台灣大學工商心理學研究室研究員(1996-1999)

侯嘉政　　副教授

主修：國立台灣大學商學研究所 策略管理博士

現職：國立嘉義大學企業管理系副教授

高俊雄　　副教授

主修：美國印第安那大學 博士

專長：企業管理、運動產業分析、休閒管理、服務業管理

現職：國立體育學院體育管理系副教授、體育管理系主任
經歷：國立體育學院主任秘書

孫　遜　助理教授

主修：澳洲新南威爾斯大學　作業研究博士（1992-1996）
專長：作業研究、生產/作業管理、行銷管理、物流管理、工
　　　程經濟、統計學
現職：國防管理學院企管系暨後勤管理研究所助理教授（1998）
經歷：文化大學企管系兼任助理教授（1999）
　　　明新技術學院企管系兼任助理教授（1998）
　　　國防管理學院企管系講師（1997 - 1998）
　　　聯勤總部計劃署外事聯絡官（1996 - 1997）
　　　聯勤總部計劃署系統分系官（1990 - 1992）
　　　聯勤總部計劃署人力管理官（1988 - 1990）

黃正雄　博士

主修：國立台灣大學商學研究所　博士
專長：管理學、人力資源管理、策略管理、決策分　析、組織
　　　行為學、組織文化與價值觀、全球化企業管理
現職：長庚大學工商管理系暨管理學研究所
經歷：台北科技大學與元智大學 EMBA 班授課
　　　法國興業銀行放款部經理及國內企業集團管理職位等

黃志典　副教授

主修：美國威斯康辛大學麥迪遜校區　經濟學博士
專長：國際金融、金融市場與機構、貨幣銀行
現職：國立台灣大學國際企業管理系副教授

黃家齊　助理教授

主修：國立台灣大學商學研究所　商學博士

專長：人力資源管理、組織理論、組織行為

現職：東吳大學企業管理系助理教授、副主任，東吳
　　　企管文教基金會執行長

經歷：東吳企管文教基金會副執行長(1999)
　　　國立台灣大學工商管理系兼任講師
　　　元智大學資訊管理系兼任講師
　　　中原大學資訊管理系兼任講師

黃雲龍　助理教授

主修：國立台灣大學商學研究所　資訊管理博士

專長：資訊管理、人力資源管理、資訊檢索、虛擬組織、知識
　　　管理、電子商務

現職：國立體育學院體育管理系助理教授，兼任教務處註冊
　　　組、課務組主任

經歷：國立政治大學圖書資訊學研究所博士後研究(1997-
　　　1998)
　　　景文技術學院資訊管理系助理教授、電子計算機中心主
　　　任(1998-1999)
　　　台灣大學資訊管理學系兼任助理教授(1997-2000)

連雅慧　助理教授

主修：美國明尼蘇達大學人力資源發展博士

專長：組織發展、訓練發展、人力資源管理、組織學習、研究
　　　方法

現職：國立中正大學企業管理系助理教授

許碧芬　副教授

主修：國立台灣大學商學研究所 組織行為與人力資源管理博
　　　士
專長：組織行為／人力資源管理、組織理論、行銷管理
現職：靜宜大學企業管理系副教授
經歷：東海大學企業管理學系兼任副教授　（1996-2000）

陳勝源　副教授

主修：國立臺灣大學商學研究所 財務管理博士
專長：國際財務管理、投資學、選擇權理論與實務
現職：銘傳大學管理學院金融研究所副教授
經歷：銘傳管理學院金融研究所副教授兼研究發展室主任
　　　（1995-1996）
　　　銘傳管理學院金融研究所副教授兼保險系主任(1994-
　　　1995）
　　　國立中央大學財務管理系所兼任副教授(1994-1995)
　　　世界新聞傳播學院傳播管理學系副教授(1993-1994)
　　　國立臺灣大學財務金融學系兼任講師、副教授(1990-
　　　2000）

陳禹辰　助理教授

主修：國立中央大學資訊管理研究所博士
現職：東吳大學企業管理學系助理教授
經歷：任職資訊工業策進會多年

劉念琪　助理教授

主修：美國明尼蘇達大學人力資源發展博士
現職：國立中央大學人力資源管理研究所助理教授

謝棟梁　博士

主修：國立台灣大學商學研究所　資訊管理博士

專長：資訊管理、策略管理、財務管理、組織理論

現職：行政院經濟建設委員會

經歷：國立台灣大學資訊管理系兼任助理教授(1999-2001)

文化大學企業管理系兼任助理教授

證卷暨期貨發展基金會測驗中心主任

中國石油公司資訊處軟體工程師

農民銀行行員

謝智謀　助理教授

主修：美國Indiana University公園與遊憩管理學系休閒行
為哲學博士

專長：休閒行為、休閒教育與諮商、統計學、研究方法、行
銷管理

現職：國立體育學院體育管理學系助理教授、國際學術交流
中心執行秘書

中國文化大學觀光研究所兼任助理教授

經歷：Indiana University 老人與高齡化中心統計顧問

Indiana University 體育健康休閒學院統計助理講
師

目錄

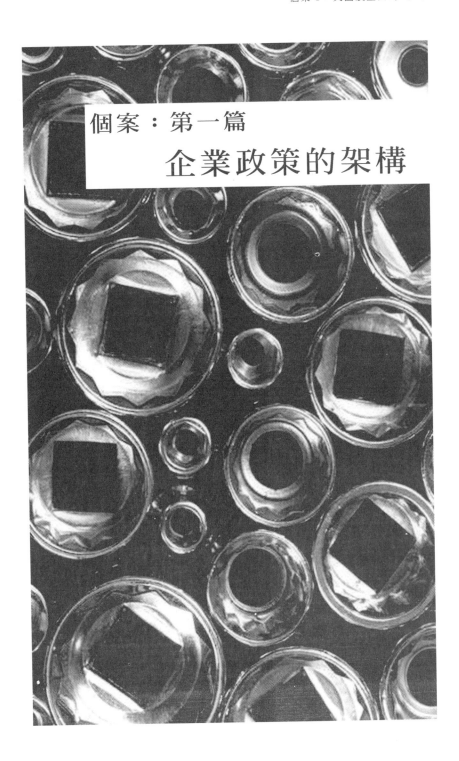

個案：第一篇
企業政策的架構

個案 1：英國航空（A）

簡介

　　1919 年，國際航空運輸在這世界上，開始首次推出國際航空運輸服務之後，就以飛快的腳步迅速發展。目前，這個產業直接雇用約 3 百萬名員工，並間接雇用了 1 千 7 百萬人，每年替世界經濟創造的產值達 7,000 億美元，即運送了 12 億 5 千萬名旅客、以及 2 千 2 百萬噸的貨物。

圖 1 世界旅客成長情形

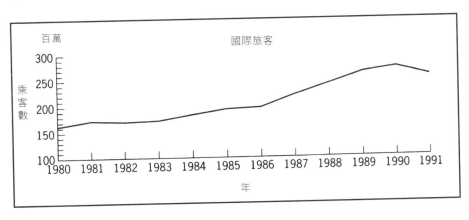

航空旅遊越來越普遍,且自 1982 年開始,不論在旅遊的頻率、或是旅客的人數,都以穩定的速度增加(見圖 1)。商務人士頻繁地於相近的兩個地點之間穿梭較一般遊客更為普遍。美國市場佔有航空服務市場一半的比重。 1991 年,英國的航空服務市場規模估計為 75 億英鎊, 65% 的市場由美國的航空公司佔有,其餘的部份,則由往來英國與世界其他國家之國際航線的國外航空公司提供服務。

空中運輸量在 1993 年至 1997 年間預計成長 6.6% ,同時將會維持這個水準十年,而東歐、東南亞包括日本、以及南美洲,會以高於此平均的速度成長。

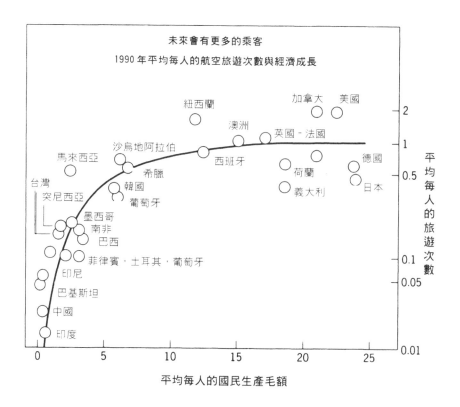

圖 2 1990 年平均每人的航空旅遊次數與經濟成長

資料來源: International Monetary Fund

短期內，需求會因為折扣機票及經濟艙的推出而揚升。然而，由於企業爭相削減費用與旅遊支出，航空業者的獲利將無法回歸到原來的水準。1989 年的載客率（airline load factors，旅客佔總座位的比率）為 64%，在 1992 年降至 59% —比損益平衡所要求的水準還要低 2%。

據估計，今日歐洲有30%的航空里程是由航線從歐洲伸展到美洲、非洲以及亞洲的特許航空公司所營運。一般而言，經特許的航空公司，在班機調度、航空人員、以及訂位系統方面較具生產力。

據估計，在下個世紀初，假日遊客、以及拜訪親戚的旅客，將會佔所有航空旅客的80%，目前這些旅客約佔50%。此外，就長期而言，航空旅遊將顯著的成長，尤其在東南亞市場，圖 2 可約略說明這樣的潛力。

然而，當價格與獲利下降時，要如何尋求資金，以因應即將來臨的成長機會，是個兩難的問題。波音公司預估在1993年至2000年間，將交付 5,500 架新型的噴射客機，這代表它每年需要尋找 450 億英鎊的資金。若要完全由公司的利潤來因應這筆資金需求，公司就必須要有高達 6% 的獲利率—這是歷史上未曾發生過的。

就其他科技的競爭而言，空中巴士產業對於近年來「最快速的旅遊方式」進行了一項推測（見圖 3）。此外，一般的公司，不論是永久性、或暫時性地以視訊會議的方式來連結組織（的不同部門），都會降低對旅遊的需求。不過，目前像這樣的技術對航空旅遊可能造成的影響卻難以估算。

解除管制

國際航空業受限於政府對於航空營運許多層面的管制，包含航線分配、航道、產能、班次、以及票價。舉例而言，國家之間的航行權、以及航空費率的規定，必須經由兩國的政府雙邊會商同意。通常每個國家對某條航線只會核准一家航空公司營運，因而限制了新的競爭。此外，通常國

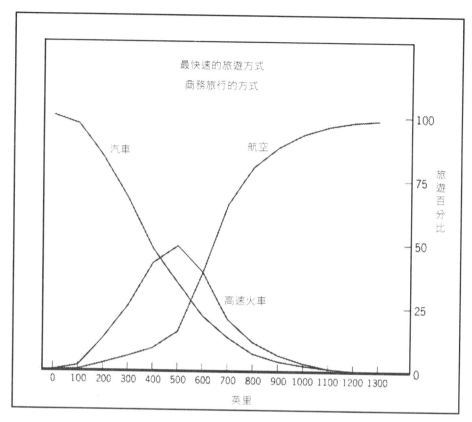

圖3 最快速的旅遊方法

營航空公司在自己的國內會擁有最好的航道。

　　近年來英國政府開始對於每條航線批准一家以上的公司加入營運，因而開啓了競爭的可能性，加上歐洲共同體（European Community）逐漸自由化，允許航空公司在雙邊協議下依照自身的產能來營運。1993年1月1日，EC宣佈航空營運不再需要特別的航線許可。因此，任何通過財務與技術測試的EC航空公司，都有資格在EC的任何國家內，取得營運執照，並可飛往它想到達的任何地點。1992年夏季，在第三項航空解禁協議中規定，費率的變更可以不事先徵詢航線兩端國家政府的意見。只有在航線兩端的政府同時質疑新費率時，才能取消新費率。1997年，EC的任

何航空公司都能夠在任何國家的國內市場中營運。然而，要 EC 與美洲，允許在彼此地市場中自由營運，還需要幾年的時間。

解除管制的目的，是要透過較多的競爭來改善服務品質，並降低費率。最可能限制潛在利益的主要因素是，歐洲主要市場之起飛跑道、以及停機棚的數量有限。這樣的困擾讓維京航空（Virgin Airways）延遲推出飛往南非的服務。英國航空佔了較為有利的位置，因為它有辦法取得 Heathrow 公司 40% 的產能，以及 Gatwick 公司 21% 的產能。主要的威脅會是未來航道的分配，而這樣的分配方法會在解除管制的過程中加以檢討。

現舉例說明管制對價格與成本的影響，例如由倫敦飛到巴黎的成本，為紐約飛到華盛頓特區（旅途的距離約略相等）的兩倍。另根據一家美國航空公司的說法，一架波音767客機在倫敦、巴黎、與法蘭克福的落地費用，分別為 1,650 、 3,950 以及 7,069 美元。整體而言，美國航空產業的勞動生產力高出歐洲達 28% 。

航空產業

表 1 列出世界上 12 大航空公司。然而，當我們將每個國家本國的顧客，自統計資料中移除時，我們可得到另一個表（見表 2 ），以及探討純益率時，又得到另一個排行（表 3 ）。

根據 IATA 的資料， 1990 年至 1992 年，整體航空業的虧損，超過1980 年代所有純益的總和。此外，除了英國航空以外，所有主要 EC 的航空公司都部份或完全為政府所擁有。因此，法國航空收到法國政府約5億美元的補貼。事實上，這樣的補貼成為了與希望消除補貼的美國在 GATT 最終的會談中討論的一項議題。然而，美國破產的航空公司，可以申請破產保護法案第十一章的保護，近年來，該法案保護了美國產業中多達三分之一的公司，也包括了數家最大的公司。 1992 年，美國主要航空公司的

表 1　　1992 年世界頂尖的航空公司

	旅客公里數*（十億）	旅客（百萬）	機隊數目
美國航空	156.7	86.0	672
聯合航空	149.1	66.7	536
達美航空	129.5	83.1	551
Aeroflot	117.4	62.6	437
西北航空	93.7	43.0	359
大陸航空	70.0	38.8	319
英國航空	69.7	25.4	229
US Air	56.5	54.7	445
法國航空	55.5	32.7	220
日本航空	55.1	24.0	103
Lufthansa	48.1	27.9	219
TWA	46.9	22.4	172

*收益旅客公里數（參閱附錄 10）

Source: Air Transport World

表 2　　　　1991 年世界十大航空公司之國際線旅客數

航空公司	旅客數目（百萬）
英國航空	17.927
Lufthansa	13.393
美國航空	12.193
法國航空	11.107
SAS	7.931
日本航空	7.820
新加坡航空	7.745
聯合航空	7.167
KLM	7.108

Source: International Air Transport Association（IATA）.

表 3　1991 年十家最賺錢與最不賺錢的航空公司

最不賺錢的 十家公司	虧損 （百萬美元）	營收 排名	最會賺錢的 十家公司	純益 （百萬美元）	營收 排名
US Air	1,229	11	新加坡航空	591	19
西北航空	1,064	9	英國航空	284	6
聯合航空	957	2	國泰航空	250	21
美國航空	935	1	KLM	177	15
達美航空	565	4	中國航空	154	34
法國航空	500	3	泰國航空	118	29
日本航空	400	7	印尼航空	82	32
伊比利航空	292	17	Air China	76	60
Lufthansa	268	5	瑞士航空	75	16
美西航空	132	38	Quantas	72	20

Source: Sunday Times 23.5.93

表 4　1991 年交易的航線

買主	賣家	航線 *	百萬美元
美國航空	東方航空	拉丁美洲系統	471
美國航空	TWA	三條美國—倫敦航線	445
達美航空	泛美航空	歐洲線	526
達美航空	泛美航空	紐約—墨西哥城	25
西北航空	美西航空	夏威夷—名古屋	15
西北航空	夏威夷航空	太平洋航線	9
US Air	TWA	兩條美國—倫敦航線	50
聯合航空	泛美航空	太平洋航線	716
聯合航空	泛美航空	美國—倫敦航線	716
聯合航空	泛美航空	拉丁美洲系統 洛杉磯—墨西哥城	148

* 某些例子中航線還包含相關設施

Source: US General Accounting Office

重大損失，可歸咎於購買國際航線、以及起飛與落地設施，如表4所示。另一項導致美國公司龐大損失的理由是，在需求只增加10%時產能的投資須增加 35%。

在過去十年內，航空公司間產生了很多結盟與交叉持股的行為。達美航空、新加坡航空、以及瑞士航空間的關係，就是這樣的例子。策略聯盟讓各公司能有效地分配旅客，並將服務結合成一項完整的商品。

交叉持股、以及持有部份股權的方式，在維持策略聯盟關係的穩定中，扮演著越來越重要的地位。這樣的情況，將能避免如同英國航空和聯合航空之間發生的情形：即聯合航空想要建立自己至歐洲的長程航線，因而解除聯盟關係。策略聯盟以及交叉持股，讓這個產業不同公司的地位，越來越趨極端，並讓越來越多人相信，該產業到最後，將只會有四到五家主要的公司能在世界各個區域營運。

1992 年 12 月，澳洲政府宣佈它接受英國航空對於 Quantas 公司 25% 股權的出價。除了Quantas擁有絕佳的航線，且東南亞的市場十分優良之外，英國航空還可以因為機隊的相似性，而在維修與採購上得到很多利益。

目前英國航空正與美國本土第五大航空公司— US Air 公司進行協商。US Air 公司飛行北美 204 個城市—英國航空也航行其中的 18 個城市。到 1991 年 12 月為止，US Air 公司的營業虧損達 12.3 億美元。這個交易是要以 300 美元的股價投資取得 US Air 公司 19.9% 的股權，這將使英國航空與美國當地的市場更緊密的連結，並可將旅客由波士頓、匹茲堡以及其他地區，載往英國航空的美國航線中。這兩家公司也同意，英國航空可以在第二階段時，再以 650 美元的股價購買 US Air 公司 43.7% 的股權。這樣的行動能夠部份滿足英國航空的長期全球策略，並讓英國航空可以跟能夠向美國主要城市、以及商業中心行銷的美國三大航空公司，站在比較平等的地位。

英國航空也以 1,725 萬英鎊的價格，買下小而美的法國 TAT 航空公

司 49% 的股權，雖然就技術上而言，這是一家獨立經營的公司，但是該公司已把客機重新漆上與英國航空完全相同的顏色。然而，這樣的規劃並非總是帶來好的結果，舉例而言，英國航空與 KLM 公司冗長的談判，以及 KLM 公司、瑞士航空、SAS 公司、和奧地利航空的合併案。後者若成功，將會創造出歐洲最大的航空公司。

訂位系統

電腦訂位系統（computer reservation systems, CRS）在航空產業興起了革命性的變化；這讓旅行社可以為複雜的行程訂位、確認不同航空公司的機位、以及在個人電腦上列印機票。這使得該系統變成世界上最大的非政府擁有之設施。根據 UBS Phillips and Drew 航空的分析師艾倫（Richard Allen）的看法，CRS 是一種控管旅客行程的方式，且將隨著旅客數目的增加而益形重要。

1987 年，英國航空在八家航空公司組成的公會、以及伽利略（Galileo）系統的發展中，都扮演著主導的地位。預計將花費 7,500 萬英鎊來發展該系統。英國航空在翌年對於在美國營運阿波羅（Apollo）訂位系統的卡維雅公司（Covia），投資了 1 億 1,300 萬美元。稍後，阿波羅與伽利略系統同意合併，成為一家 15 億美元的公司。

這樣的系統，對英國航空帶來的好處，不僅是行銷工具的價值，也可以讓英國航空得以控制自身的「存貨」—班機上特定價位的座位數（在飛越大西洋的波音 747 客機上，可能會有多達 30 種不同的票價）。美國航空說，若在每架飛機上都能多一位乘客，一年將可增加 1 億 1,400 萬美元的營業額，而獲利的增加也約略相等。

此等系統的報酬極高，最大的 CRS 系統 Sabre 於 1991 年的營業額，高達 5 億 5,500 萬美元。CRS 可為業主創造大量的資金，而且即使面臨越來越多的整合、以及乘客數增加等情形，仍能運作良好。

表 5 　 主要航空公司的電腦訂位系統

系統	擁有者	預估價值（美元）
Woldspan	TWA／達美航空	500m
System One	大陸航空	500m
Sabre	美國航空	1.5bn-2.0bn
伽利略系統	11 家美國／歐洲航空公司	400m
阿波羅系統	11 家美國／歐洲航空公司	1.1bn 以上
Amadeus	Lufthansa／法國航空	600m
Axess	日本航空	500m
Infini	全日航	500m
Abacus	5 家亞洲航空公司	650m

Source: Financial Times 9 March 1992 Daniel Green

美國市場在解除管制後，航空公司可以自由決定訂價，航空公司已發展出利潤管理系統（revenue management systems, RMS），並與競爭者分享，這種系統可以針對 CRS 的票價（自己的與競爭對手的）、承載量等等，進行例行性檢查。

英國航空

在 1974 年，BOAC 和 BEA 合併爲英國航空。此一合併產生了大額的損失，並造成產業的鬥爭。這家國有航空公司提供服務時，並不完全考慮市場的需求，並且無意改善其財務困境。

1979 年 7 月，政府宣告它賣掉英國航空持股的意願。1981 年，金恩勳爵被任命爲董事長，並被賦予振興這個集團、取得獲利、以及預備民營化的責任。這個使者改變了英國航空的管理態度以及政策。金恩勳爵擁有廣泛的權力，可以在他認爲合適時，進行「策略性」的調整，以雕塑英國航空的未來（參閱附錄 2）。

1987 年 2 月，英國航空的股票在股市中浮沈，每股的價位約 125 便

士。為了改善這樣的狀況，金恩勳爵強調將事業合理化，透過資產割售（位於 Hamble 的航空訓練大學、英國直昇機航空、以及維多利亞航空站）、裁員、以及關閉虧損航線的方式，以求降低成本。英國航空在 1983-1984 年的稅前純益為 1 億 8,500 萬英鎊，並成為一個全新的企業體。

1987 年，英國航空和英國蘇格蘭航空宣佈合併。此外，英國航空和聯合航空決定在世界各地，成為彼此的行銷伙伴。金恩勳爵談到此次的合併：

> 我們買下英國蘇格蘭航空一些十分有價值的資產，包含一個和英國航空之航線十分搭配的航線網路。此一航線網長期而言，是英國蘇格蘭航空對我們最有價值的部份。我們還未能完全發揮該航線的潛力，因此我們想致力於發掘這些新機會。

同一年，柯林·馬歇爾爵士（執行長）對於購買蘇格蘭航空，因而大大強化了英國航空之區域網路日漸提高的重要性，也作了一些評論。

1988 年 1 月，英國航空推出兩個新品牌—世界俱樂部（Club World）以及歐洲俱樂部（Club Europe）—這樣的動作，是擬以航空品牌來因應歐洲商務航空市場日益高漲的競爭情勢。英國航空在維多利亞機場投資了 1 百萬英鎊，開設了 Gatwick London 站點，提供行李的確認服務，在站點外首次提供訂位與售票設施，以及協助疲倦的商務旅客，期使英國航空的服務與其他業者進一步差異化。

1989 年，公司在世界俱樂部與歐洲俱樂部的服務上，再增添全新的頂級服務。在該年 12 月，英國航空持續擴張，簽訂了一項協議，買下 Sabena 世界航空公司 20% 的股權，讓公司可在歐洲的機場擁有更多的機位。然而，在 EC 的反對之後，當時一同參與的公司決定不再執行這項計

劃。

1990 年 2 月，公司與紐西蘭航空簽訂合作協議，柯林‧馬歇爾爵士說：「我們想以此作爲尋求在傳統市場中擴張的機會，增加我們在英國區域、以及英國以外地區的營運活動，並與其他合適的航空公司合作。」

獨立的預測機構預測在 1990 年代，航空業將以每年大約 6% 的速度成長。這樣的成長率使得航空業，到了下一個世紀將成長約一倍。然而市場逐漸成熟，以及解除管制所帶來的競爭衝擊，讓他們預期將會產生兩種類型的航空公司：大型的多國籍航空公司，以及服務利基市場的小型航空公司。爲了進一步貫徹其政策，英國航空與蘇聯航空、及蘇聯的民航部（USSR Ministry of Civil Aviation and Aeroflot），進行成立航空公司的協商，該公司將稱爲俄羅斯航空（Air Russia），以服務由莫斯科 Domodedovo 機場航行至歐洲的需求。

1990 年稍後，英國航空針對經濟艙推出了兩個新品牌—世界旅行家（World Traveller）以及歐洲旅行家（European Traveller）。1991 年，公司進行更多處分事業部的工作，英國航空將英國航空企業有限公司（British airways Enterprises Limited）賣給湯馬士餐飲集團（Thomas Cook Group Limited），並將自己的資產—保養部門，賣給 Drake and Scull 技術服務公司。同時，與蘇聯民航部未來合作的討論仍在持續進行。

1992 年，英國航空繼續處分事業部（英航引擎檢修、以及蘇格蘭航空訓練中心），另一方面也進行購買（達美航空 40% 的股權，並由 Gatwick 站點購買 Dan-Air 公司的服務）。進一步的廣告活動，將針對全世界經常航行的旅客進行促銷。

財務

該集團之損益表、資產負債表、營收分析、以及財務績效，詳列於附錄 3 至 6。

集團的獲利能力

英國航空是 1980 年代早期的主要航空公司中，唯一能夠維持營運獲利的公司。目前，英國航空是能維持獲利的兩家主要航空公司之一，另一家為新加坡航空。在 1992 年，只有這兩家航空公司，有能力競購澳洲旗艦航空公司Quantas的股權。英國航空的獲利能力，讓它擁有主要競爭對手無法享有的策略自由，這尤其可從近年來購買 Quantas 公司與 US Air 公司的股權中明顯看到。因此，英國航空能夠在全球競爭中佔據領先的地位。

1980 年代的航空運輸經歷了前所未有的成長。年復一年的成長率波動，反映著經濟活動、油價、以及變動的政治情勢。世界經濟不景氣與波斯灣戰爭，暫時抑制了這樣的成長。英國航空的營收與該產業同時俱進，然而其純益持續優於產業平均值。這有兩項主要理由：英國航空的品牌優良，讓英國航空可以順勢訂定較高的票價，以及英國航空相對較低的成本結構。

表6　　　營收成長率及純益情況

		1986	1987	1988	1989	1990	1991	1992
營收成長率	英國航空（%）	7	4	15	13	14	2	6
	產業平均（%）	11	19	13	16	13	-ve (Est)	-ve (Est)
純益	英國航空（百萬英鎊）	195	162	278	268	345	1340	285
	產業平均（十億美元）	(0.3)	0.9	1.6	0.3	(2.7)	-ve (Est)	-ve (Est)

成本績效

英國航空的成本分析請參閱附錄9。英國航空的實質成本結構，若以每 RTK（見附註 2）的費用來看的話，自民營化以來已經降低了 20%。這樣的績效，在目前 RPK（見附註 2）的成長超過旅客成長速度（1990 年 7% 相對於 4% 一資料來源 ICAO）之市場中十分重要。我們可由其目前對歐洲與國內營運、以及工業關係等問題所推出的合理化措施中發現，壓低成本結構仍然是英國航空優先的考量。

附註

1. 經濟學人

2. 參閱附錄 10 的定義

附錄 1　主要的航空公司

法國航空（Air France）

該公司是法國最重要、且最大的出口貨運航空公司之一。1990年1月，該公司買下 Union de Transports Aeriens（UTA）70% 的股權，因而控制了在法國國內航空市場幾乎擁有獨佔地位的 Air Inter 公司。

在 1991 年，法國航空在載運了世界上 1,320 萬名旅客，在歐洲的市場佔有率為 13%，而英國航空則為 21%。1990 年，該公司報導因為經濟不景氣，營收僅為 568 億法郎，且面臨長期以來的首度虧損（4億6,500萬法郎）。根據 1990 年董事長的報告，該集團野心勃勃投入一項投資計劃─購買新的客機、並增加可長程飛行的班機數量。

該公司主要的股東為法國政府，擁有99%的股權。然而近年來，法國政府的聲明中，透露他們想要將這家國營航空公司民營化的意願。

Lufthansa

在 1990 年，該德國公司報導其營收為 145 億馬克，純益為 1,500 萬馬克，且擁有 161 架飛機。

其子公司包含分布全世界的旅館與貨運公司。在 1989 年，它與法國航空簽訂了一項不涉及股權的協議，部份係針對英國航空的擴張計劃，包含在行銷與銷售的合作、針對貨運採用新式的電腦系統、共同排定服務歐洲的時間表、以及共同營運長程航線。在 1991 年，上述集團在歐洲的市場佔有率達到33.8%，此項協議進一步強化了與美國航空和Quantas公司策略聯盟的可能性。與航空集團 Alitalia、加拿大太平洋航空的策略聯盟，於 1991 年終於締結。

該公司主要的股東是德國政府，擁有 59% 的股權。

日本航空公司（Japan Airlines Company Ltd, JAL）

擁有超過 100 架飛機的機隊，JAL 採用最大以及最新的波音 747 機隊，同時打算引進更多的飛機，來滿足成長中的需求。

JAL對於景點經營、旅館、餐飲、資訊與通訊、旅遊服務、以及其他部門都很有興趣。其旗下的航空公司飛往超過 70 個國際以及國內地點，這拓展了涵蓋全球旅客以及貨運的營運範圍。在 1991 年，該公司的營收為 100 億美元，損失為 5,780 萬美元，這反映出國際航空持續面臨的嚴重問題。

在 1992 年，其國內與國際市場載客率分別為 71% 與 72.6%。根據該公司的年報所載，1991-1992年的策略包含要在主要航線上，推出更多中途不停機的班次，並增加租賃、以及與其他重要航空公司的合作，以提供顧客更佳的選擇。

美國航空（American Airlines, AA）

在1990年，美國航空擁有500架飛機的機隊，相對英國航空只有211架；且獨自成長為全球的大型航空公司。AA 可以視為解禁後的美國市場中，最成功的航空公司之一，以載客數來看，它也是是西方最大的航空公司。在 1991 年，該公司是世界第二大航空公司，載運了全世界 7,600 萬名旅客。

在 1990 年，AA 由 TWA 公司手中買下芝加哥至倫敦的航線，並由東方航空手中，買下邁阿密至倫敦的航線。一年後並買下TWA剩下由倫敦至波士頓、洛杉磯、以及紐約的航線，目前該公司在北大西洋擁有最多班次。在 1990 年，美國的航空公司之國內市場的佔有率，請參閱表 7。

KLM-Royal Dutch Airlines 公司

該公司擁有三個主要的事業部門：KLM旅客銷售與服務、KLM貨運、以及KLM作業。其航線網路是最大的國際航空公司之一，由荷蘭飛往超過 77 個國家。

　　在1989年，KLM公司買下西北航空公司(美國)、以及Avio Transit Inc.(加拿大)的股權。1991年公司的營收為荷幣54億，累計虧損為荷幣 6 億 3 千萬，載運了 710 萬名乘客。1990 年與 1991 年的載客率分別為 70.6% 以及 69.6%。在 1991 年，該公司擁有荷幣 27 億的資產。根據該公司 1991 年的年報所載，未來五年預計花費 NLG70 億的資本支出。

表7　美國的航空公司之國內市場佔有率

航空公司	市場佔有率（%）
1.美國航空	18.8
2.聯合航空	16.4
3.達美航空	15.2
4.德州航空	13.1
5.US Air	10.5
6.西北航空	8.7
7.TWA	6.1
8.美西航空	3.2
9.其他	7.8

附錄 2 重大事件摘要

日期	事件
1987 年 2 月	英國航空股價低迷。股價為 125 便士,可分兩次繳款(申請時繳付 65 便士,1987 年 8 月繳付 60 便士)。
1987 年 12 月	與聯合航空建立行銷世界的夥伴關係。
1988 年 1 月	以約 2 億英鎊的價格購併英國蘇格蘭航空。
1988 年 12 月	英國航空出價購買紐西蘭航空部份股權遭拒。
1989 年 3 月	英國航空的機隊與資產在1989年3月底重新估價。
1989 年 6 月	英國航空與 SABENA 討論購買 20% 股權的事宜。
1989 年 9 月	英國航空宣佈要投資 7 億 5 千萬美元購買聯合航空,並發行 3 億 2 千萬英鎊、利率為 9.75% 的可轉換公司債,以支應這項支出。
1989 年 10 月	英國航空修正最初的交易後撤回在聯合航空的投資。
1989 年 12 月	英國航空與KLM公司一起購買SABENA 20%的股權,並在布魯塞爾發展新的集散中心。
1990 年 3 月	英國航空宣佈班機折舊政策的改變,可節省 3 千萬英鎊,而退休金保險,重估價後,每年可以節省約 5 千萬英鎊。
1990 年 12 月	英國航空撤出對 SABENA 投資的股份。
1991 年 1 月	波斯灣戰爭爆發。
1991 年 4 月	「世界上最大的行銷活動」—為提振波斯灣戰爭後低迷的航運而推出之行銷活動。
1991 年 7 月	英國航空同意在名為俄羅斯航空的新國際航空公司中,投資 31% 的股權。英國航空投資總額估計為 2 千萬英鎊。
1991 年 9 月	同意將引擎維修事業,以 2 億 7,200 萬英鎊的價格賣給奇異電氣。
1991 年 10 月	英國航空宣佈與 KLM 公司協商合併事宜。
1992 年 2 月	與 KLM 公司合併協商,因為無法同意合資的分配比

例而失敗。

1992 年 3 月	Deutsch BA（英國航空佔有 49% 的股權）買下經營德國區域的航空公司 Delta Air。
1992 年 7 月	英國航空宣佈有條件投資 US Air 公司。
1992 年 7 月	Deutsch BA 推出飛往德國與歐洲 19 個地區的服務。
1992 年 9 月	英國航空宣佈以 1,725 萬英鎊的價格，有條件購買法國獨立的航空公司 TAT49.9% 的股權。
1992 年 10 月	英國航空宣佈以名義上 1 英鎊的價格，有條件購買 Davies and Newman Holdings 公司所有的資產及負債（估計約為 3,500 萬英鎊）。
1992 年 12 月	英國航空同意支付澳幣 665 元的股價購買 Quantas 航空 25% 股權。
1992 年 12 月	有條件同意投資 US Air 公司之協議，因為美國政府可能的讓步而中止。
1993 年 1 月	英國航空宣佈修正投資 US Air 公司的計劃。
1993 年 4 月	英國航空規避與維京航空（Virgin）打「骯髒手法」（dirty tricks）一案的官司。
1993 年 5 月	發行 4 億 5,400 萬英鎊的公司債，以支應近來的購併行動。
1993 年 6 月	英國航空因採行降低成本的活動而引發產業的不安。

附錄 3　英國航空公司－集團資產負債表

百萬英鎊	1982	1983	1984	1985	1986	1987	1988	1989	1990	1991	1992
固定資產											
有形資產（淨帳面價值）											
飛機			1,008.6	995.8	1,043	1,016	1,763	2,012	1,917	2,513	2,829
財產			168.8	158.2	166	168	236	271	339	392	420
設備			85.2	92.9	106	116	166	184	208	229	223
	1,033.5	1,079.2	1,262.6	1,246.9	1,315	1,300	2,165	2,467	2,464	3,134	3,472
投資	22.2	20.4	20.1	4.2	5	5	40	111	108	108	93
流動資產											
存貨				17	18	23	28	32	40	37	34
應收帳款				608	518	582	706	796	923	795	920
短期放款				64	24	153	117	64	300	203	706
銀行存款				21	33	19	50	24	32	22	27
	576.6	573.3	511	710	593	777	901	916	1295	1057	1687
流動負債											
債務			（409）	（497）	（500）	（594）	（839）	（1,048）	（1,046）	（904）	（973）
應計／遞延所得			（360）	（524）	（488）	（546）	（632）	（700）	（770）	（696）	（733）
	（751）	（717）	（768）	（1,021）	（988）	（1,140）	（1,471）	（1,748）	（1,816）	（1,600）	（1,706）
淨流動負債	（174）	（144）	（257）	（311）	（395）	（363）	（570）	（832）	（521）	（543）	（19）

（續）

百萬英鎊	1982	1983	1984	1985	1986	1987	1988	1989	1990	1991	1992
總資產減流動負債	882	956	1,026	940	925	942	1,635	1,746	2,051	2,699	3,546
負債											
一年內到期			（853）	（584）	（340）	（270）	（851）	（896）	（755）	（1,366）	（1,888）
債務準備			（46）	（69）	（103）	（66）	（150）	（100）	（64）	（55）	（54）
	（1,074）	（1,074）	（899）	（653）	（443）	（336）	（1,001）	（996）	（819）	（1,421）	（1,942）
	（192）	（117）	127	287	482	606	634	750	1,232	1,278	1,604
資本與保留盈餘											
股本	180	180	180	180	180	180	180	180	180	180	182
保留盈餘											
周轉			30	23	19	16	212	167	121	82	60
其他	3	0	15	2	3	（4）	（7）	（9）	302	309	319
損益彙總帳戶			（100）	81	278	413	248	411	629	707	1,043
	（195）	（117）	126	286	480	605	633	749	1,232	1,278	1,604
股東權益	（192）	（117）	127	287	482	606	634	750	1,232	1,278	1,604

附錄 4　英國航空公司 — 集團損益表

百萬英鎊	1982	1983	1984	1985	1986	1987	1988	1989	1990	1991	1992
營收											
航空	2,010.0	2,172.0	2,382.1	2,796.7	2,981	3,054	3,523	4,132	4,715	4,834	5,224
直昇機	38.3	40.8	43	37.6	38						
假日旅遊	87.1	100.6	79	99	120	178	217	102	98	79	
其他	8.1	8.6	9.6	9.2	10	13	16	23	25	24	
停業部門	97.8	174.5									
	2,241.3	2,496.5	2,513.7	2,942.5	3,149	3,263	3,756	4,257	4,838	4,937	5,224
營業費用	(2,230)	(2,311)	(2,246)	(2,650)	(2,951)	(3,090)	(3,520)	(3,921)	(4,454)	(4,770)	(4,880)
銷售成本			(2,176)	(2,581)	(2,870)	(2,993)	(3,413)	(3,816)	(4,339)	(4,653)	(4,777)
管理費用			(70)	(70)	(81)	(97)	(107)	(105)	(115)	(117)	(103)
營業純益	11.8	185.1	267.7	292.1	198.0	173.0	236.0	336.0	384.0	167.0	344.0
營業外損益				(33.0)						(120.0)	
其他收入	(2.3)	18.5	26.0	22.0	36.0	19.0	12.0	18.0	49.0	176.0	86.0
息前稅前純益	9.5	203.6	293.7	281.1	234.0	192.0	248.0	354.0	433.0	223.0	430.0
應付利息	(120.1)	(130.2)	(108.7)	(113.0)	(39.0)	(30.0)	(20.0)	(86.0)	(88.0)	(93.0)	(145.0)
稅前純益	(110.6)	73.4	185.0	168.1	195.0	162.0	228.0	268.0	345.0	130.0	285.0
稅賦	(5.4)	(9.5)	(3.2)	(2.2)	(2.0)	(14.0)	(77.0)	(93.0)	(100.0)	(35.0)	(30.0)
稅後純益	(116.0)	63.9	181.8	165.9	193.0	148.0	151.0	175.0	245.0	95.0	255.0
非常損益	(428.2)	24.7	32.7	10.2	(12.0)	4.0			1.0		140.0
純益	(544.2)	88.6	214.5	176.1	181.0	152.0	151.0	175.0	246.0	95.0	395.0
股利						(30.0)	(50.0)	(56.0)	(64.0)	(64.0)	(74.0)
保留盈餘	(544.2)	88.6	214.5	176.1	181.0	122.0	101.0	119.0	182.0	31.0	321.0

附錄 5　英國航空公司－地理分析

集團營收之地理分析（依照飛抵的區域分）

百萬英鎊	1984	1985	1986	1987	1988	1989	1990	1991	1992
英國	381.6	388	285	331	378	453	539	576	536
歐洲大陸	753.3	868	979	1,085	1,231	1,169	1,286	1,374	1,528
歐洲	1,134.9	1,256	1,264	1,416	1,609	1,622	1,825	1,950	2,064
美洲	669.9	862	1,008	982	1,175	1,374	1,619	1,615	1,645
非洲	153.8	178	179	185	237	323	356	590	665
亞澳	555.1	647	660	662	735	938	1,038	782	850
	2,513.7	2,9433	3,111	3,245	3,756	4,257	4,838	4,937	5,224

集團營業純益之地理分析

百萬英鎊	1984	1985	1986	1987	1988	1989	1990	1991	1992
歐洲	103.9	83.4	55	56	36	16	3	(10)	20
美洲	129.6	129.6	84	65	131	181	249	123	119
非洲	26.2	26.2	14	20	37	49	52	13	119
亞澳	52.9	52.9	45	33	32	90	80	41	86
	312.6	292.1	198	174	236	396	384	167	344

附錄 6　1991 年航空公司的營運績效比較

航空公司	股東權益報酬率%	毛利率%	載客率%	載客收益佔整體營收比率%	國際旅客公里數所佔比率%	ATR（百萬）	RPK（百萬）	IOTA投入效率
加拿大航空	2.4	2.1	71.4	79.4	57.2	5,723	26,677	0.817
全日航	5.6	3.5	72.5	89.4	21.5	5,895	33,081	0.758
美國航空	6.1	3.2	62.3	88.5	19.5	24,099	124,055	0.896
英國航空	14.4	4.7	70.1	82.2	94.1	13,565	64,734	0.907
達美航空	6.9	3.6	61.2	93.6	13.7	19,080	95,011	0.893
IBERIA	(0.7)	(1.5)	69.3	73.7	70.4	4,603	22,112	0.793
日本航空	4.2	3.5	73.2	74.1	76.7	12,097	52,363	0.724
KLM航空	(2.7)	(1.3)	69.6	64.0	99.6	6,587	26,504	0.734
大韓民航	2.2	1.2	72.8	59.0	87.0	5,654	19,277	0.847
Lufthansa	2.1	1.5	64.8	62.1	92.5	12,559	41,925	0.878
Quantas	8.7	2.8	68.2	66.3	100.0	5,728	27,754	0.917

附註：要由公開的財務資訊來進行航空公司的國際績效評估比較十分困難，因為（1）大部份的航空公司租用大量的飛機，以及（2）不同國家採行不同的會計制度，對獲利的租稅規範也不同，這些對資產負債表的資訊會產生不同的影響。非財務資料因為衡量單位不同，也不易運用。上表使用調整過後的公開資料，以儘可能提供共同的比較基準。因此，上述部份數字將會與公開的資料有所出入，且該表應僅用於航空公司間的比較。

（Source: Schefczyk, M., Operational Performance of Airlines, Strategic Management Journal Vol 14, 301-317 (1993)）

附錄 7　競爭者之績效數字

	KLM公司（百萬荷幣）				Lufthansa AG（百萬馬克）			
	1988	1989	1990	1991	1988	1989	1990	1991
營收	4,601.1	5,017.1	5,356.7	5,414.0	11,065.2	11,845.4	13,055.3	14,447.1
稅前純益	313.7	433.7	235.7	(504.8)	148.3	184.4	217.8	60.8
稅後純益	313.7	373.7	155.7	(353.2)	89.4	81.6	109.7	15.2
股利	94.5	105.1	105.1		84.0	96.5	121.6	6.7
保留盈餘	219.2	268.6	234.5	(630.3)	4.1	19.1	14.7	4.4
固定資產	5,982.6	6,936.4	9,064.8	9,516.5	6,532.6	7,845.7	9,038.0	11,013.9
流動資產	3,722.8	3,525.0	3,157.9	3,686.7	2,282.4	2,565.8	3,243.4	3,525.8
流動負債	2,204.7	2,194.9	2,174.2	2,323.1	996.0	1,318.9	1,710.2	1,980.9
負債	3,423.9	4,126.3	5,856.1	7,155.7	1,344.2	2,147.7	2,183.1	3,815.9
淨資產	3,030.4	3,176.7	3,328.8	2,747.1	3,941.9	4,234.5	5,524.4	5,300.1
流動比率	1.69	1.61	1.45	1.59	2.29	1.95	1.90	1.78
槓桿率（%）	53.0	56.5	63.8	72.3	25.4	33.7	28.3	41.9
營業純益率（%）	6.8	8.6	4.4	(9.3)	1.34	1.56	1.67	0.42
資本報酬率（%）	10.4	13.7	7.1	(18.4)	3.76	4.35	3.94	1.15
乘客數（千人）	6,632	6,880	7,168	7,484	21,427	22,546	23,400	26,600
飛機行里程（百萬公里）	134	145	151	163	354.2	390.0		
RPK（百萬）	22,810	24,019	25,366	26,504	39,658	42,468		
載客率（%）	70.2	70.6	71.4	71.0	69.5	68.8	68.9	66.9
損益平衡載客率（%）	65.8	66.4	68.9	76.9	68.7	68.6		

（續）附錄 7

	US Air 集團（百萬美元）				法國航空（百萬法郎）			
	1988	1989	1990	1991	1988	1989	1990	1991
營收	5,707	6,251	6,558	6,514	32,788.1	35,454.4	39,627.5	56,839.0
稅前純益	433.6	21.5	(501.1)	(173.5)	1,604.1	1,568.2	1,359.6	(668.0)
稅後純益	165.0	(63.2)	(454.4)	(305.3)	1,093.8	1,064.0	737.1	(465.5)
股利		13.2	33.1	44.3	194.7	288.3	199.9	
保留盈餘	165.0	(76.4)	(487.5)	(349.6)	1,026.7	863.9	641.4	(717.2)
固定資產	3,569	4,227	4,442	4,371	14,335.6	15,305.2	21,874.2	39,279.3
流動資產	822	936	1,029	1,238	10,081.2	11,210.3	12,615.1	15,870.7
總負債					19,268.8	20,556.4	22,687.1	41,891.0
流動負債	1,209	1,578	1,828	1,943	9,885.3	10,709.6	11,488.0	21,492.5
負債	1,333	1,468	2,263	2,115	5,148.0	6,159.1	11,802.2	13,259.0
淨資產	5,349	6,069	6,574	6,454				
流動比率	0.68	0.59	0.56	0.64	1.07	1.14	1.13	0.78
槓桿比率（%）	19.9	19.5	25.6	24.7	65.8	63.5	49.3	61.8
營業純益率（%）	7.6	0.3	(7.6)	(2.7)	4.9	4.4	3.4	(1.2)
資本報酬率（%）	8.1	0.4	(7.6)	(2.7)	31.2	25.5	11.5	-5.0
乘客數（千人）	61,900	61,200	60,100	55,600				
飛機航行里程（百萬公里）								
RPK（百萬）	50,342	54,229	57,212	54,909				
載客率（%）	60	60.6	59.8	58.6				
損益平衡載客率（%）	56	60.6	64.5	62.7				

附錄 8　英國航空公司－營運數字

百萬英鎊	1982	1983	1984	1985	1986	1987	1988	1989	1990	1991	1992
員工數											
英國						35,389	37,969	43,617	45,224	47,221	43,744
海外						5,370	6,000	6,587	6,830	7,206	6,665
	53,148	45,927	37,247	38,137	40,271	40,759	43,969	50,204	52,054	54,427	50,409
列入排程的服務											
RPK（百萬）	38,521	36,394	34,206	38,386	41,334	41,356	49,123	57,795	61,915	64,734	65,896
載客率（%）	66.7	66.5	64.1	68.5	68.0	67.0	70.2	69.6	71.5	70.1	70.2
CTK（百萬）	1,035	986	1,122	1,292	1,356	1,444	1,793	2,249	2,400	2,463	
RTK（百萬）	4,503	4,307	4,244	4,810	5,155	5,267	6,345	7,636	8,290	8,641	
整體承載率（%）	63	63.4	6..4	66.1	64.8	64.7	67.3	67	68.9	66.8	65.6
集團營運											
RTK（百萬）	4,788	4,461	4,650	5,267	5,673	5,784	6,895	8,002	8,627	8,979	
載客率（%）	63.6	61.9	64.6	67.2	66.0	66.1	67.3	67.0	68.9	66.8	65.6
搭載乘客數（千人）	16,695	16,344	16,241	18,397	19,681	20,041	23,230	24,603	25,238	25,587	
每 RTK 收益（便士）	39.08	46.00	47.85	50.07	49.27	48.88	48.01	48.73	51.36	50.54	
每 RTK 淨支出（便士）	38.63	41.55	41.91	44.52	45.77	45.89	45.30	44.83	47.21	48.99	
損益平衡載客率（%）	62.9	55.9	56.6	59.8	61.3	62.1	63.5	61.6	63.3	64.8	61.2
班機與航線											
機隊規模（年底）	162	148	150	158	158	164	197	211	224	230	230
使用狀況	2,283	2,532	2,465	2,653	2,720	2,801	2,891	2,886	2,787	2,663	2,708
（平均班機飛行時數）											
航線長度（千公里）	574	567	516	521	555	555	692	677	685	665	
飛機飛行公里數（百萬）	211		211	229	248	257	312	364	375	389	390

附錄 9　英國航空公司－成本分析（調整至 1991 年價格）

百萬英鎊	1983	1984	1985	1986	1987	1988	1989	1990	1991
平均僱用員工	45,927	37,247	38,137	40,271	40,759	43,969	50,204	52,054	54,427
整體 RTK（百萬）	4,461	4,650	5,267	5,673	5,784	6,895	8,002	8,627	8,979
每個員工 RTK（千）	97.1	124.8	138.1	140.9	141.9	156.8	159.4	165.7	165.0
總用人費用（百萬英鎊）	754	730	765	816	897	1022	1108	1087	1074
每位員工成本（英鎊）	16,412	19,609	20,071	20,255	22,009	23,240	22,080	20,891	19,733
工程成本（百萬英鎊）	187	161	163	225	240	261	277	280	285
每 RTK 工程成本（便士）	4.19	3.47	3.09	3.97	4.15	3.78	3.46	3.24	3.17
起降費用（百萬英鎊）	240	241	262	266	289	317	334	347	376
每 RTK 起降費用（便士）	5.38	5.19	4.97	4.69	5.01	4.60	4.17	4.02	4.19
後勤支出（百萬英鎊）	249	273	342	381	389	406	485	592	559
每 RTK 後勤支出（便士）	5.58	5.88	6.50	6.72	6.72	5.89	6.06	6.86	6.23
銷售成本（百萬英鎊）	302	334	402	413	435	495	566	598	566
每 RTK 銷售成本（便士）	6.77	7.18	7.63	7.28	7.52	7.17	7.07	6.94	6.30
油料支出（百萬英鎊）	782	714	806	729	461	473	474	572	598
每 RTK 油料支出（便士）	17.5	15.3	15.3	12.8	8.0	6.9	5.9	6.6	6.7
集團整體支出（百萬英鎊）	3404	3174	3505	3773	3839	4227	4453	4684	4770
每 RTK 集團支出（便士）	76.3	68.3	66.5	66.5	66.4	61.3	55.7	54.3	53.1

附錄 10 名詞解釋

產能的衡量方式

ASKs （Available seat kilometres）：
　　　可銷售的座位數乘上飛行距離。

ATKs （Available tonne kilometres）：
　　　可載運的噸數（乘客與貨品）乘上飛行距離。

運輸量的衡量方式

RPKs （Revenue passenger kilometres）：
　　　有收益的乘客乘上飛行距離。

CTKs （Cargo tonne kilometres）：
　　　有收益的貨運（商品與郵件）噸數乘上飛行距離。

RTKs （Revenue tonne kilometres）：
　　　有收益的搭載（乘客與貨運）噸數乘上飛行距離。

載客率

Load factor：
　　　RPKs 佔 ASKs 比率。

Overall load factor：
　　　RTKs 佔 ATKs 比率。

Break-even load factor：
　　　使總收益與營業成本損益兩平所要求的載客率。

航行權

First freedom：
　　　飛越其他國家領土而不須降落的特權。

Second freedom：
　　　因為非承載因素（如為了重新加油或技術問題，但不能搭載或卸下承載）而
　　　在另一個國家降落之特權。

Third freedom：
　　　在另一個國家卸下乘客、郵件、以及貨品之特權。

Fourth freedom：
　　　在另一個國家承載目的地為該航空公司之註冊國的乘客、郵件、以及貨品之

特權。

Fifth freedom：

在一國註冊的航空公司可以進入另一國承載乘客、郵件、以及貨品，並運至第三個國家卸下的特權。

Six freedom：

在一國註冊的航空公司可以在第二國搭載乘客、郵件、以及貨運，航行中通過該航空公司之註冊國，並將他們運到第三國卸下的特權。

個案 2：N&P 建築融資合作社

在 1995 年，建築融資合作社界被艾比公司（Abbey National）欲惡意購併 N&P 建築融資合作社（National & Provincial Building Society）的消息所震驚。由於建築融資合作社是一種由成員、而非股東所「擁有」的互助組織，因此一般認為，任何想要接管建築融資合作社的意圖，必須經過融資合作社同意。事實上，這樣的情況在艾比公司出價之前一向如此。這次的出價並非針對融資合作社的股權，而是針對艾比公司成員（存款者與借款者）的股份，即每位成員約可獲得 650 英鎊。這也即針對在出價之前，那些帳戶中至少有 100 英鎊的成員。前述數字是由艾比公司的聲明中所推估出來的，該公司宣佈將提供 N&P 成員豐厚的紅利，使 N&P 的淨資產價值增加 7 億 3200 萬英鎊。據估計，艾比公司的出價約為 120 萬英鎊。

這並不代表 N&P 不賺錢，事實上其獲利持續成長（見圖 1）。在 1995 年，N&P 是英國第九大建築融資合作社。至 1989 年為止，艾比公司一直是第二大建築融資合作社，但是在該年轉變為一家銀行，並在股票市場中上市。由那時起，其股價就持續上揚（見圖 2）。

這次的交易，與艾比公司在 1997 年宣稱其 40% 的稅前收益要來自非

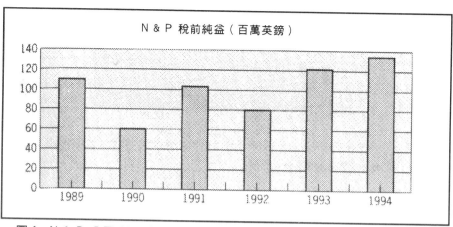

圖 1　N & P 公司 1989 年至 1994 年之稅前純益

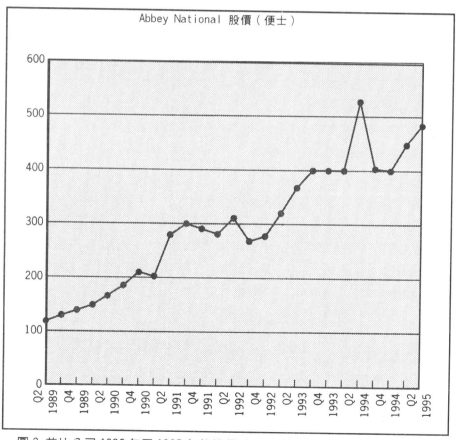

圖 2　艾比公司 1989 年至 1995 年的股價（便士）

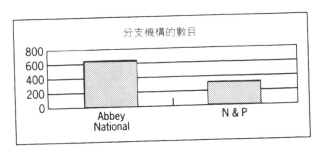

圖 3 1995 年分支機構的數目

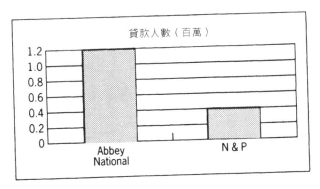

圖 4 房屋貸款人數

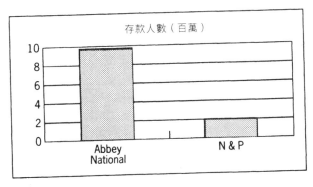

圖 5 存款人數（百萬）

傳統產業之多角化策略是否有關並不是很清楚。

在艾比公司的企圖更明顯之後，N&P 的董事會接到了一些其他的提案。很有趣的是，後者在人們蜂擁而至，想要在該組織身上分些好處時，必須停止帳戶的申請。在收到一些方案之後，董事會必須思考下一步該怎麼做。

艾比公司大部份的事業基地在南方，而 N&P 則在北方。如圖 3、4、5 所示，該融資合作社遠比艾比公司來得小。

金融服務

建築融資合作社是金融服務部門的一部份，目的在於滿足一般大眾與產業界對資金的需求。在 1980 年代，英國的法規進行根本性的修正，因而使該產業的競爭環境起了大幅度的變動。這代表建築融資合作社及銀行，雖然在之前超過 50 年的時間內，只在自己的市場區隔中營運，現在它們也可以彼此競爭。如表 1 所示，在 1993 年，個人部門的總資產爲 1 兆 5,750 億英鎊。

從表中我們可以發現，1993 年退休金與人壽保險佔個人部門資產總額的 54.1%，其次是建築融資合作社存款佔 12.4%，銀行存款（10.7%）以及英國證券（12.5%）是另外兩個超過 10% 的類別。

個人部門的資金需求如圖 6 所示。

借款

借款有許多用途。首先，借款可以用來購買房子：建築融資合作社是購物貸款的主要提供者。第二，家庭裝潢以及購買汽車等等的個人貸款：這些可以直接向銀行、金融機構的各種旗下公司申貸。第三，可透過信用卡取得信用。不同的借款方法之相對使用情形，詳列於表 2。該表亦顯示透過銀行、建築融資合作社、以及政府的新存款。

表 1　個人部門資產，1987-1993

十億英鎊	1987	1988	1989	1990	1991	1992	1993
現金	11.5	12.5	13.3	13.2	13.6	14.6	15.5
英國政府公債	19.0	12.5	9.6	8.6	10.4	18.0	25.3
國家存款	34.9	36.3	34.8	35.6	37.7	43.5	46.6
稅務工具	0.3	0.3	0.3	0.3	0.3	0.3	0.3
N.I.政府公債	0.2	0.2	0.2	0.2	0.2	0.1	0.1
地方政府債務	0.6	0.6	0.4	0.2	0.2	0.3	0.3
銀行存單	79.9	94.3	141.6	156.6	162.0	167.1	168.7
建築融資合作社存款	129.3	149.6	140.6	158.5	175.8	186.3	195.2
共同基金	16.6	17.8	25.5	18.2	20.0	23.7	42.2
英國證券	113.6	119.1	146.0	123.4	138.1	153.8	1967
海外證券	9.9	11.4	12.4	9.0	10.5	12.4	14.5
人壽保險/退休金	390.2	453.8	565.4	528.0	610.9	694.8	850.6
其他工具	9.2	11.0	13.5	15.4	16.3	18.7	18.4
海外投資	0.5	0.5	0.6	0.5	0.7	0.8	0.8
總計	815.7	919.9	1,104.2	1,067.7	1,196.7	1,334.4	1,575.2

附註：資料不含貿易貸款以及應計調整
Source: Central Statistical Office Financial Statistics, HMSO, table 9.1J,
Latest available Q2

圖 6　個人部門的財務需求

表2　個人部門借款與存款

	個人部門借款（十億英鎊）				英國個人部門新存款（十億英鎊）			
	購屋	個人貸款	信用卡	總計	銀行	建築融資合作社	國家存款	總計
1986	154.2	23.0	8.0	185.2	8.4	12.7	2.6	23.7
1987	183.4	27.8	9.6	220.8	8.4	14.1	2.5	25.0
1988	221.9	33.1	10.9	265.9	16.9	20.4	1.5	38.8
1989	255.5	38.2	11.7	305.4	22.2	17.6	-1.5	38.3
1990	287.8	40.6	13.3	341.7	16.2	18.2	0.9	35.3
1991	321.5	40.7	14.0	376.2	5.0	17.3	2.1	24.4
1992	339.9	39.9	14.1	393.9	4.4	10.5	4.0	18.9
1993	354.3	35.6	16.8	406.6	1.7	8.9	3.9	14.5

Source: CSO Financial Statistics, HSMO

表3　人壽保險

	新企業		原有企業		產物保險新增保費
	保單（百萬）	保費（十億英鎊）	保單（百萬）	保費（十億英鎊）	百萬英鎊
1986	9.54	5.84	95.1	6.8	3189
1987	10.29	7.09	94.4	7.7	3589
1988	8.14	5.04	93.3	8.8	4088
1989	7.53	5.43	91.8	9.6	4660
1990	7.37	5.92	91.5	10.5	4443

Source: Association of British Insurers, Insurance Directory and Yearbook Vol. III 1992

保險

　　保險業部份的規模如表3所示。保險主要由保險公司提供，但是銀行與建築融資合作社也涉足此一市場。此外據估計，建築融資合作社20%的純益來自於擔任保險公司之代理機構。該產業由少數的大型公司所主導，但是也存在著許多小公司，部份的小公司則為外國公司所擁有。

表 4　1980-1991 年英國房屋貸款增加淨額

英國房屋貸款增加淨額（百萬英鎊）

	建築融資合作社*	當地機構	保險公司	銀行	其他房貸借款者	其他公共部門	總額	Halifax BS 房屋價格指數	建築融資合作社貸款佔房價比率
1980	5,722	456	263	500		341	7,368	-	56.7
1981	6,331	271	88	2,265		353	9,483	-	61.9
1982	8,147	555	6	5,078		356	14,128	-	67.9
1983	10,928	(306)	126	3,531		40	14,520	100.0	67.5
1984	14,572	(195)	254	2,043		(42)	16,632	107.2	68.6
1985	14,711	(502)	201	4,223		60	18,573	117.0	69.2
1986	19,548	(506)	508	5,197		54	24,804	129.9	69.5
1987	15,076	(433)	988	10,104	3,952	49	29,736	149.9	67.2
1988	23,720	(329)	483	10,894	5,234	144	40,146	184.8	66.1
1989	24,002	(230)	(144)	7,108	2,952	134	33,823	223.1	66.4
1990	24,140	(322)	203	6,394	2,916	(102)	33,232	223.2	68.3
1991	20,927	(446)	(1,055)	4,775	2,172	(436)	25,939	220.5	69.0
1992	13,612	(358)	(39)	6,302	(1,394)	(102)	18,020	208.1	70.4
1993	9,271	(357)	(382)	9,712	(2,319)	(70)	15,851	202.1	69.6

* 至 1989 年第三季起不列入艾比公司

購屋

　　大部份的人最大筆的購買也許就是買房子。在 1975 年，擁有房屋的比率為 53.4%，1991 年增加到 67.5%。我們可以由表 4 中看到，在 1980 年代初期，建築融資合作社擁有 80% 的市場，這個比率數十年來幾乎沒有大幅度的變化。然而隨著法令的改變，當銀行進入這個市場之後，建築融資合作社在 1987 年的市場佔有率劇降至約為 50%，1991 年回升至 90%，而 1993 年又降回 50%。變動的原因是通貨膨脹較低時，借款者轉移至固定利率的房屋貸款，以及銀行的借款能力，讓它們能夠以低於建築融資合作社的利率取得資金。

存款與投資

　　存款（savings）通常指的是能賺取利息，且資本無風險、可全數領回的投資。銀行、及建築融資合作社的存款帳戶、Tessas，均提供商品來滿足大部分的市場。投資（investments）指的是那些資本有風險的工具，並以債券或股權的方式呈現。這些工具可能以直接、分割成小單位、或投資信託的方式銷售。處於這個存款、投資產業的公司，通常為其他大型金融機構所擁有，但是也有一些大公司還是獨立經營。不同部門的規模可以參考表 1。

資金保管與匯款

　　這部份的市場一度為銀行專屬，銀行提供設施來保管，並以現金或支票的方式支付資金。科技的變革讓顧客擁有更方便的管道，可透過信用卡以及提款機（ATMs）取得資金。如此使得建築融資合作社可同時進入這兩個領域，而且部份建築融資合作社目前也提供銀行的設施。

表5　金融機構市場

	清算銀行	建築融資合作社	保險公司	財務公司	零售業者	房屋貸款公司
標準存款帳戶	●	●				
高收益帳戶	●	●				
現金帳戶	●	*				
房屋貸款	●	●	*	*		●
個人貸款	●	*	*	●	*	
信用卡	●	*		*	●	
共同基金	●	●	●		*	
人壽保險	●	●	●			
一般保險	●	*	●			
不動產保險	*	●	●			
商業貸款	●	*		*		
商業銀行	●					

●主要競爭者
＊次要競爭者
Source: Datamonitor, Building Societies Report 1991

表6　英國金融服務之策略聯盟

建築融資合作社	保險公司	銀行	保險公司
Halifax	Halofax Life	艾比公司	Abbey Life & Scottish Mutual
Nationwide	Guardian Royal Exchange	Bank of Scotland	Standard Life
Woolwich Alliance & Leicester	Woolwich Life Scottish Amicable	巴克萊銀行 Lloyds	巴克萊人壽 Lloyds Abbey Life / Black Horse Life
Leeds Permanaent	Leeds Life	Midland	Midland Personal Financial Services
Cheltenham & Gloucester	-	西敏銀行	Nat West Life
Bradford & Bingley	Independent	蘇格蘭皇家銀行	蘇格蘭皇家保險
N & P	N & P Life	TSB Group	TSB
Britannia	Britannia Life		
Bristol & West	Eagle Star		

退休金

　　大型的金融機構，提供非以公司爲基礎的退休金；主要爲人壽保險公司。在政府尋求推廣老年年金的觀念時，這個金融服務區隔變得越來越重要。然而，部份公司的政策，以及所使用的高壓銷售技巧，短期內爲這個產業的前途籠罩了一層無法消失的陰影。

概觀

　　過去金融服務業面對相對較穩定的環境，而在 1980 年代的這十年之間，其環境則經歷了前所未有的變革。金融機構不同部門的營運領域，詳列於表 5 。不同型態最大之金融機構，請參閱附錄 2 。

　　1980年代英國改革金融服務法規的結果是，許多公司覺得它們必須提供顧客需要的所有服務，因此部份公司購併其他市場的企業，而另一些公司在進行購併、或重新創設子公司之前，採以策略聯盟的方式進行多角化。

　　表 6 詳列部份銀行、建築融資合作社以及保險公司的策略聯盟。

建築融資合作社

簡介

　　建築融資合作社的概念，起源於英國維多利亞時代勤儉與互助的美德。探討建築融資合作社的起源及其演進，是爲了瞭解它們如今的功能與活動的基本要素。由戰後至 1986 年爲止，建築融資合作社的擴展，與擁有房屋的比率持續不斷地上升。這樣的趨勢同時歸功於保守黨及工黨。

　　顧客在不同的建築融資合作社之間的選擇十分有限，因爲融資合作社在利率上存在著卡特爾協議（Cartel），產品間只有很小的差異。由於融資合作社缺乏資金貸放，這意味著若顧客是融資合作社的存款者，他就擁

有優先貸款的權利。此外，配銷點的地理範圍受限。在一個區域內，顧客僅能在少數彼此競爭的建築融資合作社間進行選擇。

建築融資合作社在 1970 年代晚期之前，幾乎完全掌控房屋貸款市場。然而，1980 年的金融市場解禁，尤其是解除銀行之資產負債表的限制，再加上重新執行依照價格來分配信用的政策，造成了房屋貸款市場的巨變。

英國在 1993 年 12 月底，共有 98 個建築融資合作社，在 1950 年有 819 個（參閱附錄 3）。然而，建築融資合作社總資產的 88.3%，由 13 家融資合作社所控制，其中只有三家擁有全國性的配銷網路。

表 7　英國建築融資合作社之統計數字摘要

| | 1992 年 12 月 | | | | |
	A 羣	B 羣	C 羣	D 羣	總計
合作社數目	13	12	18	55	98
總資產（百萬英鎊）	245,390	22,607	6,871	3,026	277,894
佔總資產比率（%）	88.3	8.1	2.5	1.1	100.0

建築融資合作社聯合會（Building Societies Association）將建築融資合作社分為 A、B、C、D 四大群體。表 7 顯示不同群體的統計數字。更詳細的資訊請參閱附錄 4。

1986 年的法案創設了建築融資合作社委員會（Building Societies Commission），並給予它更多控制融資合作社事務的權力。此一法案讓所有的建築融資合作社成為 Ombudsman 計劃的成員，並推出一項計劃，來保護法定的投資者。

1986 年法案的其他要點如下：

⊙　可在成員的同意下變更公司身分的條款。

⊙ 建築融資合作社可以由非零售的管道，籌募20%的資金（至1987年此一比率增加到40%）。

⊙ 融資合作社可以提供廣泛的購屋貸款與其他金融服務，包含匯款、不動產仲介、房屋貸款管理、信用經紀、外匯交易、讓與證書製作、人壽保險承銷等等。

⊙ 融資合作社可以因為新資產有不安全的借款、擁有土地與居住資產、以及投資子公司與關係企業，而擁有5%的商業性資產。

因此，1986年的建築融資合作社法案，允許融資合作社的活動，由單純的房屋貸款及存款，拓展至其他領域，因此讓它們可以與其他金融機構進行更大規模的競爭。

行銷

雖然品牌要透過廣告與促銷來建立，但價格仍為競爭的主要焦點。表8列出銀行與建築融資合作社的廣告支出。

表8　個人金融部門之廣告成本 1980-1992年

	銀行（百萬英鎊）	建築融資合作社（百萬英鎊）	總計（百萬英鎊）
1980	16.3	19.3	63.7
1986	57.7	61.5	258.5
1987	66.7	76.4	313.3
1988	92.6	93.6	380.0
1989	111.1	105.9	398.7
1990	102.7	121.8	411.6
1991	75.1	106.4	427.8
1992	55.0	112.2	373.7
1993	74.1	100.7	461.8
1994（至9月30日為止）	90.3	112.6	576.0

Source: Meal.

　　許多建築融資合作社都專注於特定的地理區域（如 Scaborough 建築融資合作社），然而也有非常少數的建築融資合作社專注於經營特定的顧客區隔（如 Ecology 建築融資合作社）。

　　無論如何，在存款與現金帳戶市場中，主要透過諸如 Leeds Permanent Liquid 黃金帳戶、Halifax 卡片現金和 Maxim 帳戶的廣告，來達成品牌認同的目的。建築融資合作社最強的品牌認同，可能是建築融資合作社自己的名字。

　　對於存款、不動產經紀、以及現金帳戶而言，品牌認同透過融資合作社的分支與代理網路來發展。建築融資合作社必須要努力於建立完整的品牌認同，並因為大部份的房屋貸款生意（依融資合作社不同而有 30% 至 80%）是透過中介機構而來，因此，在發展品牌認同時，通路的選擇就變得非常重要。

　　建築融資合作社的策略集群如圖 7 所示。採用的區隔要素是融資合作社提供的產品廣度、以及融資合作社在英國境內營運的地理範圍大小。

　　這樣的分群法將建築融資合作社分為五個主要的群體。諸如 Halifax 以及 Alliance & Leicester（A&L）之類遍佈全國的機構，對於清算銀行造成嚴重的衝擊。除了購併 Girobank 的 A&L 以外，這些融資合作社全部都歸屬於現金帳戶市場。然而，一些大型的融資合作社選擇專注於個人理財市場，也因此他們能夠將資本與管理資源，用於發展相對的競爭地位。

　　大部分的建築融資合作社—包含大型與中型的融資合作社，已發展出一系列其他的金融服務，包含保險、人壽保險、以及不動產代理（參閱附錄 5）。保險協議的發展提供融資合作社進入新金融市場的途徑，而且不需大幅增加資本、以及其他創建成本。因此，較小的融資合作社選擇進入核心房貸市場以外的事業。許多區域性多角化融資合作社者，則把握機會涉足保險事業。一些區域性多角化融資合作社也成為不動產經紀商，他們涉足的程度通常較淺，有些建築融資合作社擁有的資本有限，必須放棄不

圖 7 英國建築融資合作社之策略分群

動產經紀的業務。

　　被分類為專注於區域之融資合作社，是最小型的競爭者，他們仍專注於房貸與存款市場。這些融資合作社通常專注於兩個領域之一：顧客或地理區隔。由於無法像大型融資合作社能以低廉的成本募集資金，專注於地理區隔的融資合作社，通常會遭遇相當程度之經營壓力，然而他們收取的利率較低，且能滿足大型融資合作社所無法迎合的一些利基區隔之顧客。

市場通路

　　一直以來，融資合作社唯一的主要通路，就是提供所有服務的分支機構。它們現在仍然是主要的通路，但是在通路組合中的角色已經發生改變。至 1 37 年為止，分支機構的數目逐年增加，接下來就逐年減少，而在 1989 年，分支機構數目大幅降低的主要原因，是艾比公司轉變成為銀行的關係（通路詳情請參閱附錄 6）。電子支付系統以及自動櫃員機（ATM）的推出，也減少分支機構用於處理簡易交易。分支機構逐漸用於處理諸如房屋貸款、以及金融服務的貸款申請等較複雜的交易。

　　因此，建築融資合作社逐漸重視重新設計分支機構，以增加吸引力與促銷金融服務。新設計也重視給予顧客更多的空間。

　　相對於銀行而言，建築融資合作社的分支機構網路較小。然而，建築融資合作社以代理的網路，來支援分支的網路（參閱附錄 6）。

　　建築融資合作社的代理機構包含專業不動產經紀、房屋貸款經紀、金融顧問或會計師事務所，他們並不提供完整的服務。此外，公司形象在金融零售市場中，變得越來越重要，而且這在代理的情況下也難以掌控。代理機構的成本逐漸增加，不但降低了獲利，而進入不動產經紀業，也意味著須經常與競爭對手簽訂代理協議。

　　建築融資合作社使用的通路如下：

⊙　提供完整服務的分支機構

⊙　ATM

- ⊙ 海外分支機構
- ⊙ 電話金融服務
- ⊙ 中介機構
- ⊙ 郵件服務
- ⊙ 不動產代理機構
- ⊙ 直銷人員
- ⊙ 電話行銷
- ⊙ 代理商（掮客）

中介通路佔房屋貸款申請案的50%，且在英國南部特別重要。這是個除了銀行之外，對其他所有的借款者來說都十分重要的通路。集權化的放款業者通常完全依賴中介機構，而小型建築融資合作社也十分倚重它們（部份融資合作社80%-95%的房屋貸款業務是來自中介機構）。此外，大型的建築融資合作社，也運用中介機構，來使自身的資產成長。中介網路的分佈十分零碎，市場由小型的經紀商主導。人壽保險公司、以及房屋貸款公司，佔去10%的中介房屋貸款業務，並影響著大約相同大小的市場。大型不動產經紀連鎖「企業」，則佔有中介房屋貸款業務的25%。在房屋貸款市場中，中介機構的重要性未來不太可能消失。

營業成本

附錄4摘錄了部份銀行、以及建築融資合作社之成本佔所得比率。建築融資合作社平均43%的比率，讓他們比平均比率58%的銀行擁有較佳的地位。然而，上述的平均數字之分佈範圍很廣，由Cheltenham & Gloucester(C&G)的26%，到A&L的64%(大部份來自於購併Girobank)。艾比公司仍然保有過去是建築融資合作社時約45%的成本結構。

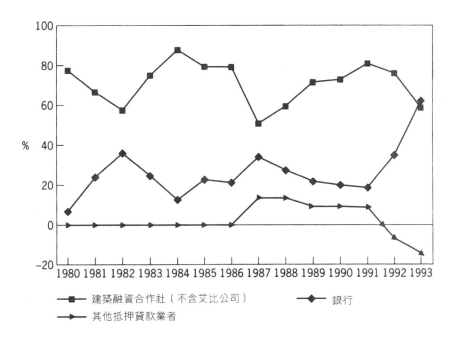

圖 8 英國淨抵押墊付：市場佔有率， 1980-1993

房屋貸款需求

　　房屋貸款仍然是建築融資合作社最大宗的產品，而房屋貸款的需求、以及市場佔有率等數字，請參閱表 9。

　　韓利中心（Henley Centre）近年來的研究預測，提供一些房屋市場前景的資訊，特別有助於回答以下兩個問題。

⊙　在 2000 年時，你預計將成為租屋者或屋主？

⊙　房屋貸款市場是否將衰退？

該研究的結果詳列於圖 9 與圖 10。

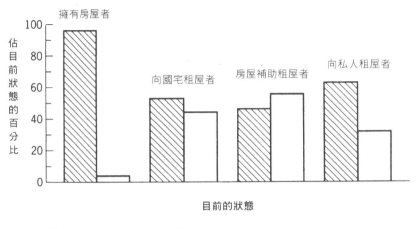

圖 9 預估住屋狀況

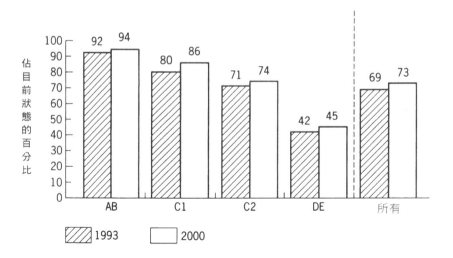

圖 10 1993-2000 年不同社會階級擁有房屋之比率預估

附註：由 BSA 的資料，目前擁有水準為 69%，這比由其他來源的數字略高

匯款

　　許多建築融資合作社想要提高他們在匯款方面的佔有率，關鍵是設置 ATM，以及將行銷、資源、及設備投入金融活動中。

　　表10的資料顯示，英國居民擁有銀行帳戶的比率，已經達到74%(三個區隔的「佔有率」數字合計)。

不動產經紀

　　不動產經紀服務市場，必須視整體房屋市場變動的速度而定。不動產經紀是向售屋者依照房屋價格來收取佣金，因此，若市場衰退且房地產難以銷售，不動產經紀的所得就會減少。

　　銀行、建築融資合作社、保險公司、以及金融集團，因為數項理由，而在 1980 年代晚期進入不動產經紀市場：

　　⊙　在蓬勃的市場中，透過資產的銷售賺取佣金

　　⊙　有交叉銷售其他金融商品與服務的機會

　　⊙　因為其他競爭對手進入該市場而跟進

　　⊙　作為在街道的良好位置獲取通路的途徑

　　據估計，在 1986 年至 1988 年期間，16,000 個通路中，有 3,500 個是由機構所控制(參閱附錄 7)。在 1989 年 1 月，前 14 大的不動產經紀連鎖擁有 5,167 個不動產經紀分支機構，大約佔市場的三分之一。據估計，這些連鎖經手了英國不動產經紀業 45% 的業務量。

　　勞合銀行(Lloyds Bank) 於 1982 年，首先進入這個市場。然而，直到 1986 年，購買機構的行動才逐漸增加。即使諸如 Asda 之類的零售

商，都嘗試涉足不動產經紀業務。之後的經濟與不動產市場不景氣，讓所有主要的不動產經紀連鎖蒙受重大損失。此外，還因為不動產經紀所增加的業務（一家建築融資合作社Databank，於1991年計算它擁有的不動產經紀連鎖，每年只貢獻3%的新房屋貸款業務），無法平衡其鉅額損失。

　　因此，大部份的大型不動產經紀連鎖都加以重組、出售、或重組後出售。剩下的業者則想要等待未來房地產市場的復甦，待資本損失較小時再售出。

表9　1975年-1992年英國房屋市場概況

	房屋量（千）A	英國屋主（千）B	擁有房屋比率（%）B／A	英格蘭暨威爾斯房屋交易（千）	換屋比率（%）	英格蘭暨威爾斯平均房價（英鎊）
1975	19,871	10,610	53.4	1,174	12	11,945
1976	20,118	10,818	53.8	1,190	12	12,759
1977	20,367	11,026	54.1	1,239	12	13,712
1978	20,542	11,120	54.1	1,365	13	15,674
1979	20,739	11,348	54.7	1,306	13	20,143
1980	20,903	11,618	55.6	1,268	11	23,514
1981	21,085	11,898	56.4	1,350	12	24,503
1982	21,251	12,270	57.7	1,540	13	24,577
1983	21,448	12,605	58.8	1,669	14	27.192
1984	21,654	12,914	59.6	1,760	14	29,648
1985	21,851	13,225	60.5	1,742	13	31,876
1986	22,062	13,576	61.5	1,800	13	36,869
1987	22,284	13,964	62.7	1,938	14	42,546
1988	22,518	14,419	64.0	2,149	15	52,632
1989	22,734	14,828	65.2	1,580	11	57,365
1990	22,928	15,094	65.8	1,398	9	62,820
1991	23,136	15,259	66.0	1,305	9	65,050
1992	23,300	15,404	66.1	1,138	6	63,633

Source: Housing Finance, Table 1, 16, 19, Building Societies Association 1993.

表 10　1991 年主要帳戶概況

	銀行無利息帳戶		銀行支付利息帳戶		建築融資合作社 支付利息帳戶	
	佔有率(%)	比率(%)	佔有率(%)	比率(%)	佔有率(%)	比率(%)
總額	27	100	35	100	12	100
男性	30	53	36	50	11	46
女性	25	47	34	50	12	54
15-19 歲	8	3	44	12	14	11
20-24 歲	28	10	33	9	15	12
25-34 歲	33	22	34	18	12	19
35-44 歲	35	22	39	19	10	14
45-54 歲	34	17	33	13	13	15
55-64 歲	24	11	35	13	13	15
65 歲以上	23	16	30	16	9	16
AB 帳戶	28	16	47	21	8	10
C1 帳戶	31	27	42	28	10	14
C2 帳戶	31	33	33	28	13	33
D 帳戶	20	14	27	14	16	24
E 帳戶	20	10	27	9	11	13

樣本為 1695 個成年人

Source: British Market Research Bureau (BRMB) / Mintel Special Report, Banks and Building Societies, 1991

附錄 1   經濟統計

	失業人數 （千人）	PSBR （十億英鎊）	每年房價上 漲比率（%）	個人實質所得 年成長率（%）	儲蓄比率（%）
1986	3,107	2.5	11.7	4.1	8.6
1987	2,822	-1.4	14.9	3.5	6.8
1988	2,295	-11.9	26.3	6.0	5.6
1989	1,795	-9.3	18.3	4.5	6.6
1990	1,661	-2.1	-0.3	2.5	8.3
1991	2,287	7.7	-1.2	-0.5	9.8
1992	2,771	30.4	-6.4	0.7	10.9

Source: Henley Centre, UK Economic Forecasts July 1993, Halifax House Price
Index.

附錄 2   英國金融服務部門集中比率

產業集中度：1992 年英國金融服務業前 15 大公司規模

排名	銀行	總資產（百萬英鎊）	規模指數
1	巴克萊銀行	138,108	100
2	西敏銀行	122,569	89
3	匯豐銀行	86,011	62
4	Midland Bank	65,632	48
5	艾比公司	57,405	42
6	勞合銀行	55,433	40
7	蘇格蘭皇家銀行	32,180	23
8	蘇格蘭銀行	25,987	19
9	TSB Group	25,810	19
10	標準渣打銀行	23,470	17
11	Warburg Group	14,292	10
12	Kleinwort Benson	9,947	7
13	Carter Allen Holdings	5,677	4
14	英格蘭銀行	5,492	4
15	Hambros	5,345	4

排名	人壽保險公司	總資產（百萬英鎊）	規模指數
1	保德信人壽	38,801	100
2	Standard Life	19,680	51
3	Norwich Union	17,775	46
4	Legal & General	17,739	46
5	Scottish Widows	11,580	30
6	Commercial Union	9,625	25
7	Sun Life Corp	8,957	23
8	Sun Alliance	8,459	22
9	Friends Provident	7,616	20
10	Allied Dunbar	7,468	19
11	Equitable Life	7,096	18
12	Royal Insurance	6,975	18
13	Scottish Amicable	6,636	17
14	Eagle Star	6,126	16
15	Lloyds Abbey Life	4,935	13

排名	保險公司	總資產（百萬英鎊）	規模指數
1	Royal Insurance	3,464	100
2	General Accident	3,219	93
3	Commercial Union	2,746	79
4	Sun Alliance	2,678	77
5	Guardian Royal Exchange	2,201	64
6	Eagle Star	1,625	47
7	Norwich Union	1,252	36
8	保德信公司	1,049	30
9	Cornhill Insurance	595	17
10	Co-operative Insurance	412	12
11	Legal & General	345	10
12	Provincial Group	331	10
13	Nat Farmers Union	315	9
14	Nat Ins & Guarantee Corp	183	5
15	Gan Minister Insurance	149	4

排名	不動產經紀	總資產（百萬英鎊）	規模指數
1	Halifax	580	100
2	Royal Life	573	99
3	Hambros	480	83
4	Black Horse	397	68
5	艾比公司	394	68
6	Nationalwide	372	64
7	General Accident	370	64
8	Legal & General	290	50
9	Woolwich	281	48
10	Scottish Widows	175	30
11	N & P	144	25
12	Bristol & West	128	22
13	Arun Estates	127	22
14	Reeds Rain	97	17
15	Alliance & Leicester	86	15

排名	建築融資合作社	總資產（百萬英鎊）	規模指數
1	Hsalifax	58,710	100
2	Nationalwide	34,119	58
3	Alliance & Leicester	20,479	35
4	Woolwich	20,165	34
5	Leeds Provincial	16,631	28
6	Cheltenham & Gloucester	14,789	25
7	Bradford & Bringley	11,910	20
8	N & P	10,708	18
9	Britannia	8,524	15
10	Bristol & West	7,141	12
11	Northern Rock	4,415	8
12	Yorkshire	4,185	7
13	Brimingham Midshires	3,745	6
14	Skipton	2,717	5
15	Portman	2,594	4
16	其他	57,058	
		277,894	

Source: The Times 100 1992/93

附錄 3　1910 年至 1990 年建築融資合作社數目

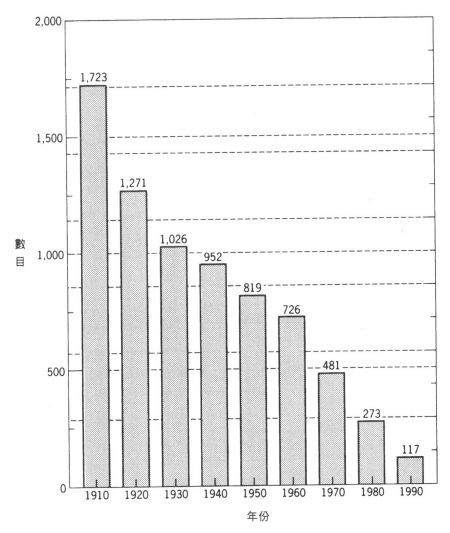

Souce:Building Societies Association Housing Finance，May 1993，Table 24

附錄 4   1989 至 1993 年英國建築融資合作社之背景資訊

英國房屋貸款增加淨額之市場佔有率

	1989	1990	1991	1992	1993
艾比公司	12.08	13.99	13.87	13.69	18.74
Halifax	18.28	16.17	14.94	17.65	18.77
Nationalwide	6.86	10.79	10.41	2.97	0.17
Woolwich	3.04	6.85	5.87	4.97	5.68
Alliance & Leicester	5.20	6.01	4.98	(2.19)	(0.96)
Leeds Permanent	6.38	4.10	5.17	4.83	4.20
Chelton and Gloucester	3.63	6.76	8.48	5.55	3.42
Bradford and Bringley	3.44	4.67	4.29	5.35	3.68
Britannia	2.38	2.42	3.06	2.63	3.62
N & P	2.38	1.84	5.10	5.79	2.36
Bristol and West	3.35	2.23	3.32	2.91	1.81
Northern Rock	1.25	1.56	3.24	5.73	6.11
Yorkshire	0.93	1.38	2.11	2.54	2.42
Birmingham Midshires	1.47	1.21	0.28	0.47	2.33
Portman	0.19	0.17	0.41	1.13	0.57
Coventry	0.94	0.85	1.24	1.50	1.03

Source: UBS Philips and Drew, Building Society Research (August 1994).

管理費用佔總所得比率（％）

	1989	1990	1991	1992	1993
艾比公司	45.21	44.06	43.70	41.85	41.83
Halifax	51.41	47.05	41.00	38.11	39.02
Nationalwide	60.98	54.10	51.43	50.11	47.48
Woolwich	46.61	52.38	57.49	49.81	47.84
Alliance & Leicester	48.57	58.34	61.98	60.41	61.74
Leeds Permanent	53.47	46.26	41.79	39.50	37.44
Chelton & Gloucester	30.52	27.56	25.90	22.10	25.07
Bradford and Bringley	47.35	45.90	44.20	39.16	42.77
Britannia	44.05	49.00	44.52	42.19	42.31
N & P	48.81	53.24	41.91	38.89	44.10
Bristol and West	51.13	51.12	53.00	57.15	55.72
Northern Rock	54.44	53.55	47.45	37.03	33.75
Yorkshire	45.38	43.18	40.07	37.56	37.30
Birmingham Midshires	58.24	67.15	55.59	48.52	47.86
Portman	43.14	57.41	47.22	42.93	48.41
Coventry	41.65	41.33	40.75	38.43	38.99

Source: UBS Philips and Drew, Building Society Research（August 1994）.

附錄 4 的術語索引

所得（Total Income）	係利息淨額加上其他所得
利息淨額（Net Interest Margin）	係向借款者收取的利息與支付給存款者利息之間的差額
所得（Total Income）	係管理費用加上準備、加上純益
平均資本（Mean Capital）	係保留盈餘（保留獲利）加上資本額（公開市場股價）
平均資產（Mean Assets）	係流動資產加上房屋貸款資產、加上商業資產（貸款）、加上固定資產（房屋以及土地）、加上其他資產
加權平均資產（Weighted Assets）	資產依照全國認可的加權數字，以風險來加權

附錄 4（續）

部份年報財務績效

	1992			1993		
	不動產經紀	準備	股東可享純益	不動產經紀	準備	股東可享純益
艾比公司	(20.0)	(274.0)	317.0	(2.0)	(218.0)	390.0
Halifax	(18.0)	(373.0)	458.0	(4.0)	(271.0)	574.0
Nationwide	(15.4)	(329.0)	117.0	(9.8)	(282.0)	168.0
Woolwich	(11.0)	(145.0)	95.0	(3.4)	(123.0)	136.0
Alliance & Leicester	(8.0)	(204.0)	(88.0)	(5.0)	(126.0)	133.0
Leeds Permanent	0.3	(105.0)	101.0	0.1	(131.0)	127.0
Cheltenham & Gloucester	-	(211.0)	86.0	-	(76.0)	132.0

Source: UBS Phillips and Drew, Building Society Research（August 1994）.

前 20 大建築融資合作社之財務績效數字（%）

	1989	1990	1991	1992	1993	平均
獲利能力						
稅前純益／平均資本	30.06	26.37	19.83	15.52	19.51	22.26
稅後純益／平均資本	19.39	17.40	13.50	11.24	12.92	14.89
稅前純益／平均資產	1.36	1.17	0.90	0.76	0.93	1.02
稅後純益／平均資產	0.88	0.77	0.61	0.51	0.61	0.68
資本品質						
總資本／風險加權資產	11.65	11.67	11.72	12.63	13.14	12.16
第一級資本／風險加權資產	9.73	9.34	9.37	10.08	10.75	9.85
營收、成本與成長						
應收利息淨額／平均資產	2.17	2.09	2.08	2.18	2.25	2.15
管理費用／平均資產	1.28	1.33	1.37	1.28	1.25	1.30
管理費用／總所得	47.65	49.53	48.89	44.44	43.30	46.76
資產成長比率	22.72	29.09	17.25	10.45	7.29	17.36
其他重要比率						
其他所得與費用／總所得	18.93	21.30	23.79	22.43	22.53	21.80
準備／平均資產	0.04	0.17	0.49	0.77	0.78	0.45
非零售資金／總資金	16.94	19.30	21.12	21.49	22.59	20.29

附錄 5　建築融資合作社之市場覆蓋範圍

	不動產經紀	個人貸款	現金帳戶	信用卡	信託	人壽／一般保險
Halifax	599	有	有	有	有	自有
Nationwide	300	有	有	無	有	連結
Alliance and Leicester	72	有	有	有	有	自有
Leeds Permanent	89	有	有	無	有	連結
Cheltenham & Gloucester	0	有	無	無	無	-
Bradford & Bringley	0	有	有	無	有	獨立經營
Britannia	25	有	無	無	有	自有
N & P	14	有	有	有	有	自有
Bristol & West	93	有	有	無	有	連結
Northern Rock	0	有	有	無	有	連結
Yorkshire	0	有	無	無	有	獨立經營
Birmingham Midshires	22	交涉中	無	無	有	連結

附錄 6　配銷網路與金融服務的策略聯盟

表 1　1987 年與 1993 年英國大型建築融資合作社之配銷網路

	1987				1993			
	分支機構	不動產經紀	ATM	代理機構	分支機構	不動產經紀	ATM	代理機構
Halifax	745	306	1,200	2,277	688	600	1,600	1,153
Nationwide	910	446	323	2,722	719	303	756	261
Woolwich	417	0	198	1,454	497	257	375	570
Alliance & Leicester	413	0	107	1,832	406	78	553	612
Cheltenham & Gloucester	173	0	0	28	236	0	0	0
Bradford & Bingley	252	0	56	728	257	0	61	433
Britannia	248	0	27	723	201	25	44	71
N & P	324	0	52	655	319	14	78	180
Bristol & West	171	0	54	382	175	135	69	0
總計	4,134	788	2,118	13,410	3,951	1,501	3,639	3,407

Source: Building Societies Yearbooks 1988 and 1994/95, Building Societies Association.

表 2　1987 年與 1992 年英國大型零售銀行之配銷網路

	1987				1992			
	分支機構	不動產經紀	ATM	代理機構	分支機構	不動產經紀	ATM	代理機構
蘇格蘭銀行	547		302	N/a	490		391	N/a
巴克萊銀行	2,767		1,384	N/a	2,281		2,683	N/a
Lloyds	2,162	454	1,918	N/a	1,884	393	2,446	N/a
Midland	2,127		1,397	N/a	1,716		1,945	N/a
國家西敏銀行	3,101		2,342	N/a	2,541		3,042	N/a
蘇格蘭皇家銀行	835		575	N/a	633		751	N/a
TSB Group	1,574	47	1,672	N/a	1,369	130	1,912	N/a
總計	13,111	501	9,590	N/a	10,914	523	13,170	N/a

附錄 7　英國不動產經紀之主要網路

	1987	1988	1989	1990	1991	1992	1993
艾比公司	88	388	406	427	373	350	344
Alliance & Leicester	-	31	110	100	92	81	80
Birmingham Midshires	-	13	96	72	71	26	22
Bristol & Bingley	-	-	-	-	-	-	-
Bristol & West	-	71	70	173	158	154	151
Britannia	-	33	44	40	34	29	25
Cheltenham & Gloucester	-	13	16	20	-	-	-
Halifax	306	575	688	622	565	550	531
Leeds Permanent	36	127	110	112	108	91	88
Nationalwide	446	520	430	400	378	361	303
N & P	-	-	-	-	-	14	14
Northern Rock	-	57	63	87	79	-	-
Norwich & Peterborough	-	6	8	9	12	10	11
Nottingham	-	15	15	16	18	18	17
Portman	-	-	7	7	8	12	13
Principality	18	22	20	19	19	20	20
Woolwich	-	13	72	130	314	257	257
Yorkshire	-	3	18	43	49	31	-
其他建築融資合作社	-	-	-	-	-	-	-
General Accident	427	612	550	500	434	390	368
Hambros	460	510	494	473	486	453	444
Black Horse	451	551	476	450	397	388	383
Legal & General	-	-	108	238	270	264	238
保德信	618	805	734	238	-	-	-
Royal Life	250	650	732	618	584	517	487
Scottish Widows	-	-	-	103	171	172	172
Sun Alliance	-	-	-	75	88	80	67
TSB	47	144	150	186	144	130	121
建築融資合作社	849	1889	2197	2344	2349	2004	1876
保險公司	1289	2067	2124	1867	1640	1876	1776
銀行	501	695	626	636	541	518	504
其他主要網路	795	937	730	573	700	704	n/a
企業不動產經紀總數	3479	5588	5677	5420	5230	4847	n/a
獨立經紀商	13021	12912	12323	10580	8770	7153	n/a
總計		16500	18500	18000	16000	14000	12000

Source: Various- Building Societies Yearbook, Building Societies Association, Estate Agency News.

附錄 8 房價與平均收入之比率

1952	3.7
1953	3.5
1954	3.4
1955	3
1956	2.8
1957	2.7
1958	2.7
1959	2.7
1960	2.6
1961	2.8
1962	2.8
1963	2.9
1964	2.9
1965	3
1966	3.1
1967	3
1968	2.9
1969	2.8
1970	2.8
1971	3
1972	3.6
1973	4
1974	4.2
1975	3.6
1976	3.5
1977	3.3
1978	3.2
1979	3.6
1980	3.5
1981	3.3
1982	3
1983	3.1
1984	3.3
1985	3.5
1986	3.6
1987	3.7
1988	4
1989	4.3
1990	3.6
1991	3.3
1992	2.8
1993	2.7
1994	2.7
1995	2.6

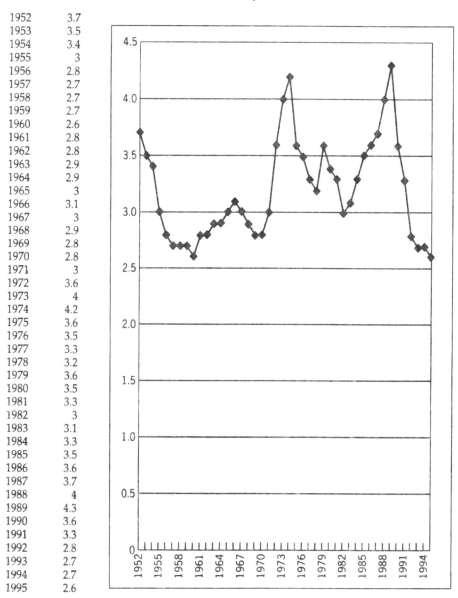

個案 3：費森公司

製藥產業

　　製藥產業是世界上最大、而且受法規規範最嚴格的產業，可定義為製造與行銷用來預防、診斷、以及治療人體與動物疾病的產品。藥品有三個主要的區隔：

- ⊙ 處方藥（Prescription Only Medicine, POM）：這些藥品不向一般大眾宣傳，並且只能透過醫師或牙醫師的處方或由醫院處取得，包含處方藥品與一般藥品。

- ⊙ 「半處方藥」或僅用於藥房之藥品（Semi Ethicals or Pharmacy Only, P）：這些藥品不得向一般大眾宣傳，可透過醫師或牙醫師處方取得，但是一般大眾，不需要處方，亦可在有藥劑師的藥房處購買。

- ⊙ 一般銷售展示商品（General Sales List Products, GSLs）：可以在櫃台上（OTC）自由廣告與購買的藥品。

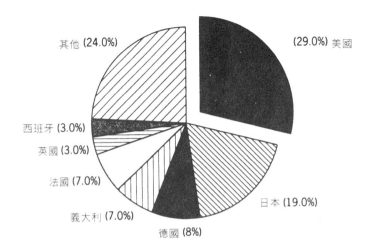

圖 1 1991 年全球製藥產業地理分佈情形

　　自 1985 年起，該產業每年以 10 % 或以每年實質 4% 的速度成長。如
圖 1 所示，1991 年全球製藥業產值幾乎有 50% 來自美國與日本。

　　美國製藥業在 1980 年代極為繁榮，在 1992 年，總值達 268 億美元。
純益率不斷提昇，而且營收穩定成長。由於藥品價格上漲，使得大公司的
純益有 17-20% 的兩位數成長。然而，由於食品與藥物管理局為了限制價
格上漲而施加壓力，大部份的分析師均同意，到了 1995 年，年獲利率將
趨緩為 13-15%（1992 年 7 月 23 日，金融時報）。部份分析師甚至預測，
整體產業營收的成長，將降至 10% 以下。

　　在 1992 年，日本為世界上第二大市場。市值達 174 億美元的日本市
場，因為人口加速老化與人們更注重健康而具有很大的潛力。然而，價格
壓力在英國也十分明顯。過去十四年中，部份藥品的價格下降了九次，而
且保健部（Ministry of Health）在 1992 年，平均削減藥價的幅度達
9%（1992 年 10 月 27 日，金融時報）。因缺乏資金與研發資源而無法加
入產業聯盟的小型公司，最容易被跨國公司收購與合併。

　　在大部份的歐洲國家中，也可以看到相同的景況。在世界第三大市場的德國中，醫療保險組織（提供所有工作者保險）降低願意爲藥品支付的金額，平均削減 5% 的價格，並執行爲期兩年的價格凍結。在義大利，制定藥品價格的國庫，拒絕接受進一步的價格調漲。目前低度開發國家佔世界人口的 76%，但是僅消費不到 15% 的藥品。

　　1989 年，全世界 OTC 與一般性藥品之年銷售額約爲 200 億美元。人們更注重健康、健康教育及預防措施的趨勢，使得 OTC 產品加速成長。OTC 銷售量成長最快的項目在於健康食品與維他命。英國的維他命市場，由 1981 年的 2 千萬英鎊，迅速成長爲 1991 年的 8 千 1 百萬英鎊。維他命的使用，通常不是用來治療，而較偏向預防，因此這個部門將隨著人們對健康的重視程度增加，以及預防措施被視爲對未來的「健康保險」，而不斷成長。一般藥品產業，包含許多較小型的公司，大多屬專業化的公司。部份公司爲重視研發的大型多國籍企業所擁有，這些大型公司迫切想要在一般藥品產業中，佔有一席之地。

　　藥品的需求決定於疾病、社會、以及人口統計變數。世界上大多數已開發的國家中，持續的趨勢是人口年齡的老化。當慢性疾病在老年人口中變得更爲普遍時，代表他們將增加消費相對的各種藥品。舉例而言，英國超過 65 歲的群體，每人藥品支出比其他年齡高出四倍。由此一人口統計趨勢中獲得最大利益的，是那些可以提供老年人慢性病治療方式的公司，如關節炎、心血管疾病、高血壓、以及中樞神經系統疾病。由於工業的發展，與污染及過敏等相關疾病也逐漸增加。呼吸相關疾病的增加速度，也比英國整體病患的成長速度來得快。

　　這個產業十分容易受到政府法規的影響。目前法規規範著製藥公司每一個活動層面，如：創新、製造、授權、行銷、訂價與獲利、配銷與國際市場。由於醫療保健機構之費用的成長，大部份原因來自人口老化、以及醫療科技高漲的成本所致，公共部門透過積極的價格管制，對公司的成本施以越來越大的壓力。

科技與迅速增加的研發成本，是這個產業的重要特徵。在 1980 年代，全世界基礎研發支出平均每年增長16%。全球研發的總成本，由1988 年的 153 億美元，提昇至 1990 年的 240 億美元，佔整體醫藥銷售收入的 15%。成長如此迅速的原因是，成功的研發是醫藥產業成功的重要因素。在過去的數年中，研發過程變得更具風險且更昂貴，而不斷發展出新產品，是製藥公司主要的競爭武器。要研發出「威力強大」的藥品，其成本可能高達 2 億 5 千萬美元。大型製藥公司的支出如表 1 所示。

專利權

在製藥產業，專利資訊的保護是一個重要議題。發展出的原始化合物受專利權保護，建立法定的獨佔地位，此讓創新者擁有償還研發與行銷成本的機會。專利權通常自化合物註冊之後，可持續 15 至 20 年，但是化合物真正商品化通常需要花費很長的時間。例如在英國，產品發展需要花費 12 年的時間，並投入 1 億至 1.5 億美元的資金。這使公司在專利權到期之前，只有幾年的時間可以回收成本，並創造利潤。

然而，自 1993 年 1 月 1 日開始，EC 多給予製藥公司 5 年的專利權保護時間（1993 年 1 月 26 日，時代週刊），這可以降低該產業所面對的部份風險。

據估計，每天都有一種藥品，因為進行的臨床測試，上述測試須花費公司 1 百萬英鎊，而被迫由市場中撤回。雖然如此，非常重要的一點是，這些藥品須能夠同時在世界各地的主要市場中推出，並迅速達到關鍵的銷售數量（critical mass）。

不同市場之審核與註冊過程各異，因此公司必須向各個國家分別申請執照，這更增加了商品化過程的額外成本。此外，不同國家批准新藥的前置時間有很大的差異。在 EC 的法規逐漸一致的情形之下，單一歐洲市場中，這種問題將會大幅緩和。

表 1　　　　　1992 年藥品研發名目成本領先的製藥公司

公司	研發支出（百萬美元）	銷售額（百萬美元）	研發佔銷售額比率（%）
Glaxo	1052.7	7247.0	14.5
默克(Merck)	987.8	8019.5	12.3
Roche	953.3	4119.9	23.1
BMS	845.0	5908.0	14.3
Hoechst	785.8	6263.9	12.5
拜耳(Bayer)	688.8	5306.4	13.0
Ciba-Geigy	677.8	4052.3	16.7
Sandoz	675.0	4440.7	15.2
SmithKline	654.6	4370.1	15.0
嬌生(Johnson)	569.0	3795.0	15.0

Source: The Financial Times, 22 April 1993.

　　一般藥品指的是該產業主流研究部門所研發、專利已過期之藥品的仿製品。一般藥品比有品牌的競爭對手便宜許多（可能便宜50%），這對國營的保健機構十分具吸引力，而這些機構是製藥產業最重要的購買者。在歐洲，一般藥品佔整體處方藥銷售量的10%，這個數字以後可能會更高，美國與日本為 20-25%。自 1983 年起，英國的一般藥品處方，到了 1989 年，逐漸成長至佔整體的36%，因為購買者更在意價格，而這樣的趨勢預料將會持續。此外，現存藥品之專利權，幾乎有80%將在未來的五年內到期。因此，近年來的趨勢是，大公司在專利權將到期時，會供應自身擁有的專利權產品之一般藥品版，這不但事先預防一般藥品製造商的衝擊，也可以提昇研發投資的回收。諸如大型製藥公司會買下小型的一般藥品製造商，這將鼓勵該產業進行更多的整合。

　　OTC 雖然不是處方藥品之替代藥品，卻是製藥公司重視的另一個領域。對傳統製藥公司而言，OTC業務逐漸增加的重要性，可由近年來的策略聯盟中看出，如：寶鹼公司與 Syntex、以及嬌生公司（Johnson & Johnson）和默克製藥（Merck）。OTC 重要的特徵是規模的重要性。一

種銷售量大且穩定的OTC產品，可以讓公司擁有通往超級市場連鎖部門的管道。ICI在1989年，將其在美國的OTC事業賣出的原因是無法達到「關鍵數量」。

平行輸入對製藥廠商構成另一項重大威脅，這是以成本較低的海外產品，回銷給母國，打擊到製造商的價格，而導致獲利的下降。

由於研發成本十分高昂，這個產業必須擁有全球性網路。唯有向全世界各地銷售，才能夠負擔研發成本。該產業逐漸由非常少數的公司所主宰。然而，產業的領導者—默克製藥，僅佔有 4.5% 的市場，這個事實強調了產業領導者專注於某些治療的區隔，而非整個市場。舉例而言，Glaxo 在呼吸藥品的市場佔有率就達到 35%，但是在整個市場的佔有率則低於 4%（參閱附錄 4 的主要競爭者）。

新藥品可能無法通過臨床試驗，這個風險意味著公司若要持續成功，就必須要不斷推出新產品。這導致近年來許多的合併案，不僅為了達到規模經濟，以對抗研發成本激增，而且做為對抗政府削減成本壓力的防禦措施。

一般相信，這個市場將會因為合併而大洗牌，而且小型公司將會被逐出市場。在 1989 年，世界上一半的銷售量，集中在 25 家公司手裡。有人認為在十年之後，這個數字將會十分接近 15 家！

這個市場現在由大型的購買者所掌控，也就是醫療保健計劃、政府機構、甚至郵購公司。舉例而言，在英國，國家保健服務（National Health Service）佔藥品銷售量的比重超過四分之三。世界大藥廠之一的SmithKline Beecham，在美國的銷售量中，有50%要依賴這些健保提供者，預計這個比率將在十年之後上升至80%。

科學儀器產業

　　科學與工業儀器市場，所包含的產品與設備之範圍十分廣泛，這些設備用來衡量、監控、測試、記錄與控制在研發、產業、或其他過程中的物理現象與材料特性。這個市場的產品十分多元，因此，供應這些不同產品的公司型態，不論在營運方面或規模，都有很大的不同。

　　據估計在1991年，英國的科學與工業儀器市場為31億英鎊；這比前一年減少 4.1%，或實質減少了 10.2%。這個趨勢指出，該產業十分仰賴經濟景氣。在 1980 年代，科學儀器市場因為英國經濟、以及歐洲情況好轉而蒙受其利，然而當前的不景氣，衝擊了全世界大部份國家，而讓該產業進入緩慢成長期。

　　雖然應用科學與工業產品的最終使用者之分佈極為廣泛，該產業的整體情況主要受到能源、製造、以及公用設施部門是否景氣的影響。這些不僅與他們在廠房、機器和研發的支出有關，也和他們產品使用的設備有關。在化學與石化部門中，對於新式廠房設備的決策通常是以全球、或者至少以區域的觀點進行考量，因此向這些最終使用者行銷頗受世界／區域之經濟情況的影響。

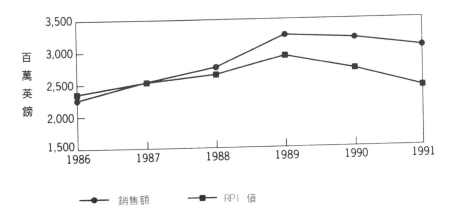

圖 2　英國科學與工業儀器之市場估計

　　這個產業是個國際性產業,許多公司在全球各地營運。由於高昂的產品開發成本,以及最終使用者主要是在全球市場營運的國際顧客,因此這樣的情況難以避免。

　　在這個產業中營運的公司,通常涉足其他事業,因此儀器產品可能只是生產或配銷營運的一部份。其營運活動可能包含其他類型的電子與電腦設備。此外,其他營運範圍很廣的公司,也可能會涉足這個產業(主要的競爭者請參閱表2)。

　　雖然有一些重要的國際公司,該產業中仍然有一些銷售額小於500萬英鎊的小型本土公司。這些公司高度專業化。因此,這個產業被區隔得十分零碎,以至於沒有單一的公司或集團,可以主導市場中的所有區隔。這個市場被區隔成好幾個產品市場,有各自獨立的供應商,在次級區隔中專業營運。因此,各個區隔內較集中。在每個區隔中,能達到關鍵銷售量,才足以負擔高昂的研發、生產以及行銷成本。整體而言,這些高昂的成本,降低了這個本來應該是高獲利、高科技市場之獲利能力。

表2　　　　1992年在藥品研發名目支出中領先的藥廠之其他事業

公司	其他事業
ABB(瑞典/瑞士)	電子、機械工程
Ciba-Geigy(瑞士)	化學、製藥
愛默生電器(美國)	電子、電機
費森(英國)	製藥
GEC(英國)	國防工業、電子、電機、通訊
惠普(美國)	電腦、國防工業
Honeywell(美國)	國防工業、電子
飛利浦(荷蘭)	電子、電腦、消費性產品
西門子(德國)	電子、電機、消費性產品、電腦、通訊
Tektronix(美國)	電子、電腦

Source: Scientific Instruments Keynote Report 1992.

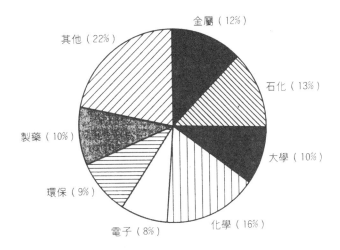

金屬（12%）
其他（22%）
石化（13%）
製藥（10%）
大學（10%）
環保（9%）
電子（8%）
化學（16%）

圖 3　1989 年對不同產業之儀器銷售量

　　這個區隔零碎的市場，允許高度專業化的公司，以較小的規模進入，或是有大型化學、工程、電子或電機集團支持的公司，以大規模進入。

　　這個產業的產品可以在所有的生產、研發、保健、公共服務與私人服務、和教育等部門中找到（參閱圖 3）。主要的最終使用者包含石油、天然氣、化學、金屬處理與工程等業者以及公用事業。因此，由於產品與顧客多元化，購買者的議價能力並不強。

費森公司（Fisons）

至 1982 年止

1982 年之前的 15 年間，公司公佈的目標如下：

- 降低費森對於肥料銷售的依賴，當時這些銷售量佔集團整體事業比重達 80%。

- 進入費森認為將會強勁成長的領域，尤其是製藥業。

- 處分過去數年來對公司無益的購併，並使用財務資源培育高度成長的領域。

　　其目的是要在也許相當小的池塘中變大，目標則是要在特定的市場中，成為第一或第二的競爭者。此刻，費森公司在抗氣喘藥品中佔有領導地位，並在英國肥料市場中排名第二。然而，雖然在涉足的所有市場中，都佔據領先的地位，其主要事業的獲利開始下滑，在 1980 年，甚至有 1,330 萬英鎊的虧損。

1983-1993 年

　　在 1983 年，費森公司的新結構浮現，核心事業為園藝、製藥、以及科學儀器。在 1984 年，約翰・克瑞吉（John Kerridge）擔任總裁兼執行長，在 1980 年代後期，主導著公司的策略。在年報中，他重新列出的目標與策略（最初於 1983 年提出）如下：

- 不論是銷售量或獲利力，都能夠同時成長。

- 在前景良好的產業中營運，這些產業有成長潛力，而且成功的業者可以有良好的獲利。此外，並自獲利較差的產業中撤出。

- 在可以透過費森的規模、以及財務、管理等資源能有效經營的領

域中營運。

　　克瑞吉相信費森所營運的這三個市場擁有這些特質，並可追求有機性與購併性的成長。在定義明確的市場中，此舉將擴大產品與地理的範圍。克瑞吉也強調嚴密控制成本的必要性，以創造正的現金流量，來支應資本支出及研發費用，及維持有機性的成長。這樣的行動，也以選擇性的購併來放大。重點在於擁有較高的生產力、以及較具競爭力的成本結構，進而能進行更具侵略性的行銷策略。管理取向為採取一種強力的中央控制、清楚的策略目標、嚴密的財務控制、以及最大程度的授權。所有的事業部都自主營運。

　　1983年，全球性的經濟不景氣，以及繼起的公共支出削減，對營運環境十分不利。費森對抗逆境的策略，是以推出新產品、滲透新市場，並以嚴密成本控制的方式，提高所有事業部的生產力與效率，來達成成長。公司發行的公司債募集到了 2,770 萬英鎊，另外還將農化事業 FBC，賣給 Schering 公司，獲得6千萬英鎊的資金，這些資金讓公司有能力支應進一步的購併行動。1984 年，經濟景況好轉，讓公司得以進一步擴張。

　　1991 年，由於 Optricom（眼藥）以及 Imferon（治療貧血）兩種藥品的處理設施無法滿足聯邦藥物署（Federal Drugs Agency, FDA）之規定，因而退出美國市場。此外，雖然費森擁有全球性市場與產品組合，其他事業部的銷售量，也仍遭受全球性經濟不景氣的衝擊。對於在 1991 年接任克瑞吉原有位置的艾根（Egan）而言，關鍵的議題在於恢復投資人對於公司的信心，並重整管理團隊，來處理主要問題。史克格（Cedric Scroggs）於 1992 年被任命為執行長，而製藥事業部的總裁佛得吉爾（Fothergill）離開了公司。

　　艾根必須要採取策略以挽救公司，並將管理重新集中於核心的技能上。他針對事業長期的景況，重新進行策略回顧。這次的檢視，導致日後公司處分了園藝以及消費者保健事業。雖然獲利，也有很高的市場佔有

率,但消費者保健卻需要很高的廣告支出,以維持成長。一般認為,費森無法達到成長所需的關鍵數量。此外,三個地理區域不同的事業可以輕易售出,以籌得必要的資金,並減少借款。由於許多大型的競爭者尋求進入OTC市場的機會,它們可以輕易的賣到很棒的價格,英國的分部以9千萬英鎊的價格,賣給了洛氏公司(Roche),而美國的分部,則以9,300萬英鎊的價格賣給Ciba Geigy。上述行動的策略理由是,使管理與財務資源能集中在核心的處方藥品及科學儀器事業上。

艾根捨棄最初的有機性成長策略,但是為了讓生產設備達到相當水準而增加的成本,導致了獲利下降。由於公司將技術設備升級,並投資在改進生產設備上面,因此1992年的資本支出達1億1,200萬英鎊。在製藥與科學儀器上研發的投資也同時增加,強調即使公司面臨困難,開發產品仍有其必要。

回顧費森公司,我們發覺費森特有的能力,就是以科學為基礎的活動。此也強調費森要在這些市場中成長,就必須要在研發、銷售、行銷與製造上,進行策略聯盟。因此,艾根的策略進行修正,在短期進行一些處分,並在長期以進行策略聯盟,而非購併的方式,來促進成長。購併的活動,不再能靠短期的現金流量或理智的股東來支應,而新策略也強調長期的研發承諾。

園藝分部

肥料是費森公司的傳統事業,但是在1960年代,英國的肥料就不再是個成長的產業了。新的競爭者開始進入市場,產能在1960年代末期與1970年代初期逐漸增加,使得價格降低,因而壓縮了獲利空間,並使這個產業變成高銷售量、日用品形式的事業。在純氮的肥料市場中,費森公司主要的競爭對手ICI,擁有60%的市場,這是費森的四倍大。在混合肥料市場中,ICI佔有35%的市場,而費森的佔有率約為25%。

在1979年,集團的肥料部銷售額上升了22%,而達到1億9620萬英

鎊，即使如此，純益卻僅有290萬英鎊，比前一年降低51%。在1982年，公司決定要退出肥料事業，並將事業賣給Norsk Hydro，因為他們瞭解，即使將營運重整，也無法讓獲利回復到原來的水準。

處分肥料部讓集團可以透過有計劃的成長以及購併的方式，集中發展園藝與農化事業。農化是費森公司另一項傳統事業。費森公司開始加速進行農化研究計劃。然而在 1980 年，公司瞭解到農化與肥料極為不同，並需要費森公司投入無法持續之成本密集研究，因此費森公司與Boots公司的農化分部進行合資。被稱為 FBC 的新公司，於 1981 年 1 月開始營運，且被視為英國主要的殺蟲劑與除草劑製造商。然而，這項合作並不成功，且在 1983 年初賣給了 Schering 公司。

園藝分部的重心，在於透過成本控制、以及較高的生產力來增加競爭力。經由針對專業與業餘園藝人士，開發具附加價值的商品，可紓解消費者對美國的泥煤之依賴。該分部向殼牌公司（Shell）購買 Bees Seeds 公司之後而更為強化，因為他們擁有良好的品牌名稱，這可以讓費森公司進入種子市場。這個行動，另外並配合針對諸如李文斯頓（Levingtons）現有品牌進行積極促銷。然而，這些產品的銷售量，不足以消除泥煤價格的波動性。泥煤市場在豐收時期因供給太多，導致市場疲弱，或如 1986 年碰上收成不佳，增加的生產與配銷成本吃掉獲利。公司為因應泥煤和肥料逐漸增高的環境壓力，推出一系列的有機肥料來回應。後來為了消除節約泥煤之環保壓力，費森後來將其礦地所有權贈予 English Nature。

雖然受到不景氣的衝擊，費森在 1991 年還是進行購併，以增加在加拿大和比利時的市場佔有率。然而，依據艾根所制定的策略，費森必須處分這個事業。掌控大部份泥煤業務的北美營運部門，於 1993 年 5 月，以 3,900 萬英鎊的價格賣給Macluan Capital公司，此外還有獲利較高的歐洲事業仍有待處分。

科學儀器分部

費森擁有兩大營運領域：

⊙ 臨床實驗室供應品，通常獲利低、銷售量大。

⊙ 分析儀器，通常數量少、獲利率高、屬高科技事業。

科學儀器分部的策略，在於投資產業中的高成長區隔，並處分或削減對成熟、衰退市場的投資。1983年，費森購併了在美國市場中，第三大高科技生物醫學產品通路商 Curtin Matheson Scientific（CMS），而轉移了該分部的注意力。此舉帶領費森公司進入新的診斷設備領域，更重要的是提供了在美國銷售英國商品的綜效，因而讓費森公司，能在過去很少有機會出現的美國科學儀器市場中，佔有一席之地。CMS策略進一步發展，轉而購買一些美國的小型專門設備製造商。這個行動有助於強化顧客服務與配銷系統，而這兩點對於成功而言極為關鍵。

其他的購併活動都在高度成長的市場區隔中進行。在1985年，公司以1,250萬英鎊，買下在高解析度氣態層析市場中，佔有領導地位的義大利公司CEST。1986年，公司以4,500萬美元的價格，買下分光計的領導製造商－應用研究實驗室（Applied Research Laboratories）。因為此一策略帶來的結果，費森公司變成該產業的領導者之一。為了維持競爭力，尤其在匯率多變的情況之下，公司的重心仍然放在成本控制與效率改善上。

費森公司的科學儀器事業部，是1980年代早期，經濟不景氣的另一犧牲者。該分部大部份的銷售額來自外銷，強勢的英鎊與美國的競爭帶來了對該分部不利的衝擊。國內的銷售又受到政府支出削減的影響，尤其是教育領域。新產品研發變得越來越重要，尤其在高科技領域中，技術的迅速變化，帶來很大的成長潛力。不過在短期，成長必須來自降低成本、較佳的效率、以及增強的競爭力。

在 1989 年，費森公司進行一個大型的購併案，以 2 億 4,400 萬英鎊的價格買下世界領先的分光計、及表面分析儀器的供應商VG Instruments公司。這次的購併案，讓費森變成市場中此區隔的第三大製造商，在1989年，銷售量排名在日本公司 Schimadu 之後，其銷售額達 3 億 4,500 萬英鎊，該年VG公司的銷售額為1億5,500萬英鎊。此外，VG是一個高科技、高獲利的事業，並涵蓋多元化的終端顧客和地理區域。較低科技的實驗室儀器事業，則賣給了三洋電機（Sanyo Electric），因為這些事業與強調高科技事業的策略不一致。

1992 年是自1980 年以來，公司面臨第一次獲利下降，因為經濟的不景氣使訂單減少。實驗室供應品事業證明在不景氣時仍十分有活力，而儀器市場則面臨高度競爭，且儀器價格必須個別敲定，以滿足顧客需求。強勢的英鎊使費森降低價格，在面臨以美元報價的對手時，能維持競爭力。此分部對抗不景氣的策略，是要犧牲獲利率，以捍衛市場佔有率。實驗室供應品事業（CMS）透過積極行銷、改善顧客服務、同時與供應商和顧客保持良好關係的方式，來獲取市場佔有率。

費森的儀器包含供應製藥產業、環保和新材料等成長事業之有機性儀器，無機性與表面科技儀器則供應諸如金屬、營造、電子與石化產業。較高的銷售成長率以及獲利率，來自有機性事業。這些產業的顧客，持續在儀器上投資，以維持自身的競爭優勢。因此費森公司的研發著重於有機性事業。產業的趨勢是，要將最先進的科技應用在較小、低成本、並使用強力軟體的儀器上。

製藥分部

費森在三個主要的醫藥市場中營運：

⊙　處方藥品（專利權處方）

⊙　OTC 藥品

⊙　如維他命之類有品牌的消費性健康食品

費森公司於1960年代晚期開始建立醫藥事業，是新企業策略的一部份。早期所發展用來治療氣喘的Intal，建立了費森在醫藥研發的地位，稍後發展出另一種氣喘藥Proxicromil，寄望能夠繼Intal之後替公司賺取利潤。由於污染與煙霧的增加，使氣喘事件與死亡率增加。氣喘是一種臨床疾病，需要持續治療，因此變成一個具吸引力的市場。氣喘病沒有理想的治療方法，因此需要公司投入高昂的研發投入，在競爭的情況下改進產品。費森專精於治療氣喘的吸入型藥品，而使用吸入型藥品的工具受到專利保護，其品質十分重要。在英國，呼吸性疾病的成長率，比其他疾病來得高。

在1979年，製藥佔費森公司純益的比率超過50%，雖然製藥只佔18%的銷售額。然而到了1982年，公司主要的藥品Intal專利權到期，純益則開始下降。此外，Proxicromil的發展停止─在投入1,200萬英鎊以及六年的研發時間之後─因為發現該產品在臨床實驗中，無法提供長期使用的安全性。產業中類似的挫折極為常見：美國公司SmithKline以及法國公司，在終止計劃之前，花費了約2千萬英鎊在研發抗癌症藥品Metiamide上面。

費森的處方藥事業，主要為氣喘與過敏相關藥品，最著名者為Intal。該公司的地理分佈極廣，這對全球性的藥品市場極為重要。該分部的重心在於滲透美國與日本兩大市場，並獲得在這兩個市場銷售現有藥品的許可。公司逐漸在美國取得關鍵數量，這主要是透過Intal的銷售。

在1980年代，英國政府在所有地方上調降DHSS的價格，一般人均關心，是否其他的國家政府也會採行相同的策略，而這會對產業的發展機會與研發水準有不利的影響。此等政策會降低成長速度，其焦點是嚴密的成本控制。

這個時期，公司推出的主要新產品是Tilade─一種消炎藥品，該產品於1988年在英國與其他歐洲市場上市。然而，當時FDA與日本當局，拒絕給予Tilade上市的許可。公司註冊了心血管藥品Dopacard，這是當

時費森公司僅有之另一項成功的研發成果。製藥分部的成長主要是有機部份，公司於此一領域，開發供作其他用途的專利藥品，以及滲透到新的市場中。此時購併動的規模較小。公司買下 Weddel 公司，以增加公司於英國一般藥品的市場佔有率。1986 年，公司以 430 萬英鎊的價格，買下英國的消費者保健公司 Radiol，顯示著消費者保健分部的重要性。公司將 Radiol 的品牌，與諸如 Sanatogen 維他命及 Paracodol 止痛劑之類現有的成功品牌加以整合。其他的購併活動包括在如墨西哥和義大利的新市場中，購買製藥公司，使能在市場中露臉。

在 1988 年，費森進行第一個大型的購併，以增加成長速度。公司以 2 億 5 千萬英鎊的價格，購入美國的 Pennwalt。Pennwalt 的產品和費森公司具有綜效：咳嗽與感冒的處方藥品、高血壓藥品、抗過敏、以及抗黴菌的 OTC 品牌。更重要的是，Pennwalt 讓費森公司得以在美國市場中佔有一席之地。這次的購併使得公司在美國處方藥品市場的銷售人員增加了一倍，在美國，同時帶給費森公司急需的研發與生產設備。此外，在美國佔據較有利的地位，可確保 FDA 核准的速度加快，尤其是在核准拖延的時間越來越長時，就像 Tilade 的情況一樣。Tilade 於 1990 年終於在歐洲核准上市，但並未得到 FDA 的批准。在美國，Imferon 的銷售量倍增，其銷售量僅次於 Intal 和 Rynacrom，成為第三大藥品。費森想要在第二大市場中，獲得更大的市場佔有率，因而將它在 Fujisawa-Fisons 公司的股權比例，提高至 65%。

研發支出最初集中在費森擁有專門知識的氣喘與過敏藥品。在 1989 年底，公司的焦點更為廣泛，並著重於四個精心挑選的領域：

⊙　發炎與免疫，開發出 Tilade 與 Topredane 藥品。

⊙　心血管藥品，如 Dopacard。

⊙　胃腸藥品。

⊙　中央神經系統失調、中風／癲癇症，如 Pennwalt 公司的藥品 Remacemide。

在1992年，美國終於核准Tilade上市時，費森的銷售成長率，比呼吸器官藥品市場整體的成長率還要高出許多，在日本，Intal和Tilade的銷售量也提高了。然而在1991年與1992年，公司因為遵行FDA標準，引發的成本使獲利受損。在美國放棄Opticom與Imferon，因而損失了4,500萬英鎊的銷售額及3,300萬英鎊的純益。而至1992年底，Opticom遲遲未獲核准，更增加了費森的困擾。

新產品推出十分有限，因為該分部集中於開發現有的產品和市場。美國的Rhone-Poulenc Rorer（RPR）銷售人員同意在美國銷售Tilade，讓費森的銷售人員之數目加倍，這對於迅速提高銷售量而言十分要緊。費森則促銷RPR一用來治療嚴重氣喘的吸入型類固醇藥品，用以輔助Tilade，該產品適用於輕微的氣喘。費森公司和眼藥品專家愛勒根公司（Allergan）進行第二項策略聯盟，即費森公司和愛勒根公司共同促銷愛勒根的產品，以獲得未來開發、銷售Tilade的衍生產品Opticom與Tilavist時之協助。這個決定，是用來因應停止重新開發Imferon的工作，因為為了要符合規定，所需的成本與時間不合成本效益。Imferon生產設備已經有35年的歷史，需要資本投資2,500-3,000萬英鎊，才符合FDA的標準。Dopacard並不適合費森的銷售與行銷技巧，因此將之授權給Portion Products，讓它在全球行銷，但費森公司仍擁有專利權。

在1992年，研發支出增加至6,450萬英鎊，並著重於兩種有利的藥品－Tipredane與Remacemide，及其他針對不同醫療領域所發展的新藥品。然而1993年，臨床階段的失敗，讓費森公司停止進一步發展Tipredane。其發展速度遠遠落於主要競爭對手Glaxo的Flixotide之後，因此將無法提供足夠的財務報酬，以支應未來（或過去）的投資。Ramacemide的開發仍持續，但一般認為費森公司沒有足夠的知識，去銷售中風／癲癇症藥品。

1995年6月謠傳，費森公司在該年年初，以5億英鎊的價格，處分科學儀器與實驗室供應品分部之後，將購併麥德瓦公司（Medeva）。一般

預料費森公司將以每股 250 便士的價格收購麥德瓦，即以 7,500 萬英鎊作價。麥德瓦自 1990 年以來的績效如表 3 所示。

表 3　麥德瓦公司自 1990 年以來的績效

至 12 月 31 日	1990	1991	1992	1993
銷售額	52.62	82.4	144.2	200.4
稅前純益	4.01	16.7	36.0	46.1

附錄 1　費森的銷售額與純益

損益表（百萬英鎊）

	1982	1983	1984	1985	1986	1987	1988	1989	1990	1991	1992
營收	350.5	365.4	552.0	646.7	702.6	760.3	823.7	1019.8	1205.1	1239.9	1284.2
成本	320.6	330.4	499.2	579.8	621.6	661.9	700.0	852.8	975.8	1067.1	1143.5
息前稅前純益	29.9	35.0	52.8	66.9	81	98.4	123.7	167.0	229.3	172.8	140.7
利息	-8.8	-3.8	-4.5	5.4	4.1	10.7	8.4	2.0	0.9	-10.2	-17.1
稅前純益	21.1	31.2	48.3	72.3	85.1	109.1	132.1	169.0	230.2	162.6	123.6
稅賦	-6.6	-6.1	-10.3	-15.7	-18.5	-23.9	-28.8	-37.3	-51.3	-42.8	-27.9
稅後純益	14.5	25.1	38.0	56.6	66.6	85.2	103.3	131.7	178.9	119.8	95.7
非常損益	-3.8	-6.6	-4.2	-3.7	-4.9	-3.9	-6.9	-11.9	-9.8	0	0
可享純益	10.7	18.5	33.8	52.9	61.7	81.3	96.4	119.8	169.1	119.8	95.7
股利	-4.7	-6.7	-9.0	-13.3	-15.9	-19.7	-29.4	-40.1	-51.6	-60.2	-60.2
保留盈餘	6.0	11.8	24.8	39.6	45.8	61.6	67.0	79.7	117.5	59.6	35.5

不同部門之銷售額分析（百萬英鎊）

銷售額（百萬英鎊）

	1980	1981	1982	1983	1984	1985	1986	1987	1988	1989	1990	1991	1992
製藥部門			126.4	158.2	198.5	220.8	249.8	281.9	327.6	473.0	478.5	484.1	427.0
科學儀器部門			85.1	101.0	291.1	358.2	380.6	410.0	419.5	467.7	603.5	644.5	676.0
園藝部門			42.0	49.7	63.0	67.7	72.2	68.4	76.6	79.1	82.0	96.7	108.0
農業活動			97.0	56.5									
	0	0	350.5	365.4	552.6	646.7	702.6	760.3	823.7	1019.8	1164.0	1225.3	1211.0

附錄 1（續）

不同部門之純益分析（百萬英鎊）

純益（百萬英鎊）	1980	1981	1982	1983	1984	1985	1986	1987	1988	1989	1990	1991	1992
製藥部門			19.4	25.0	31.2	39.0	49.8	62.8	91.5	127.7	151.7	120.8	71.0
科學儀器部門			4.8	5.7	15.8	19.2	23.2	27.0	27.0	31.2	67.2	68.4	35.0
園藝部門			2.7	3.0	5.8	8.7	8.0	8.6	5.2	8.1	10.4	11.5	11.0
農業活動			3.0	1.3									
	0	0	29.9	35.0	52.8	66.9	81.0	98.4	123.7	167.0	229.3	200.7	117.0

費森之全球銷售分佈（%）

	1984	1985	1986	1987	1988	1989	1990	1991	1992
北美	42.7	48.2	46.9	45.2	44.9	47.2	47.7	52.0	52.0
英國	20.6	19.1	19.3	18.6	18.7	15.4	13.9	14.0	13.0
歐洲	13.6	14.3	17.2	18.7	18.6	20.0	23.1	23.0	23.0
亞洲	13.2	11.4	9.7	10.7	11.0	11.0	10.3	11.0*	12.0*
非洲	1.6	1.7	2.0	2.0	1.8	1.6	1.3		
澳洲	7.1	4.8	3.9	3.7	4.1	3.8	2.9		
南美	1.2	0.5	1.0	1.1	0.9	1.0	0.8		
	100.0	100.0	100.0	100.0	100.0	100.0	100.0	100.0	100.0

*1991 年與 1992 年世界上其他地區的數字

附錄 2　費森公司資產負債表（百萬英鎊）

	1982	1983	1984	1985	1986	1987	1988	1989	1990	1991	1992
固定資產											
無形資產	21.2	22	7.8	6	5.4	6.1	7.2	12	0	0	0
有形資產	74.8	80.8	117.9	127.8	171	190.4	243.8	297.2	344.7	380.2	433.1
投資	57.4	3.8	5.1	6.7	17	14	15.6	16.4	9	0	0
固定資產總額	153.4	106.6	130.8	140.5	193.4	210.5	266.6	325.6	353.7	380.2	433.1
流動資產											
存貨	62.3	66.3	112.3	116.6	139.1	135	156.6	172.9	218.9	243.7	266.4
債權	61.5	72.2	132.1	142.9	158.6	160.6	225.8	286.6	356.2	422.9	630.7
投資										201.8	169
現金	5.3	81.7	56.1	141.4	148.2	149.3	151.8	189.9	229.6	84.6	65
流動資產總額	129.1	220.2	300.5	400.9	445.9	444.9	534.2	649.4	804.7	953	1131.1
流動負債											
1年內到期的債務	-64.8	-72.2	-149.2	-190.9	-245.1	-276.9	-424.7	-466.1	-664.3	-826.2	-962.1
流動資產淨額	64.3	148	151.3	210	200.8	168	109.5	183.3	140.4	126.8	169
總資產減流動負債	217.7	254.6	282.1	350.5	394.2	378.5	376.1	508.9	494.1	507	602.1
一年後到期的債務	-72.1	-68.2	-86.6	-46.7	-69.9	-47	-44.6	-131	-70	-51.1	-68.0
債務準備	-8.0	-8.0	-8.0	-8.5	-8.8	-1.1	-1.9	-5.7	-6.0	-6.1	-6.1
淨資產	137.6	178.4	187.5	295.3	315.5	330.4	329.6	372.2	418.1	449.8	528.0
資本與保留盈餘											
股本	37.3	44.8	49.8	60.4	61.1	123.4	147.7	148.8	171.8	172.6	172.8
資本公積	33.5	53.8	54.4	142.6	147.2	90.7	27.3	37.3	21.7	30.8	32.3
資產重估增值	19.1	18.7	18.3	14.7	23.5	22.6	22	40.2	38.2	33	14.8
損益彙總帳戶	46.5	55.1	47.2	63.4	73.7	92.7	131.7	144.5	183	209.5	302.4
其他保留盈餘			10.9	9.5							
少數股權	1.2	6.2	6.9	4.7	1.2	1	0.9	1.6	3.4	3.9	5.7
股東權益	137.6	178.6	187.5	295.3	306.7	330.4	329.6	372.4	418.1	449.8	528.0
股數（百萬）	149.2	179.2	199.2	241.6	244.4	493.6	590.8	595.2	687.2	690.4	691.2

附錄 3　競爭者與產業資料

競爭者之重要比率分析 *

	1988	1989	1990	1991	1992
淨資產報酬率	32.2	36.5	35.3	32.6	32.6
存貨天數	59	44	43	47	45
收款天數	83	79	80	86	97
借款天數	55	58	53	58	62
流動比率	1.99	1.38	1.39	1.38	1.43
速動比率	1.56	1.09	1.15	1.12	1.19
利息保障倍數	19.8	9	10	10.8	13.4
槓桿率	18.9	39.5	30.8	30.6	26.7

* 數字由平均下列公司績效而來：Unichem plc、Wellcome plc、費森公司、SmithKline Beecham、Glaxo plc、以及寶鹼公司

比率使用公式：
存貨天數 ＝ 存貨 / 銷貨成本 × 365 天
流動比率 ＝ 流動資產 / 流動負債
速動比率 ＝（流動資產 - 存貨）/ 流動負債
槓桿率 ＝ 中長期債務 / 淨資產
利息保障倍數 ＝ 息前稅前純益 / 支付利息

附錄 4　產業比較

製藥產業之毛利率（%）

	1988	1989	1990	1991	1992
產業	20	21	21		
費森 *	28	27	32	25	17
Glaxo	39	37	38	35	
ICI	27	30	35	34	
Wellcome		20	21	29	
SmithKline		17	18	21	

* 僅計算製藥部門
Source: Keynote Report UK Pharmaceutical Industry 1992.

1988-92 年產業之資本報酬率（%）

	1988	1989	1990	1991	1992
產業					
製藥	32	36	35	32	32
科學	17	14	16		

Source: Industrial Performance Analysis, ICC Business Publications.

附錄 5　每人消費藥品金額 *

	1989 年每人每年消費金額（英鎊）
日本	198
美國	110
法國	99
德國	95
瑞士	89
義大利	88
加拿大	83
芬蘭	77
比利時	74
瑞典	73
奧地利	62
英國	54
丹麥	54
西班牙	52

* 指全部消費額，包含依照製造商售價計算處方藥、醫院以及 OTC 藥品

Source: Association of British Pharmaceutical Industry from EFPIA, PMA and JPMA.

附錄 6　費森研發支出佔部門銷售額比率

	1990	1991	1992
製藥	12.1	11.5	15.2
科學儀器	1.8	3.2	3.0
整體	5.7	6.2	6.5

附錄 7　股價

年度	金融時報 100 指數	費森公司
1984 第三季	1250	140
1984 第四季	1250	175
1985 第一季	1400	175
1985 第二季	1400	210
1985 第三季	1500	290
1985 第四季	1750	300
1986 第一季	1650	310
1986 第二季	1650	250
1986 第三季	2000	320
1986 第四季	2350	370
1987 第一季	2480	340
1987 第二季	1800	260
1987 第三季	1750	270
1987 第四季	1700	275
1988 第一季	1800	240
1988 第二季	1650	235
1988 第三季	2250	260
1988 第四季	2150	280
1989 第一季	2300	360
1989 第二季	2400	370
1989 第三季	2200	340
1989 第四季	2350	380
1990 第一季	2400	365
1990 第二季	2100	370
1990 第三季	2200	500
1990 第四季	2600	515
1991 第一季	2500	510
1991 第二季	2450	305

個案 4：MFI

在 1990 年代初期，傢具與裝潢業者奮力對抗自 1989 年起的經濟蕭條所帶來之不利影響。該產業於 1992 年，面臨連續第四個艱困的年度。產業中的公司為破產與存貨過剩所困，這與 1980 年代中期的樂觀情況及強勁的顧客需求大為不同。在 1990 年，零售界第二大公司昆士威（Lowndes Queensway）因為鉅額負債而倒閉。 1992 年又發生了兩起意外：ELS 在該年初停止銷售，而專作廚房的麥格耐特（Magnet）之控股公司 Airedale Holdings ，到了該年底轉由監理人接管。

在 1991 年，英國國內傢具業五個不同的產品區隔之規模如表 1 所示。國內的傢具銷售包含對於國內家庭的銷售量，以及對於旅館、公共場所、醫療中心等機構的契約銷售。裝飾用的傢具區隔，在整體傢具中佔最大的比率，緊接其後為廚房傢具。廚房傢具區隔於 1980 年代中期，為傢具市場中的最大區隔。

消費支出

在 1980 年代初期，經濟衰退的影響逐漸遠離之後，英國家用傢具市場於 1980 年代中期復甦。於 1986 年至 1988 年間，傢具市場大幅成長，

表 1   1991 年產業的區隔與規模

主要區隔	產品種類	1991 年市場大小 （百萬英鎊）
廚房傢具	內建或固定的單位、獨立式存放單位、餐桌與座椅	1,000
臥室傢具	固定與獨立的儲放單位和梳妝台	650
床鋪與床墊	睡椅、床墊、木床、床頭櫃、以及內含彈簧及泡棉的床墊	550
客廳／餐廳傢具		
非裝飾用	餐桌、座椅、餐具架、靠牆儲物櫃、 屏風、小櫥櫃、書架、臨時餐桌	-
裝飾用	沙發、沙發床、扶手椅、以及組合椅	1,250
其他		75

表 2   消費者支出（十億英鎊）

年度	國內生產毛額	消費者支出總額	消費者傢具支出
1983	261.2	185.6	2.68
1984	280.6	198.8	2.70
1985	307.9	217.5	2.85
1986	328.2	241.6	3.15
1987	360.7	265.3	3.52
1988	401.4	299.4	4.14
1989	441.8	327.4	4.36
1990	478.9	347.5	4.48
1991	495.9	364.9	4.54
1992	516.0	382.2	4.86

但又迅速降回原來的水準。1987 年與 1988 年，消費者的傢具支出成長強勁，實質成長分別達到 7.8% 以及 16.3%。然而，1992 年消費者在傢具上的支出降回 31.2 億英鎊，以實質價值來看，和 1986 年也只有些微的差異。一般認為，該產業很難重新回復到上次經濟不景氣之前，在家庭支出中所佔的比率。雖然每年消費者在傢具上的支出百分比都會有些變化，這個比率之長期趨勢是呈現下滑的狀態。表 2 顯示自 1986 年至 1992 年間，消費者在傢具上的支出。

產業績效

在1987年與1988年間，易取得的廉價信用促進房屋的搬遷，並創造一股榮景，而這對家庭用品的銷售，產生了激勵的作用。然而，在1988年晚期與1989年早期，因為高昂的利率衝擊房屋市場，並減少消費者的支出，實質銷售量開始下滑。未來傢具產業的前景並不確定，因為傢具支出，極受房屋市場的左右。

廣告支出

傢具市場基本上都是由零售業者主導。購買時，消費者比較容易想到零售業者，而較少品牌的認同。此外，傢具的購買是一項重要的採購決策，因此消費者較願意到他們居住區域以外的地方，去進行較有利的購買行為。因此，零售業者的廣告就變得十分重要。通常廣告支出也十分高昂，舉例而言，1992年傢具零售業者，在媒體廣告上的支出約為8,200萬英鎊。表3提供一些商店的廣告支出數字。MFI是這個產業中，廣告支出最多的公司，其支出超過1,900萬英鎊。其他支出高昂的公司包含聯合商店（Allied Store）（1,050萬英鎊）、麥格耐特（Magnet）（7百萬英鎊）、以及闊爾資（Courts）（5百萬英鎊）。

表3　　　　1988年-1992年部份傢俱公司的廣告支出

公司名稱	1988	1989	1990	1991	1992
MFI	18,332	17,029	15,162	15,810	19,144
聯合商店	6,334	10,522	8,192	9,180	10,484
麥格耐特	7,642	5,895	5,457	6,373	7,123
闊爾資	4,452	4,199	5,227	4,859	4,911
Kkingsway Group	-	-	-	1,350	3,834
World of Leather	2,557	2,561	1,940	2,013	2,570
Northern Upholstery	884	949	1,265	1,624	2,106
Cantors	968	1,383	1,514	1,666	2,073
Texstyle World	461	545	689	1,009	1,425
ELS Superstore	2,870	2,231	2,105	2,240	1,175

Source: Retail Business Quarterly Trade Reviews NO. 25, March 1993.

表 4   影響英國傢具產業區隔的因素

區隔	因素
客廳／餐廳傢具	經濟景氣以及個人可支配所得
	設計與流行
	生活方式的變化
廚房傢具	搬家頻率
	人口年齡變遷
	居家結構（居家數目、主人職業）
	經濟景氣與個人可支配所得
臥室傢具	經濟景氣與個人可支配所得
	人口年齡變遷
	搬家頻率
	居家結構（居家數目、主人職業）
	成屋數

產業區隔的表現

客廳與餐廳、廚房與臥室傢具的產業區隔之表現詳述如下：

客廳與餐廳傢具

裝飾用傢具佔該區隔的 65%，而非裝飾用的木製傢具佔剩下的 35%。座椅佔裝飾用傢具的最大宗，而牆壁儲藏用具，為非裝飾用傢具銷售量中，佔最大的部份。由於每日使用，再加上消費者對於品味與時尚十分敏感，裝飾用傢具只有很短的使用壽命。座椅比其他種類的客廳或餐廳傢具來得重要。

廚房傢具

廚房傢具的實質銷售之成長率，比客廳／餐廳傢具來得低。銷售量的負成長，歸咎於建屋活動較少，以及房屋市場不振。廚房傢具市場可進一步區隔為內建、與非固定兩個區隔，這兩個區隔佔的百分比約略相等。

臥室傢具

1980 年代至 1987 年為止，固定的臥室傢具之銷售量經歷了驚人的成長階段，隨後這個區隔達到高原期，並在 1990 年，因為經濟不景氣而迅速下滑。非固定式臥室傢具，對不景氣壓力的抵抗能力較強。固定式臥室傢具是一個成熟且昂貴的傢具區隔，因此消費者在預算拮据時，容易節約支出。整體而言，1990 年代初期，臥室傢具區隔衰退的幅度比其他區隔來得大。影響不同區隔的需求因素如表 4 所示。

進口

受到 1970 年代末期和 1980 年代初期，國內經濟不景氣及強勁的英鎊之聯合影響，讓進口商品開始在英國站穩了腳步。這項趨勢發展，又因為英國製造商缺乏創新與流行的感覺，再加上較少的促銷活動而更形惡化。

進口傢具約佔有國內傢具年消費量的四分之一。進口品佔有率，由 1980 年的 15% 逐漸增加到 1986 年的 23%，並於 1991 年略微下降至 20%。餐廳與客廳傢具是最大宗的進口傢具，在 1991 年佔進口的 31%。客廳與餐廳傢具的需求，比起其他類型的傢具，較不易受不景氣所影響。

表5　1986-1991年不同種類的進口品佔本地傢具支出之比率

種類	1986	1987	1988	1989	1990	1991
各式各樣的座椅	23	21	21	20	21	22
臥室	10	9	10	12	13	11
餐廳 / 客廳	21	25	29	31	30	31
廚房	26	23	22	19	16	16
其他木製傢具	8	8	5	6	8	7
木製傢具組件	12	14	13	12	12	13

傢具業製造商與零售商

英國傢具產業傳統上被區隔得十分零碎，且主要由許多小型的民營公司所主導。經過數年連續的經濟景氣循環之後，我們可以開始看到一些大公司的出現（透過購併）。

英國約有5,000至6,000家傢具製造商。這些製造商當中，只有很少數的廠商銷售額超過1,500萬英鎊，這個事實進一步說明了該產業的零碎程度。地理區域上也存在著區隔，倫敦與東南地區擁有最多的製造商，達到25%。剩下的75%製造商分佈於英國各地。

英國的兩大傢具製造商，為擁有Christie-Tyler公司（傢具）的Hillsdown Holdings公司（核心事業為食品），以及MFI傢具集團。不同市場區隔的主要競爭者請參閱表6。

附錄7提供傢具產業中，主要製造公司之概況。

表6　不同市場區隔之主要競爭者

市場區隔	主要競爭者
廚房	MFI、Spring Ram Corporation plc、Symphony Group plc、Bernstein plc and MKD Holdings Ltd
臥室	MFI、Sharps Individual Bedrooms Ltd
床鋪與床墊	Silentnight Holdings plc、Airsprung Furniture Group plc、Slumberland plc、Reylon Group plc、Hillsdown (Sleepeeze Ltd)
餐廳/客廳	Hillsdown (Walker & Homer Group plc and Christie-Tyler plc)、Cornwell Parker plc、Ercol Furniture Ltd

零售業者

　　傢具透過許多的零售通路銷售，而他們大約的市場佔有率之預估如表7 所示。

　　城市外的傢具連鎖由 MFI、麥格耐特、IKEA、闊爾資、以及聯合商店所領導，並擁有總數超過 700 家的銷售店面。街角傢具專門店包括 Maples、Perrings、Cantors、Habitat、以及 Furnitureland。主要的 DIY 傢具商店為 B&Q、Texas、Homebase、以及 Wicks。

　　零售方面的區隔也十分零碎，由大約 20,000 個零售通路、加上郵購公司，來處理英國的傢具銷售業務。在 1989 年底，七大複合通路的零售業者，其傢具與地板市場佔有率達到30%。最大的連鎖為MFI，該公司擁有 140 個銷售據點，市場佔有率在 10% 至 11% 之間。直到 1990 年 8 月為止，第二大的競爭者為昆士威，其佔有率約為 6.5%，擁有 270 家商店，且大部份的商店位於城市外。然而，該公司因為約 2 億英鎊的沈重債務而倒閉，這些債務亦包含 20 家銀行所擁有價值 1 億 2,000 萬英鎊的債權。由於昆士威的倒閉，MFI 變成英國最大的傢具專門店，1991 年於零售傢具市場的佔有率達到 13%。MFI 目前擁有 175 家傢具銷售點。表 8 列出前十大傢具零售業者及其據點的數目。

表 7　零售傢具市場佔有率估計

通路形式	佔有率（%）
MFI	13
其他外於城鎮以外的連鎖店	7
街角	55
百貨公司	10
DIY	11
郵購	2
其他	2
總計	100

　　近年來遷往城外銷售據點的趨勢，大幅度地改變英國零售業的面貌，並將顧客由傳統街角的商店，吸引至城外商店。城外商店市場由MFI、昆士威所帶領，MFI在自行組裝的廚房以及臥室傢具中，特別具有優勢。自1987年管理團隊將公司買下，並且購併Hygena公司和Schreiber之後，MFI就開始銷售高品質、高價位的傢具。諸如Habitat之類著名的街角商店，也開始呼應城外商店的趨勢。

　　近年來，該零售區隔的主要新進對手，為瑞典傢具集團IKEA，該集團於1987年晚期開設第一家商店，並由那時候開始，逐漸擴展其營運範圍。1992年10月，IKEA由Storehouse手中買下Habitat在英國與法國的營運分部。IKEA是世界上最大的傢具零售業者，擁有的商店區域達到13萬平方英尺，通常存有多達15,000種的產品。

環境分析

　　經濟景氣對於利率而言十分重要。活絡的傢具市場端賴房地產市場景氣，而房地產市場的景氣，又受到房屋貸款利率水準的影響。利率也影響貸款利率。由於傢具通常涉及大筆的財務支出，因此信用交易在總銷售額中佔極大的比重。

表8　1993年2月領先的傢具零售業者

公司名稱	據點數目
Allied Maples	140
Cantors	105
MFI	175
闊爾資(Courts)	95
IKEA	5
Habitat	39
Perrings	40
Saxon Hawk	35
麥格耐特(Magnet)	208
Sharps	115

英國傢具製造商發覺，國內傢具銷售量下滑的速度，比整體消費支出來得快。迅速下滑的房屋需求，使得傢具需求減少。由於利率與失業率高漲，顧客開始節制衝動性支出。在1980年代末期與1990年代初期，走強的英鎊使進口商品能在英國的傢具市場中維持相當的市場佔有率，不過1992年利率下降與英鎊貶值，卻並未提振傢具的需求。

人口統計趨勢對於傢具業而言，也是一項重要的社會變數。傢具業主要的市場為25-34歲的族群。這個年齡層，包含很高比率初次結婚或同居的成年人，他們購買或租用第一棟房子，以及搭配的傢具。

MFI 背景介紹

大事紀

1960 年代　　Mullard Furniture Industries Limited（MFI）率先進入自行組裝的傢具產品，開始成立郵購事業

1970 年代　　透過城鎮邊緣的連鎖店開啟零售業務

1971　　公開上市

1981　　買下主要的競爭對手 Status Discounted Limited

1982　　買下 Hygena 的品牌

1987　　主管、經理人、以及機構投資者，由阿斯達（Asda）公司手中買下 MFI、買下 Hygena

1988　　購併 Schreiber

1992　　重新於倫敦股市中掛牌交易

1987 年以前

MFI 於 1960 年代初期，由一對朋友共同創設，他們是諾爾・李斯特

（Noel Lister）以及唐諾‧席爾里（Donald Searle）。一開始是一家郵購公司，銷售包含傢具等許多商品。MFI的商品十分便宜，但是品質粗糙。組裝完成的傢具，難以用郵購的方式運送，後來發展的散裝組件方式，得到顧客很大的回響。MFI因為這商品的銷售量成長而大賺一筆。1971年MFI公開上市，1972年成為股票市場的寵兒。

即使在1972年與1973年郵購業務大幅成長時，MFI的董事會明白以信用為主的郵購業務，是一個艱困的事業，因此開始發展零售業務。一如預期，由於郵資與運送成本不斷上升、對廣告的回應降低、以及壞帳的大幅增加，1974年郵購事業開始產生一些問題。獲利於是開始下降，MFI對此的反應是降低售價並提高信用交易，但這只使情況更為惡化。純益由1973年高峰的220萬英鎊，下跌到1974年的80萬英鎊。1975年5月純益更進一步下降至7萬8千英鎊。

不過在同期，零售業務的運作卻十分良好。許多新的商店獲利良好，且在開幕後三至四個月，就能回收最初的投資。在1973年5月，公司擁有16家商店，而在隨後的一年內店數增加到24家。公司加快腳步開店，趕在郵購事業疲弱之前，創造出足夠的現金，來支撐郵購事業能繼續營運下去。

為了扭轉公司疲弱的財務體質，董事會決定將重心轉移至零售業務。公司在超市、以及成功的街角連鎖處，雇用許多銷售人員，而希伯萊特（J. Seabright）被任命為新的管理主管。

在1974年9月初，董事會決議「減少」郵購業務、削減信用交易、並努力償還多達350萬英鎊的債務。幾乎一半的人員被解聘，公司進行組織重整，同時強化財務控制。為了讓公司更具競爭力，公司開始在人員訓練、商品的選擇、訂價、品質以及顧客服務上，採取改善行動。

1974至1980年間，公司開設了95家商店，並關閉了20間獲利能力較差的店面。稅前純益由1975年的7萬8千英鎊，上升至1985年的4,400萬英鎊。在1981年，MFI購併了Status Discount Limited，當時

該公司是其主要的競爭對手。這次的購併行動，讓MFI能夠增加市場佔有率，並擴充其零售配銷網路。

此外，MFI推出地毯及電器，將自己定位為一次購足的家庭裝潢商店。透過現有通路銷售相關商品，可以在不增加營業成本的情況下，使營收及毛利率上升。

在1970年代採行的策略，讓MFI在1986年變成主要的競爭者。它們在高度零碎的市場中，擁有7%的市場佔有率。在1985年4月，阿斯達（Asda）之 Associated Dairies 超商集團宣佈出價6億580萬英鎊，欲購併MFI，以創造出僅次於 Marks and Spencer、J. Sainsbury、以及 Great Universal Stores 之英國第四大零售集團。交易的條件是以15股的阿斯達股票交換8股MFI的股票，或普通股每股270便士的價格收購。MFI的董事會批准這項交易，因為當時他們認為MFI陷入與一些公司的競爭中，並認為這是「友善的結合」。他們認為阿斯達和MFI對於零售擁有相同的看法，並擁有類似的經驗。他們也覺得這兩家公司的結合，可以提供進一步擴張的根基，同時共享規模經濟的好處。然而，這項結合並不圓滿，1987年7月，阿斯達宣佈將把傢具與地毯商店賣出。

管理團隊於1987年10月將MFI由這家公司手中買回。整個交易的規模達到令人吃驚的7億5百萬英鎊，這創下英國該方面的記錄，管理團隊並以5億1,500萬英鎊的借款，及1億9千萬英鎊的股權來進行融資。阿斯達保留MFI公司25%的股權，並接受管理團隊買下公司的建議，因為現金收入，讓它能夠支應其投資計劃，並減少借款。管理團隊由德瑞克·杭特（Derek Hunt）領導，他對於傢具業十分瞭解，而該團隊在倫敦市，擁有十分良好的聲譽。

MFI以2億英鎊的價格買下主要供應商 Hygena Limited，並以此作為交易的一部份，但這項購併的決策在於MFI發覺，銷售量有95%集中在MFI的 Hygena，而當時 Hygena 考慮要供應其他的零售業者，MFI才做此決策。MFI幾乎有一半的商品是由 Hygena 所提供，因此他們認為，若

Hygena 供應其他的零售業者，會產生很嚴重的後果。MFI 計劃要增加 Hygena 的產能利用率，並自規模經濟中獲利。

1988 年 11 月，MFI 以 3,500 萬英鎊的價格買下 Schreiber 傢俱公司。這是一家在高級的臥室與廚房傢具市場中，佔有領導地位的製造與零售公司。MFI 透過零售與出租所產生的現金流量，來支應這次的購併行動。杭特認為，對於 MFI 商店中決意推出 Schreiber 的產品，購併 Schreiber 是一項重要的行動。他強調，購併 Schreiber 的行動和 MFI 事業版圖的搭配十分完美，因為 Schreiber 的顧客年齡層為 35-55 歲，而 Hygena 吸引的年齡層較為年輕。Schreiber 和 Hygena 的品牌，讓 MFI 除了現有的交易模式以外，更增添了消費者一些較為高級的選擇。大約在同時，MFI 與哈里斯爵士（Phil Harris）的 Carpetright London，進行一項銷售地毯的策略聯盟合作。MFI 稍後將其於 Carpetright 的持股比例，降低至 33%。

MFI 在購併 Schreiber 之後，表現得十分出色，但是自 1989 年起，該公司也受到消費者傢具支出下滑的衝擊。受限的消費支出、以及高昂的利率水準，讓人們沒有辦法搬家。MFI 發覺交易不只是下滑而已，人們已經不再購買傢具了。

MFI 採行措施，以因應艱困的財務狀況。公司小幅地裁減員工數目，而臨時雇員合約到期後，也不再繼續雇用，尤其在 Hygena 和 Schreiber 的製造地區內加強執行。對於存貨的控管也十分嚴格，同時並刪減資本支出。MFI 預計節省超過 1 千萬英鎊的費用。此次資本支出的削減，包含一項對於長期擴充計劃的檢討，於此刪減了約 1,500 萬至 2 千萬英鎊的支出。現金流量的困境，促使 MFI 洽談一項再融資的計劃，該計劃於 1989 年 8 月提出。雖然處於這些困境中，MFI 在傢具市場的地位，卻因為昆士威遭遇到更嚴重的問題，而未受打擊。

估計市場佔有率達 6.5% 的昆士威，最後於 1990 年清算。雖然 MFI 因而鞏固其為英國傢具銷售與製造業者的領導地位，但也因為市場需求下

滑，而在 1990 年虧損 3,500 萬英鎊，1991 年虧損 2,420 萬英鎊。其營業純益，無法支付管理團隊買下公司產生之鉅額負債所必須支付的利息費用。在股票市場中重新掛牌交易的計劃，也必須延遲，因為公司必須要解決更迫切的獲利、以及債務清償問題。在 1991 年 4 月，MFI 的貸款銀行第二次重新展延貸款期限，給予 MFI 一年的寬限期間。MFI 也在 1991 年裁員 5%。

在 1992 年，MFI 估計其在英國傢具市場總值（不含地板）的佔有率為 11.4%，這比 1992 年銷售額佔產業銷售額的 8.3% 還要高。MFI 的 Hygena、以及 Schreiber 產品，是英國傢具市場中最著名的品牌。MFI 主導著自行組裝之廚房與臥室的傢具市場，在一般廚房傢具市場中的銷售量也領先同儕。

MFI 擁有 174 家營運店面，大部份都是位於城鎮邊緣的地點。在這 174 家店面中，有 129 家商店的樓板面積超過 3 萬平方英尺，使用的總樓板面積達到 580 萬平方英尺，其中包含 230 萬平方英尺的倉儲空間。該公司新的超級商店模式，結合了新的特色，這比其他的連鎖店，擁有更高的單店銷售額，或更高的每平方英尺銷售額。公司在追求每平方英尺銷售量和總銷售量最大化的目標下，致力於提高資產利用率與效率。公司選定了 42 個地點，作為新商店的預定地，其中 20 個地點是新地點。此外，有 107 家商店必須以新的方式重新裝潢，這將增加 70 萬平方英尺的面積，以供轉租或其他用途。

MFI 在海外，透過 Hygena，而在法國擁有約 15 家商店。雖然在法國的營運有獲利，但是這些獲利只佔事業整體的一小部份。位於美國的營運規模，亦極為有限。

MFI 擁有歐洲最大的傢具生產設備之一，並製造 60% 銷售之產品。它只自行生產製程可以大規模自動化的產品，這些產品銷量大，並可迅速回收。自製產品佔集團的銷售量比例，由 48% 上升至 60%。Hygena 集團以高度自動化的生產技術、及彈性的工作安排等方式，生產小櫥櫃、製圖

桌、門以及廚房流理台，對於品質也十分注重。所有的工廠都通過 BS 5750／ISO 9002 的品質標準認證。MFI 的生產策略必須能夠滿足顧客的品質標準，並減少交貨的前置時間。

　　MFI 於 1992 年 7 月 18 日，重新以每股 117 便士的價格掛牌上市，這個價格比發行價格高出 2 便士。這次的公開發行，使公司的市值達到 6 億 6,900 萬英鎊，但是流通的，只是 1 億 3,700 萬股中的 44%。其他 4 億 1 千萬股，為其他機構投資者所擁有。阿斯達也將其在 MFI 擁有的 25% 股權賣出。

　　目前 MFI 擁有三個營運分部：銷售、製造、及採購。每個分部擁有自己的董事會，並分別由分部的總裁所領導，每個分部也包含至少三位其他分部的成員。

　　MFI 曾經是在倉庫式商店中，銷售便宜、自行組裝傢具的代名詞。然而，它在管理團隊買下公司之後，就對策略進行調整。MFI 想要改善其形象，並以定期提昇品質和以自身品牌進入較昂貴的傢具市場等方式，來達成這個目的。「現在，再看我們一眼。」為回應 1980 年代之顧客的期望，公司採取適當的行動，似乎是明智的抉擇。MFI 由杭特所領導，開始拓展產品線範圍、改善品質與對顧客的服務，同時推展新的超級商店計劃。

　　由於品質變成傢具購買決策中的關鍵因素，MFI 發佈新的「顧客承諾」施行要點，以此強調顧客服務與產品品質，並增加廣告支出，讓大眾更能瞭解新的高級形象。不過，其進入高階市場的行動，卻受到持續銷售物超所值產品之策略的阻礙。

　　曼徹斯特商學院於 1985 年所進行的研究顯示，傢具零售業者理想的形象是「快速交貨」、「優良的顧客服務」、「高品質」、以及「物超所值」。對街角零售業者（Waring & Gillow、Wades 以及 Cavendish Woodhouse）而言，「訓練優良的員工」是它們在這個市場上競爭的本錢。MFI 與昆士威擁有「廣泛的產品線」，但是沒有「陳設良好」的商店、以及「清楚的展示」。因此，消費者對它們的印象是大賣場，而非理想的銷

售業者。目前由 IKEA 所擁有的 Habitat，在這四個概念中都名列第一，它並且高度多角化，涉足「流行」、「自行調整」、以及「產品設計優良」等市場。它也是最接近理想零售業者的公司。

MFI 以高階市場的促銷方式，並利用新的超級商店模式擺設良好的商品，並以優異的展示方式，努力貼近成為理想的零售業者。然而它的產品設計仍無法令人滿意，而且大賣場品質低劣的印象仍然持續。相對的，IKEA 則越來越接近理想的零售業者。

附錄 1　ＭＦＩ 損益表（百萬英鎊）

會計年度截止日	10月	10月	10月	10月	10月	4月	4月	4月	4月	4月	4月
年度	1983	1984	1985	1986	1987	1988	1989	1990	1991	1992	1993
銷貨額	246.33	300.90	334.10	386.00	420.50	251.00	601.70	594.90	620.70	644.40	603.9
銷貨純益	31.97	39.30	44.80	45.60	45.90	47.90	119.50	62.70	54.60	78.10	41.0
利息費用	(1.58)	(0.20)	(0.30)	(2.10)	(2.40)	(21.90)	(53.90)	(66.20)	(78.80)	(69.30)	(25.5)
稅前純益	30.40	39.10	44.50	43.50	43.50	26.00	65.60	(3.50)	(24.20)	7.80	15.5
稅賦	(13.96)	(14.70)	(18.70)	(15.20)	(15.40)	(8.60)	(19.80)	(4.10)	2.60	(3.80)	(0.2)
特別股股利						(2.50)	(13.30)	(12.30)	(13.30)	(16.7)	(4.3)
稅後純益	16.44	24.40	25.80	28.30	28.10	14.90	32.50	(19.90)	(34.90)	(12.7)	11.0
非常損益		0.80	2.70					(1.60)	(2.90)	(21.8)	
股利	(6.36)	(9.06)	(9.37)					(21.50)	(37.80)	(12.70)	(10.8)
保留盈餘	10.08	16.09	19.18								
員工數	2716	3515	4254	4998	5500	6443	7610	8025	8222	7848	7579
銷售面積（百萬平方英尺）						4.99	5.71	5.98	6.23	6.12	6.04
資本支出						54.6	107.6	24.4	17.8	16.7	23.2
股數											5億8200萬
股價：最高（便士）											183
最低（便士）											118

附錄 2　MFI 資產負債表（百萬英鎊）

會計年度截止日 年度	10月 1983	10月 1984	10月 1985	10月 1986*	10月 1987	4月 1988	4月 1989	4月 1990	4月 1991	4月 1992	4月 1993
固定資產	66.83	89.60	126.58		171.90	245.00	275.10	240.80	224.00	211.40	213.3
流動資產											
存貨	34.97	33.46	49.30		60.70	61.41	106.50	72.80	71.50	69.60	65.3
投資	0.00	8.74	0.00								2.0
債權	17.07	30.05	11.70		13.30	23.60	35.20	43.20	36.00	35.30	29.8
現金	0.14	7.87	1.45		6.10	32.80	12.20	14.60	28.80	32.10	23.5
總流動資產	52.18	80.12	62.45		80.10	117.80	153.90	130.60	136.30	137.00	120.6
流動負債	-41.65	-55.17	-61.10		-79.30	-165.40	-221.00	-136.00	-152.70	-655.70	-116.8
流動資產淨額	10.53	24.95	1.35	0.00	0.80	-47.60	-67.10	-5.40	-16.40	-518.70	3.8
總資產減流動負債	77.36	114.55	127.93		172.70	197.40	208.00	235.40	207.60	-307.30	217.1
長期負債	14.3	13.41	0.00		6.40	482.00	475.00	503.30	502.80	0.00	70.7
短期貸款											27.8
準備金	5.71	8.34	2.08		2.30	0.00	11.00	23.80	26.00	11.10	
總資產減總負債	57.35	102.79	125.85		164.40	-284.60	-278.00	-291.70	-321.20	-318.40	118.6
資本與保留盈餘											
股本	20.85	50.20	54.08			156.10	171.00	174.30	174.30	122.70	563.6
商譽準備保留盈餘	0.00	0.00	0.00			-455.40	-497.00	-490.50	-487.90	-485.20	-455.0
其他準備	0.08	0.08	0.08				4.20	4.20	4.20	55.70	-
損益彙總帳戶	36.42	52.51	71.69			14.70	43.80	20.30	-11.80	-11.60	-
總計	57.35	102.79	125.85			-284.60	-278.00	-291.70	-321.40	-318.40	118.6

* 整合至 1986 年的阿斯達帳戶

附錄 3　傢具零售－產業比率

	1990-1	1989-90	1988-9
獲利比率			
資本報酬率	1.2	-1.6	27.7
資產報酬率	0.4	-0.5	8.8
股東權益報酬率	18.9	-10.5	105.9
稅前純益率	0.2	-0.3	4.8
周轉比率			
資產周轉率	5.4	5.0	5.3
存貨周轉率	8.1	7.8	7.6
應收帳款期間	18.0	16.0	14.0
流動性比率			
流動比率	0.9	0.9	0.9
速動比率	0.5	0.6	0.6
槓桿率			
權益槓桿比率 *	0.0	0.0	0.1

* 權益槓桿比率 = 股東權益 / 總負債

Source: Industrial Performance Analysis 1992/3 Edition, ICC Business Publications
　　　　Ltd.

附錄 4　英國建築業

英國房屋啓建數（千）

附錄 5　1991 年 10 月份 Management Week Report 對杭特的訪談摘要

問：你們現在能擁有多少數年前還無法握有的產品類別？

答：就一份事業而言，我們所遭遇到最困難的事情之一就是，在全國性的報紙與小報中所登的折扣廣告，並無法適當反映出我們如今採用的展示技巧與商店。我們在展示時，常常遇到的一個大問題是，我們不想要喪失我們的根基－咖啡桌 9.99 英鎊，雙門衣櫥 19.99 英鎊－但是廚房與臥室市場的進展，使得 9.99 英鎊的咖啡桌放在價值 5,000 英鎊的廚房內或 2,000 英鎊的臥室中，顯得十分奇怪。

　　因此，我們收集了所有較廉價、且可攜帶的商品，並將這些商品放在我們稱為「Pronto」的自助區域，且依照商店的規模而異，每家商店約有7千平方英尺的自助區域，可以讓顧客自己動手。這使我們的商店與眾不同，因為雖然該區只有15%的商品，卻擁有50%的顧客。這帶動商店中其他的營運，並銷售出 2 千、3 千、4 千、5 千英鎊的商品，且讓這個事業有很大的特色。

問：這不是我印象中的 MFI。你似乎重新定位了這個事業。

答：是的。我瞭解我正與你談論商品的事，但是事實上我討論的是財務問題，因為若我們接受顧客的訂單，並給他們交貨日期，我們幾乎可以把產品生產出來滿足訂單。現在我講的是我們生產時的材料，這些產品佔我們存貨的65%。我們銷售85%的產品在英國境內製造。這並不是因為我們特別愛國，但是比起某些位於義大利或其他較遙遠的工廠而言，這樣做讓我們更容易與國內廠商一同控制存貨以及品質。我們若欲使商品流動得更順暢，這代表我們必須能夠在倉儲中心提領相同品質的商品，同時必須提供較佳

的服務。這意味著我們工廠的生產計劃會更容易；我們不需要持有堆積如山的原料，並且商店經理更容易做事，因為他現在所擁有的存貨，比過去的一半還少。

問：由管理者的角度，你要如何控制這兩個事業？

答：我們在 1987 年知道沒有所謂的購併，而只有接管，所以我們就接管了 Hygena。但是接管的訣竅，並不是去買下那些位於東北部的五個大工廠，而是維護原有的技能與哲學觀，因為若你不這麼做，就會像是把你的錢丟到水裡一樣。因此，我們不會將我們的管理人員塞滿整個 Hygena，我們只將我們的人放在第二線，他是過去 MFI 的主管約翰‧歐康納（John O'Connel）。在他成為我們的倉儲主管之前，他已經與 Hygena 保持超過十年的交流關係。他是 MFI 唯一真正在 Hygena 工作的代表人員。我和財務主管哈特（J. R. Hart）進入 Hygena 的董事會，但是我們並不直接介入干涉，更重要的是他們自己做事情的方法。我們讓這樣的關係演化，而非掀起一場革命，我們花了四年的時間，去習慣我們這樣的關係。我們並未失去 Hygena 原有的經營團隊。

問：因此你們擁有相容的管理文化？

答：是的，我們相處融洽。這是一個把臂言歡的事業。每個 Hygena 的主管都在這個事業裡工作，而我們之間的共通性也不僅止於此。我認為我們都不是文法學校的好學生。我痛恨講這些話，但是我們有同樣的看法，而且我們來自類似的背景。

問：若你們都來自同樣的背景，你會不會在雇用員工時遇到一些問題？較傳統的管理者可能在你講的這些事情上發生摩擦。

答：我們兩年前測試這個理論，因為我們的人事主管想要退休，而且我們也需要新的行銷主管，以晉升現有的主管。MFI 傳統的慣例是尋求公司內部的人，並教他這些技能。事實上，我們由公司外

部找到這些人，因為我們認為我們必須帶進一些不一樣的氣息。我們由 Waring & Gillows 公司請到了馬丁・阿契（Martin Archer），並由 Gateway 公司請到尼爾・帕爾夫曼（Neil Palfreeman）。再回到現在。他們仍然與我們一同工作，不但十分成功，而且十分快樂。

問：你已經改變了MFI做事的方式，但是你們過去的結構呢？你現在是折衷了你推銷的做事方式，或是你須做更多的事？

答：1987 年前的 MFI 商店，其大小為 4 萬平方英尺或更大，其中 2 萬平方英尺用來作倉庫，2 萬平方英尺用來作銷售。若比這還小，也通常依照50:50的比率來分割倉儲與銷售面積。我們上週在 Croydon 開設的模式為 35,000 平方英尺，倉庫面積只有 10,000 平方英尺，銷售面積卻達到 25,000 平方英尺。我預測，若我們在明年的這個時間開設店面，我們會開設 25,000 平方英尺的店面，其中 5,000 平方英尺用來作倉庫，20,000 平方英尺用來作銷售。我們會依循Crpydon模式，開設大部份的商店，我們已經能夠轉租其餘的面積，雖然事實上在Croydon我們並沒有這樣做。等到我們擁有150,000平方英尺的面積，可以與其他銷售業者洽談時，我們就可以在這些商店中改善管銷費用。

問：你們做這些決策都來自你們自己的構思？進行這些決策的思考過程為何？

答：我們每三至四年會重新思考，並在這段期間把想法寫下來，因此在組織中，每個地方通常會有一個人，把這個事業未來三年可能的模樣寫下來。

　　當 IRA 在 1 月燒掉了我們兩家位於 Belfast 的商店時，我們的臨時空間只有6,500平方英尺。我堅持我們必須盡可能擁有最大的展示空間，並在十四天之後開設了新店面。

　　在這 6,500 平方英尺的面積下，我們在第一個禮拜收入 11

萬英鎊。在整段期間，這兩家店面每週收入7萬英鎊。因此，若維持下去，它們可以在6,000平方英尺的區域中，每年創造出3百萬至4百萬的收入。因此這很明顯的告訴我們─你說，我們為什麼必須採用20,000平方英尺的店面？

附錄 6　英國 1971 至 1991 年的人口估計，以及 1996 年至 2001 年的人口預測

千

年齡層	1971	1976	1981	1986	1991	1996	2001	變動百分比 1971至2001	變動百分比 1991至2001
4歲以下	4,553	3,721	3,455	3,642	3,882	4,019	3,927	-14	1
5-9歲	4,684	4,483	3,677	3,467	3,670	3,879	4,020	-14	10
10-14歲	4,232	4,693	4,470	3,690	3,498	3,677	3,888	-8	11
15-19歲	3,862	4,244	4,735	4,479	3,727	3,517	3,703	-4	-0
20歲以下	17,331	17,141	16,337	15,278	14,777	15,092	15,538	-10	5
20-24歲	4,282	3,881	4,284	4,784	4,484	3,752	3,547	-17	-21
25-29歲	3,686	4,239	3,828	4,237	4,740	4,457	3,711	0	-22
30-34歲	3,284	3,629	4,182	3,787	4,225	4,698	4,414	34	4
35-39歲	3,187	3,225	3,689	4,158	3,790	4,182	4,666	46	23
20-39歲	14,439	14,974	15,983	16,966	17,239	17,089	16,338	13	-5
40-44歲	3,325	3,136	3,185	3,561	4,142	3,750	4,150	25	0
45-49歲	3,532	3,262	3,090	3,142	3,159	4,088	3,706	5	5
50-54歲	3,304	3,423	3,179	3,023	3,074	3,462	4,016	22	31
55-59歲	3,365	3,151	3,271	3,055	2,920	2,991	3,363	-0	15
40-59歲	13,526	12,972	12,725	12,781	13,655	14,291	15,235	13	12
60-64歲	3,222	3,181	2,935	3,055	2,894	2,765	2,838	-12	-2
65-69歲	2,736	2,851	2,801	2,641	2,793	2,618	2,531	-7	-9
70-74歲	2,029	2,260	2,393	2,364	2,282	2,381	2,379	17	4
75-79歲	1,956	1,499	1,708	1,837	1,864	1,818	1,925	-2	3
80-84歲	803	849	968	1,132	1,248	1,306	1,319	64	6
85歲以上	485	538	602	709	897	1,054	1,171	141	31
60歲以上	11,231	11,178	11,407	11,738	11,978	11,942	12,163	8	2
總計	56,527	56,265	56,452	56,763	57,649	58,414	59,274		

附錄 6（續）

1991-2001 年 英國人口年齡結構變化

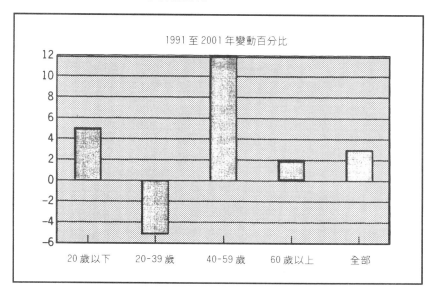

Source: Annual Abstract 1993 ,Table 25,HMSO.

附錄 7　競爭對手簡述

IKEA

　　IKEA 是跨國的連鎖公司，並在 26 個國家中擁有店面。在英國開設了 4 家店，且計劃每年再開設兩家店。

財務概況

會計年度截止日	88 年 8 月 31 日	89 年 8 月 31 日	90 年 8 月 31 日	91 年 8 月 31 日
銷售額與純益				
銷售額（千英鎊）	17,052	51,440	67,772	91,373
純益（千英鎊）	-2,126	4,117	3,188	1,416
純益率（%）	-12.5	8.0	4.7	1.5
年成長率				
銷售額（%）	0.0	201.7	31.7	34.8
純益（%）	11.5	-293.6	-22.6	-55.6
員工				
員工數目	175	514	533	688
每人銷售額（英鎊）	97,440	100,078	127,152	132,810

Sharps Individual Bedrooms Ltd.

　　該公司主要的營業活動是設計、製造、並供應與顧客建築物搭配的臥室傢具。Sharps 在經營的市場區隔中，居主導的地位。據估計，它在臥室區隔中的市場佔有率約 8%。Sharps 將其展示店的數量由 1991 年的 85 家，增加到 1992 年底的 110 家。

財務概況

會計年度截止日	87 年 12 月 31 日	88 年 12 月 31 日	89 年 12 月 31 日	90 年 12 月 31 日
銷售額與純益				
銷售額（千英鎊）	25,422	32,364	27,821	23,631
純益（千英鎊）	-7,731	-1,453	-8,680	-8,907
純益率（%）	-30.4	-4.5	-31.2	-37.7

年成長率				
銷售額（%）	13.7	27.3	-14.0	-15.1
獲利（%）	920.1	-81.2	497.0	2.6
員工				
員工數目	610	638	654	582
每人銷售額（英鎊）	41,675	50,727	42,540	40,603

The Spring Ram Corporation plc

該公司主要的營運活動針對房屋裝潢市場，生產與銷售高品質的浴室、廚房產品。該集團並未公佈其個別分部的銷售量，但大部份的銷售量來自廚房傢具。集團內的廚房傢具製造商包括 Ram Kitchens（品牌為 Select 以及 Elite）、Sterling Kitchens、Premium Kitchens、Next Dimension（生產自有品牌）、以及 Chippendale Contracts。該集團並代為行銷 Chippendale Kitchens 與 New World Kitchens。

財務概況				
會計年度截止日	88年12月31日	90年5月1日	91年4月1日	92年3月1日
銷售額與純益				
銷售額（千英鎊）	85,173	121,017	145,285	194,173
純益（千英鎊）	16,561	24,116	30,065	37,569
純益率（%）	19.4	19.9	20.7	19.4
年成長率				
銷售額（%）	42.8	39.4	22.4	33.6
純益（%）	58.3	42.9	27.1	25.0
員工				
員工數目	1,097	1,451	1,647	2,082
每人銷售額（英鎊）	77,642	81,829	88,212	93,263

Stag Furniture Holdings plc

　　該集團透過旗下大型的子公司 Stag Meredrew 與 Jaycee，生產獨立的臥室傢具、客廳傢具、以及餐廳傢具。估計其臥室傢具市場的佔有率約為 5%，在木製與餐廳／客廳傢具的區隔之佔有率約為 2%。

財務概況

會計年度截止日	88年12月31日	89年12月31日	90年12月31日	91年12月31日
銷售額與純益				
銷售額（千英鎊）	39,317	40,998	38,489	26,806
純益（千英鎊）	2,117	2,387	1,167	2,044
純益率（%）	5.4	5.8	4.1	7.6
年成長率				
銷售額（%）	5.7	4.3	-30.5	-5.9
純益（%）	36.4	12.8	-51.1	75.1
員工				
員工數目	1,283	1,349	977	813
每人銷售額（英鎊）	30,645	30,391	29,160	32,972

Source: Key Note Furniture, Edition 9 1992 and Edition 7 1990

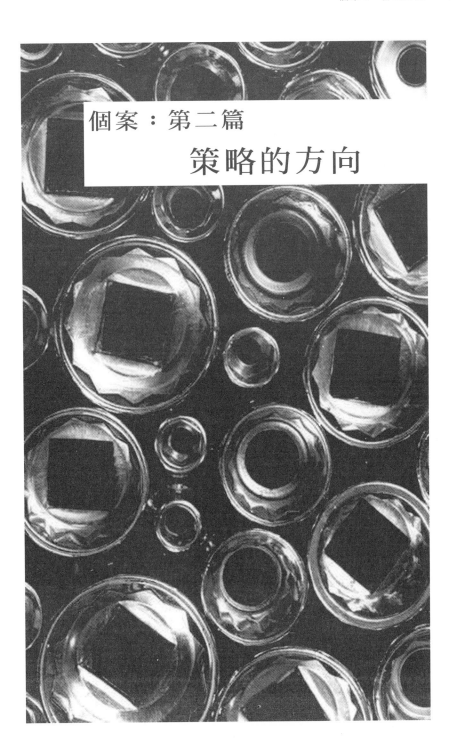

個案：第二篇

策略的方向

個案 5：雷布洛克

雷布洛克（Ladbrokes）投入競賽的歷史至今已超過 100 年，它於 1887 年，發源於雷布洛克的華威克夏小鎮（Warwickshire）。本世紀初，公司體質轉為合夥公司之後，旋即在 London Strand 的豪爾街重新開張，很快成為英國高品質的下注公司。今日雷布洛克公司已成為世界上最大的場外下注機構。

在 1989 年，整個集團旗下在全世界有超過 7 萬 7 千名員工，是倫敦證券交易所列名的最大公司之一。它的營業額超過了 36 億英鎊。1980 年記錄的獲利為 3 千 2 百萬英鎊，到了 1989 年成長為 3 億 2 百萬英鎊。

1984 年其董事會公佈該集團的策略如下：

⊙ 所有旗下的事業部都應該有所成長，目標要成為市場的領導者。

⊙ 成長必須同時包括來自內部的成長與購併。

⊙ 成本應有效管理，利潤應最大化。

⊙ 毛利應每年提高。

1993 年九月，公司宣佈總執行長賽瑞‧史坦（Cyril Stein）將辭職。從 1983 到 1989 年，他擔任兩個職位—總裁與總經理。他從 1956 年起就進入雷布洛克集團，加入他叔叔剛買下的公司，擔任低階經理人的職位。公司在過去的十年間穩定成長，董事會成員相對而言沒有太大的變動，成員的更換速度很慢，8 個職位中有 4 個自 1983 年就沒換過。

史坦的成就包括策略性購併，自 1983 年領導集團成長至巔峰。不過他從來未能洗刷集團失去賭場執照的恥辱。雷布洛克在 1971 年，靠購併進入這個充滿利益的市場，但卻於 1979 年被迫退出。管理雷布洛克的有關當局，認為雷布洛克不適合經營旗下四家位於 West End 的賭場，原因是它取得其他賭場的手段明顯不恰當、也不公平。

1987 年，全國謠傳雷布洛克涉入一樁賭馬醜聞案。股價在當日暴跌 37 點，使公司的價值損失了 2 億英鎊。舉國發現史坦的態度偏狹、且暴躁易怒，對於贅言十分痛恨，以及慣用內部與外部的關係來解決事情。他個人對於公司的願景，多少影響了公司整體的政策走向。自 1986 年起，董事會就一直設有企業規劃的職位。

賭博市場

賭博包含了兩項重要的活動：

⊙ 下注：亦即透過下注機構或玩足球彩金來賭博。

⊙ 賽局：亦即玩賓果遊戲、在賭場下賭、購買樂透彩券、撲克牌、及具獲利性質的吃角子老虎機。

英國有全世界最大、非國營的賭博事業，也擁有歐洲為數第二多的賭場。

在 1990 年，賭博事業的營業額雖有成長，但增加速度已趨緩。賭金在 1989-1990 年間，由 31 億成長至 40.2 億英鎊的高峰。若以 1982 年之

表1　花在賭博上的金額 （以1985年物價計算，單位：百萬英鎊）

花費	1986	1987	1988	1989	1990	1991	1992
總花費	9322	9945	10072	10205	10077	9468	9501
淨花費 *	2169	2296	2318	2341	2310	2177	2184

* 扣除贏得的金額

Source: Keynote ―― betting and gaming 1993

表2　1991至92年花在賭博的金額，以目前物價計算

活動	1991 / 2 百萬英鎊	%	1990 / 1 百萬英鎊	%
賭博機構	6786	48.3	6748	48.5
賭博機器	3807	27.1	3815	27.4
賭場	1914	13.6	1929	13.9
足球簽賭	840	6.0	773	5.6
賓果遊戲	661	4.7	618	4.4
樂透彩券	56	0.4	28	0.2
總收入	14063	100.0	13911	100.0

Source: HM Customs and Excise / Gaming Board

公司價值來計算的話，每個賭博機構吸收的賭金都有增加。除了這些「在軌道上跑」（譯註：off-course場內下注）的數據外，場外下注（on-the-course）的賭金大約有5億英鎊。場外賭金實際的金額很難估計，因為這部份的金額不在課稅範圍內。某部份的場外賭金會由地下賭博機構吸收，以維護它們的市場地位。

　　這些賭金增加的一部份原因，來自賭博的管道越來越多。不過賽馬的賭金仍佔了70%到80%，剩下的比例大部分流向賽狗。自1989至1990年以來，賭金總額相對於1982年的總數，一直下降到1992至1993年的36.1億。衰退的原因是經濟不景氣。

　　幾個主要的賭博機構都朝海外發展，以擴充營業額。有幾個歐洲國家不允許場外下注，有幾個非歐洲國家的賭博事業為國營性質。在美國，雖

然各州政策不同，大多數都認定場外下注不合法。

在英國，公司們用來刺激賭金增加的方法包括，鼓勵客戶在場內逗留久一點，例如裝潢更精緻的店面、座位、電視轉播競賽、以及其他吸引客戶拿出賭金的方法。賭博機構也看好使用信用卡支付賭金的方法，以吸引更多流動的客戶。這些都是為了吸引更多賭金。賭博市場由四家公司主導：雷布洛克（1939個店面）、William Hill（1669個）、Coral（Bass）（897個）、以及Stanley Leisure（250個）。

足球簽賭

第一宗賭博始於1922年，由利特伍茲（Littlewoods）的創辦人與足球聯盟共同合作，目前是英國最普及的賭博管道之一。在1991年7月，約有7億7千萬的賭金下注在足球賽上，約有1,400萬人口參與賭博，其中2,100萬為贏家的彩金。賭金在1989年至1990年間迅速衝上高峰，在1990年至1991年緩慢減少。賭金的增長，通常與公司提供的第一筆彩金之變動有關。在1989年8月，利特伍茲第一筆彩金增加至150萬英鎊，造成89到90年一連串贏家彩金的累積。

足球簽賭吸引許多小額賭金，總金額則非常龐大（向利特伍茲下注的賭金平均每筆只有1.8英鎊）。總金額很少因為經濟擴張或衰退而受影響，大多數的賭客固定每週下注。某些年賭金總額明顯增加（包含對1991至1992年的預測），反映了每筆賭金下限的提高。簽賭市場非常集中，市場總共就只有三家公司，即利特伍茲（77%）、維農（Vernons）（20%）、與Zetters（3%）。

大多數會影響賭博產業的因素來自法令面。多數的賭博事業在法令規定下，被排除在正常的市場行為外，為的是滿足「不能去刺激的需求」。這表示賭博事業只能緩慢成長。

表 3　1985 到 91 年，由 DIY 零售商估計之銷售額，以及佔所有零售銷售額之
　　　百分比（以目前物價計算，單位：十億英鎊）

	1985	1986	1987	1988	1989	1990	1991	1992
DIY	2.36	2.88	3.23	3.79	4.29	4.67	5.19	5.49
所有零售商	87.9	95.8	102.8	113.4	120.4	128.3	135.4	139.9
DIY 所佔百分比	2.68	3.00	3.14	3.34	3.56	3.64	3.83	3.93

Source: Keynote report on DIY 1993

三個管轄機構如下：

⊙ 英國賽賭委員會（The Gaming Board of Great Britain），
　可發放賭場執照、核准賓果遊戲廳、樂透彩券、足球簽賭、與賭
　博性機器。它也規範著這些事業的營運情況。

⊙ 賽馬下注徵稅委員會（The Horse-Race Betting Levy
　Board），規範賭博機構、徵稅、並轄管賽馬賭金計算器委員會
　與賽馬畜牧場。

⊙ 女王陛下海關與貨物稅機構（Her Majesty's Customs and
　Excise），它掌管賭博機構的法令問題，包含賭博公司、賭場、
　賓果遊戲廳、彩券（評議會、公會）、足球簽賭、與賭博性機
　器。

DIY 市場

　　DIY 市場包含了家居所需的原料與工具，目的在於修補與提升家居環
境。DIY 市場中專業、簡易的產品全都有，例如屬於終端消費的傢具，以
及屬於原料的木材、水泥、與各種建材。

　　DIY 市場（以營業額計算）快速成長，在 1984 到 1988 年間，每年成
長約 14%（見表 3）。成長的原因與房地產市場的蓬勃、以及房地產的供

給價格有關。在 1989 年，由於房屋市場成長趨緩與經濟衰退，DIY 市場的成長率稍緩。可預期未來市場會重振，尤其目前英國的經濟，正由衰退中復甦。市場中主要的幾個公司見表 4。

過去 20 年來，DIY 市場有逐漸集中的趨勢。大型的超級商店在 1991 年中，成長到 1,000 家；而小型的賣場因面臨大型超級商店的競爭，減少到只剩 5,000 家。公會預估市場飽和度為 1,300 家超級商店。

1991 年，DIY 零售商花了 5,600 萬英鎊在電視與平面廣告上。前七家零售商就佔去上述數據的 94%。B&Q 與德克斯（Texas）是最大的廣告主，分別花費 2,800 萬與 1,660 萬的廣告費。這兩家都花比第三大廣告主 Do-It-All 要多上兩倍的廣告費，Do-It-All 在 1991 年花 820 萬英鎊的廣告費。這是德克斯勝過其競爭者的優勢之一，讓德克斯可達到它的目標地位（在市場的軟性項目中稱霸）。目前德克斯正為其下一季的促銷活動儲備實力，而 Do-It-All 則發動一連串積極的電視廣告攻勢，以便取回它所失去的市場佔有率。

這些超級連鎖商店為了因應不同的市場區隔，漸有差異化的趨勢。B&Q、Homebase 與 Do-It-All 的 DIY 產品具季節性，傳統上在一月的銷售額最低（在聖誕節消費高峰後），到了四月銷售額衝上最高，特別是在復活節前後。

在 1991 年，B&Q 與德克斯開打一場價格戰，以贏取市場佔有率。由於 B&Q 與德克斯互爭市場佔有率，使得 Payless 與 Do-It-All 集團的佔有率下滑。但是以價格戰奪取佔有率是要付出代價的。價格戰的結果是 1991 至 1992 年的毛利率降低。儘管如此，較高的銷售額總會帶來較多的獲利。

主要的超級商店都會向供應商要求採購折扣，使超級商店能進行商品折扣及維護毛利率。幾個主要的製造商為因應這些折扣要求，開始透過廣告建立更強大的品牌形象，以便平衡這些買方力量。舉例來說，ICI 強力促銷旗下的 Dulux 與 Crown 油漆。而在 1992 年 B&Q 與德克斯的價格戰中，

表 4　DIY 零售產業的競爭態勢

連鎖店與擁有者	店家數	市場佔有率	在英國收入（百萬英鎊）	稅前純益（百萬英鎊）	最近一次記帳
B&Q 公司（Kingfisher 公司）	280	14.0	1019.0	67.1	01.02.92
德克斯 Homecare	224	8.8	651.3	25.4	31.12.91
（雷布洛克集團）					
Do-It-All	225	5.6	415.2	-3.4	28.02.92
（WH Smith 公司與 Boots 公司）					
Homebase	70	3.0	219.8	4.9	14.03.92
（J. Sainsbury 公司）					
Wickes Building Supplies	67	2.5	185.8	17.1	31.12.91
Great Mills（零售）	92	2.5	187	9.3	31.12.91
（RMC Group 公司）					
A.G. Stanley	410	1.5	110.8	6.7	31.03.92
FADS（The Boots Co 公司）	-	1.5	110.0	-	-
Focus DIY（Focus 零售集團）	28	0.6	46.3	2.2	31.10.92
其他 DIY 廠商	-	28.4	-	-	-
其他零售商	-	22.4	-	-	-
建材商	-	9.2	-	-	-

英國店家的數目統計至 1992 年底（德克斯與 Wickes 於其他國家亦有分店）
Source: Company Accounts / Press and Keynote Report on DIY 1992

中，多數的供應商不願意答應 B&Q 所要求的採購折扣，ICI 亦因此從 B&Q
店中撤出油漆供應。

　　來自英國市場調查機構（British Market Research Bureau）的
調查資料指出，DIY 是個分布很廣的活動，包含了所有成年人的團體，亦
即男性、女性、以及所有社經團體。最活躍的顧客為 25 到 44 歲（81% 的
人口參與 DIY），45 到 65 歲的人口其次（71%）。雖然以上兩個群體足
已代表 DIY 市場，不過不同的社經團體之間仍存在著差異性。

　　1992 年初由黏著劑製造商 Evode 所做的一份調查顯示，缺乏「如何
做」的指示手冊是 DIY 商店成長時所面臨的最大障礙。這份調查亦預估，

如果詳細的說明手冊能廣爲發放，則能夠促使大衆更願意進行DIY，因此每年能使銷售額增加 1 億 5 千萬英鎊。

　　歐洲單一市場的開放或許是DIY市場成長的契機。平均而言，英國人每年花在DIY的支出是 65 美元、德國人 133 美元、法國人 99 美元、比利時人 84 美元、荷蘭人 75 美元、義大利人 47 美元，西班牙人 35 美元。一些英國 DIY 公司已在歐陸開店，例如德克斯已經進軍西班牙。

　　未來預期，自行組裝的傢具與居家安全用品會持續快速成長。長遠來看，許多家庭會著手一些較專業的工作，例如鋪設鉛管、雙重上光等，因此能帶動成長。

旅館業

　　旅館業競爭激烈，集中度越來越高。今日旅館業的經營環境越來越波動、不確定、與複雜。國際旅遊預期在 2000 年會成長一倍，旅館業者們正爲市場佔有率的擴充預作準備。

　　要進入這產業越來越難。歐洲單一市場推動保全、客戶保護、與加值稅的標準化。市中心的建地越來越難找，營建允許與建築規定爲了保護環境，也會變得越來越嚴格。不過在某些市場區隔中仍有契機存在，例如一星級市場—亦即專注在數量而非服務的區隔。

　　大型的多國籍企業與旅遊業者有很強的買方力量。由於某些市場中，出現房間的過度集中與過度供給，旅館業者目前提供給小型公司更多的租房機會。在旅館業有一項重要的因素，即滿足商務旅客短期的需求。因此旅館業者必須特別留心市場環境的變動，否則可能失去競爭優勢、流失客戶。

　　旅館業的競爭激烈。旅館業者極力挖角競爭者最好的員工，運用折扣企圖拉攏彼此的客戶。旅客住宿規劃機構、以及國際連鎖旅館，紛紛將觸角伸至競爭者的市場區隔中。旅館業的競爭擂台是一些特殊的市場區隔，

而且旅館業者競購彼此的財產，重新命名後，再以新公司的名義在市場上推出。雖然全世界商務旅遊都呈成長局面，以上這些競爭手法仍屢見不鮮。

　　一些小型、家庭經營的旅館在某些領域中有重要地位，而這正是旅館業市場經營差異化的最佳說明。不過在英國與美國，大型連鎖旅館仍佔有大部分的市場。在美國，超過60%的旅館多少都與連鎖旅館有營業關係。在美國，前十大連鎖旅館擁有美國旅館總數的30%。法國是歐洲最大的旅館業市場，45,000家旅館中多數為小型旅館，約有50%的旅館還小到不能列入年度排行中。英國前 20 大的旅館集團佔了旅館業的 77.1%，最大的一家 Trusthouse Forte 就佔全英國前 50 大旅館總房間數的 19.8%。除此之外，約有 2% 的旅館屬於英國前十大旅館旗下。

英國房地產業

　　傳統以來，高品質的房地產商提供的是權益型投資，提供對抗物價膨脹之絕佳避險管道，長期下來，能促使收入與資本價值提升。銀行是建築物融資、壽險的首要提供者，也是退休基金的長期持有者。造成銀行如此的原因，來自大戰後建築物短缺，使許多房客不得不繳付日益上升的房租，以確保他們住屋的需求。英國法律造成長久租屋的情況（通常為 25年），另一方面，法令也同意逐年提升對房屋可租賃價值之認定。原始的房客在英國法律下，即使房子隨即讓給了第三者，通常仍要對租金擔負法律責任。在這種體系運作下，所得的安全性使英國的投資者，在購買房地產時，早已有低收益的心理準備，即使是一些高品質、新蓋好的建築物，有時收益率也不過 4%。

　　在1980年代，銀行積極涉入產物金融，放款金額由50億英鎊，提升至 1991 年 400 億英鎊高峰。配合較寬鬆的借貸條款，這現象造成了房地產商的興起一種為「零售開發者」。最後演變成地主追著房客跑，房屋的過度供給使得出租價值下降。這促使投資者在投資時，會要求較高的收益

率,以便彌補負成長率。在 1991 年,市場面臨這些新的預期,最終導致資本價值劇烈下降。

　　新的紀元始於出現短期租賃、以及沒有終止條款的租賃契約。房客擁有的力量越來越大,市場上經常出現刺激租賃的誘因。1992 一整年,房租不斷下滑,看樣子不會有停止下滑的一天。的確,在 1992 年的最後一季,房租下滑的速度比前兩季來得更快。在倫敦市中心,有超過 2,700 萬平方英尺的面積閒置,這問題因潛在賣主不願意調降,而更顯嚴重。

　　1990 年代初期,新建築物停止建造,最終將導致房地產市場回復平衡。並不是所有的地區都有過度供給的問題,例如在蘇格蘭地區,房租就持續升高,高品質、面積大的房子還發生短缺。地區性的發展最有復甦的可能,因為目前為止,還只有微幅的過度供給。以過去 20 年的經驗來看,物價膨脹上下震盪的走勢,與房租成長率有明顯關連。遷移費用的節省,或許可刺激地區性辦公室與工業用廠房的成長,但是成長仍然決定於如何解決不想要的租約。政府的政策是,將協助人民遷移的服務處遷往低房租、低薪資的地區。

雷布洛克的事業部

雷布洛克的賭博事業部

　　雷布洛克集團是世界上最大的賭博公司,在英國、愛爾蘭、比利時與美國都有營運子公司。雷布洛克是英國最大的賭博連鎖機構,有 1,960 家店面,佔英國場外下注市場的 25%。它的店面遍及全國,能保護公司免受經濟衰退的嚴重威脅,在英國北部與蘇格蘭區,營業額不斷增加,有助於沖抵在倫敦與東南區的衰退。雷布洛克宣稱在 1991 年公司的營業額將增加,雖然賭博營運的獲利面稍顯下滑,公司仍能穩固保住其市場。該公司不斷地更新店面,增加了咖啡吧與衛星電視(它擁有衛星資訊服務的 15% 股權)。

雷布洛克一直等待著購買一家簽賭經紀商，在 1974 年欲買下 Sangster 家族的維農沒有成功。維農最後被 T-Line 以 9 千萬英鎊買下。

1989年雷布洛克試圖買下 T-Line 的維農，其策略是對資產做實際的估價，但不排斥其他成交價。它也曾經試圖以 5,500 萬英鎊賣出工業事業部。最後的成交值為 1 億 8,500 萬英鎊，預期未來的獲利會有 1,500 萬英鎊。雷布洛克想在購併後，以「境外維農公司」(Vernons Offshore)這個名稱在歐洲與美國建立簽賭事業。由於內部成長已不太可能達到，這項購併的動機來自綜效、進入新市場、以及購併後雷布洛克擁有的市場力量。

雷布洛克之 DIY 事業部

目前德克斯 Homecare 提供約 3 萬種產品，超過 60% 為自有品牌。使用自有品牌帶來的利益是雙倍的。首先，它使德克斯能與其他超級商店有所區別。第二，它減少了庫存所需的不同品牌數目。將庫存限定在 1 到 2 種的領導品牌，再加上每種產品都有自有品牌，庫存費用可大幅減少。在 1991 年，公司利用 EPOS 資料，開始推動一項重大的產品編碼工程。結果去除了約 1,000 種不必要的產品，對於減少庫存成本亦有幫助。

傳統上，德克斯將自身定位在較硬性的項目上，例如建材。DIY市場的軟性項目包括傢具、以及居家陳列品。近幾年來，DIY市場漸有由硬性項目走向軟性項目的趨勢。這趨勢的形成或許可歸因於在英國人口中，老年人口所佔比例的增加，軟性項目的DIY產品比較能吸引超過40歲的DIY族。它也較能吸引女性客戶，因為她們的收入在過去十年間大幅增加。

或許更值得重視的，是軟性DIY產品之差異化，德克斯可因差異化收取較高的價格。DIY市場其他的領域，若不是由主要品牌領導、自有品牌激烈競爭（例如油漆），就是面臨獲利瓶頸，亦即產能過剩與低毛利（例如壁紙）。

雷布洛克應付德克斯的立即策略，在於增加市場佔有率。DIY市場是

個成長且能夠獲利的產業。德克斯最好的因應策略是選擇專注於軟性市場，並且藉由產品差異化，來增加此市場區隔的購買量。差異化也能阻斷德克斯的競爭對手增加市場佔有率及毛利。德克斯的Pretty Chic部門已因此策略而受益。不過這策略需要高金額的投資，包括建立知名度（亦即打響品牌、廣告、與促銷）與產品開發。

雷布洛克之旅館事業部

國際希爾頓（Hilton International）—希爾頓集團之一，屬於雷布洛克所有，並於美國以外的地區營運。美國的希爾頓旅館則由一家完全不同的公司—希爾頓旅館公司（Hilton Hotels Corporation）來經營。為了進入美國市場，國際希爾頓必須改用不同的名稱：Vista。除此之外，希爾頓旅館公司在國際化經營時亦使用另一個新名稱：Conrad。

雷布洛克旅館由1970年代僅有的三家之一，到1980年代成為英國第二大旅館集團，並企圖透過購併國際希爾頓，而成為世界領導旅館。

1980年代初期，雷布洛克的目標，在於藉由擴充現有的建築物、以及建造高需求的新旅館等方式，來增加住房數目，尤其是針對倫敦這塊市場。在英國，旅遊與商務住房的需求相當大，需求的總房間數達到3,764間，營運獲利高達70%。雷布洛克在1980年代初期因購併而成長。它持有BFT旅遊的50%股權，並買下了Comfort International。

在1987年，雷布洛克於美國境外，以現金（6億4,500萬英鎊）買下希爾頓集團，自此享有知名的旅館品牌，擁有91家旅館與35,000間住房。雷布洛克相信它們可改善希爾頓過度倚賴美國旅客與商務旅客。希爾頓的純益，在1986年，由6,000萬美元降至4,700萬美元，主要是利比亞的車諾比爾爆炸事件。不過即使有1985年的純益水準，雷布洛克仍然付出倍數超過30的價格來購買。雷布洛克付出如此鉅額，是相信它有能力改善希爾頓整體的銷售毛利水準—在當時為6%。這比雷布洛克已擁有的旅館事業部之毛利率，還要高出四分之一。

買下希爾頓集團後，雷布洛克的獲利情形改善不少。在接管後的第一年，旅館事業部貢獻了45%的營業純益。國際希爾頓的運作團隊，擁有優秀的銷售與行銷人才，能在高度競爭的市場中達到雷布洛克的目標。舉例來說，高級的晚宴廳被迫關閉，因爲客戶並不常光顧；雷布洛克花了60萬美元，來鞏固國際希爾頓在現有、以及潛在客戶心中的形象。雷布洛克花大錢整頓希爾頓，以希爾頓的名義再開了12家旅館，並將其他旅館轉型爲全國希爾頓（Hilton National）。新旅館的建築地，遠至日本的名古屋、以及加拿大的 Nova Scotia。

在 1990 年，雷布洛克因國際希爾頓旅館事業部在國外的卓越成績，獲頒女皇勳章。直到 1991 年，因波斯灣戰爭引起貿易赤字爲止，旅館集團的獲利水準不斷穩定提升。總房間數超過 5 萬間。

希爾頓經由不斷的購併與內部有機性成長，逐漸邁向國際，至今已在47個國家有152家旅館。擴充的金額來自發行股票。雷布洛克對外發行了 2 億 1,600 萬股，以籌措 7 億 8,900 萬美元的資金。國際希爾頓對於遠東市場特別有興趣，因爲日本旅客近年來已超越美國旅客，成爲希爾頓最常見的住客群。希爾頓在 1992 年加蓋了 10 間旅館，1993 年還要追加 8 間。擴充主要以英國爲中心。要減少固定成本似乎不太可行，況且這在過去的階段已進行過。

雷布洛克在 1992 年花了 1 億 1,300 萬英鎊於新事業單位上，成立的兩個銷售事業部、以及兩個銷售與租賃事業部，就花去7,100萬英鎊。花這些錢的目的，在於替未來的銷售預先儲備資金。這也代表在 1993 年，其他的 8 個事業單位都不會得到資產方面的投資。

1992年獲利下降，部份原因是英鎊相對於世界主要幣値的價值不斷下滑。

希爾頓主要的市場區隔是商務旅客（佔了希爾頓旅客的70%）。這是個值得投資的市場：首先，商務旅客每晚的平均花費爲 38 英鎊，比其他旅客之 14 英鎊多出許多；另外，商務旅客不受季節影響；第三，在經濟

衰退時，遊客會選擇在渡假時少花錢—特別是一些較昂貴的假期。雖然衰退的確會對商務旅客造成影響，但公司寧願選擇縮減飛行的票價，而不會減少商務旅客的旅館錢。

像希爾頓這類國際型連鎖旅館，要吸引商務旅客有絕對的優勢，包含旅客對其服務水準有一致的預期、公司折扣、以及使用中央訂房系統。

在 1986 年，市場總值達 3,000 億英鎊（6 億旅次），預期 1995 年旅次會成長到 8 億次，帶來 4,000 億英鎊的收入。

雷布洛克之房地產事業部

雷布洛克之房地產事業部分為以下七個集團：

1. 雷布洛克集團房地產有限公司—英國總部

2. London and Leeds 公司—美國東海岸

3. London and Bardco 投資公司

4. 雷布洛克城土地有限公司—購物中心

5. Gable House 房地產—專業團隊

6. 雷布洛克家居集團

7. Gable 退休家居有限公司

此一事業部的規模很小，營業額少於 5%，員工人數不過 100 人。在美國，如此小的營運規模可促使事業部扮演地區性開發商，同時又能擁有充分的市場知識以及未來無限的機會。營運的主要地區包括英國與美國的辦公室、購物中心、零售賣場、以及工業廠房。

在 1986 年，美國東海岸的房地產投資組合歷經擴充。房地產事業部在 1987 年持續成長，所有的業務都處於擴充階段。每種業務都各自於不

同的市場或專業區隔營運。實務上，他們的知識共享，充分運用中央的共同服務。在市中心外，零售市場在 1987 年是個非常看好的事業，雷布洛克快速將觸角伸入此一領域。兩年內，公司就成為英國在零售領域的領先開發者。

總體來說，英國的市場目前面臨過度供給，經濟衰退造成房租下降。投資在房地產的收益從 11% 下降至 8%。

雷布洛克認為旗下擁有 7 個獨立的房地產事業部，在不同的 7 個國家營運，目前看來收益頗佳，總比一個大大的帝國公司要好得多。它們的行動快速且果決，同時又有雷布洛克整個集團背後的金援。在 1989 年，雷布洛克對主要的發展政策，採行更審慎的態度。雷布洛克相信它在資產負債表的優勢，能成為渡過經濟衰退難關的重要關鍵。

附錄 1   1979 年之後的購併

年度	金額 百萬英鎊
1979	
Laskys Hifi Myddleton Hotels	3.2
Wesmoreland Hotel	3.9
London	11.25
1981	
Wallis Holday Group	1.9
Beeson Holiday Centre	1.2
Machine Hire Business	4.0
Turf Accountants	4.0
Central TV 10%	2.5
1982	
London & Leeds Property	4.9
Demming Leisure (Betting)	4.1
Town & Country Lesiure	5.5
1983	
BFT Travel Inc USA	
Lanton Leisure snooker clubs	
Central TV 再加 10% 股權	
United Trade Press Holdings Ltd 75%	
MW Publishers Home & Law Magazines 80%	
1984	
Comfort Hotels 比利時	71.0
Le Tierce 場外下注	
Detroit Race Course	
Olivers (英國) Ltd Coffee & Bread Shops	
Wootten Publications	1.1
1985	
Home Charm Group 公司 (德克斯 & Multicolour wallpapers)	196
Rodeway Inns Inc USA	10.0
Senews 75% (地區報紙)	9.0
1986	
Gable House 房地產	
Fellbridge Hotel & Health Club	34.0
Architectural Press Holdings	26
John Nelson & Ganton House	7.0
1987	
希爾頓旅館	645.0
北愛爾蘭 Hampden Homecare	
1988	
Thomas T-Line (Vernon Pools)	165.0
Sandfords DIY	35.0
1990	
Cantebury Downs Race Track 50%	
Meeus Investments Ltd	

自 1979 年之後的撤資

年度	金額 百萬英鎊
1979	
Cashcade 彩券	1.0
1981	
RV Goodham, Linfield Park 賭場	
1983	
Social Clubs	
1986	
Laskys	30.25
1987	
Rodeway Inns	12.0
Olivres Breadshops	4.7
Holiday Villages	54.0
Home and Law Magazines	34.8
1988	
Thomas T-Lines Industrial	15.0
Cable TV	
Retirements Homes	
Lanton Leisure	8.7
1989	
Satellite Information Systems 18%	
1991	
Platanoff & Harris	1.4

依時期比較購併與處分

公司	購併	處分	購入價	出售價
Laskys	1979	1986	3.2	30.25
Olivers	1984	1987	1.1	4.7
Rodeway Inns	1985	1987	10.0	12.0

附錄 2　損益表（百萬英鎊）

年度	1974	1975	1976	1977	1978	1979	1980	1981	1982	1983
營收	254.7	268.8	319.1	387.7	469.1		665.1	705.2	762.0	846.9
銷售成本	243.2	255.5	303.4	363.3	427.4		625.8	665.6	699.1	777.0
銷售毛利	11.5	13.3	15.7	24.4	41.7	0.0	39.3	39.6	62.9	69.9
管理費用									19.8	23.2
由其他公司獲得之收入									-0.3	1.3
營業純益	11.5	13.3	15.7	24.4	41.7	0.0	39.3	39.6	42.8	48.0
利息費用	1.4	0.9	0.4	0.3	0.8		8.2	7.1	7.4	6.2
額外財產交易損益										
息後純益	10.1	12.4	15.3	24.1	40.9	0.0	32.1	32.5	35.4	41.8
稅賦	5.1	6.4	6.9	9.2	17.6		4.3	4.5	7.2	13.7
稅後純益	5.0	6.0	8.4	14.9	23.3	0.0	27.8	28.3	28.2	28.1
少數股權	0.0	0.2	0.4	0.6	0.5		1.0	0.2	0.9	1.7
扣除非常損益前股東可享純益	5.0	5.8	8.0	14.6	22.8	0.0	26.8	28.1	27.3	26.4
非常損益	0.1						7.8			
股東可享純益	5.1	5.8	8.0	14.6	22.8	0.0	34.6	28.1	27.3	26.4
股利	0.9	1.5	2.1	3.6	4.5		7.9	9.8	11.5	13.2
年度保留盈餘	4.2	4.3	5.9	10.7	18.3	0.0	26.7	18.3	15.8	13.2

附錄 2 　（續）

年度	1984	1985	1986	1987	1988	1989	1990	1991	1992
營收	1115.9	1342.6	1765.6	2135.4	2848.0	3659.5	3800.5	3785.7	4166.5
銷售成本	1035.6	1227.6	1605.0	1913.9	2518.6	3250.9	82.1	3418.7	3816.0
銷售毛利	80.3	115.0	160.6	221.5	329.4	408.6	418.4	367.0	350.5
管理費用	25.2	28.2	33.3	42.5	53.4	60.3	59.4	61.4	61.6
由其他公司獲得之收入	2.5	2.5	3.4	0.3	0.5	5.2	6.9	6.6	3.5
營業純益	57.6	89.3	130.7	179.3	276.5	353.5	365.9	312.2	292.4
利息費用	7.4	14.2	29.4	19.1	24.2	51.3	60.3	101.8	105.6
額外財產交易損益									146.7
息後純益	50.2	75.1	101.3	160.2	252.3	302.2	305.6	210.4	40.1
稅賦	17.4	29.2	36.8	56.1	78.7	88.47	76.2	52.8	38.5
稅後純益	32.8	45.9	64.5	104.1	173.6	213.8	229.4	157.6	1.6
少數股權	3.5	27.	2.1	0.5	4.0	6.7	0.4	4.0	0.4
扣除非常損益前股東可享純益	29.3	43.2	26.4	103.6	169.6	207.1	229.0	153.6	1.2
非常損益		0.0	22.0	36.7	26.0	4.9	-13.5	0.0	0.0
股東可享純益	29.3	43.2	84.4	140.3	195.6	212.0	215.5	153.6	1.2
股利	19.1	23.1	33.7	54.5	69.6	83.8	91.5	109.9	121.0
年度保留盈餘	10.2	20.1	50.7	85.8	126.0	128.2	124.0	43.7	-119.8

附錄 3　資產負債表（百萬英鎊）

年度	1982	1983	1984	1985	1986	1987	1988	1989	1990	1991	1992
固定資產											
無形資產	41.60	45.90	76.70	187.20	267.60	293.40	600.10	492.50	830.50	831.30	832.60
有形資產											
營業資產	168.60	174.20	244.40	380.80	563.60	1188.50	1563.30	2155.10	2290.30	2265.80	2165.00
投資財產	103.70	118.50	166.20	294.20	363.60	364.20	514.50	757.70	712.50	717.70	666.00
投資	5.70	9.10	10.50	16.50	19.40	25.80	42.10	55.60	66.10	83.00	104.80
總計	319.60	347.70	497.80	878.70	1214.00	1871.90	2720.00	3760.90	3898.40	3897.80	3766.40
流動資產											
備供交易之財產	75.10	90.00	113.40	92.80	175.60	135.60	181.90	258.80	263.80	281.50	228.00
存貨	15.20	23.00	21.00	29.00	56.90	93.60	110.70	152.40	186.00	194.20	215.30
影片	6.50	5.90	3.10	1.00	0.90						
債權	52.50	46.60	80.70	96.80	154.40	246.50	227.10	322.80	248.60	299.40	313.00
投資	2.70	2.80	4.90	2.30	11.10	19.80	16.40	64.10	12.40	10.30	9.20
銀行存款	9.70	12.60	48.90	20.70	25.60	68.60	84.00	112.60	83.00	309.30	100.80
總計	161.70	180.90	272.00	242.60	426.50	564.10	620.10	910.70	793.80	1094.70	866.30
流動負債											
1年內到期之負債	76.50	95.10	163.20	173.70	340.60	446.00	490.00	636.50	567.60	614.70	589.30
淨流動資產	85.20	85.80	108.80	68.90	85.90	118.10	140.10	274.20	236.20	480.00	267.00
總資產減流動負債	404.80	433.50	606.60	947.60	1299.90	1990.00	2860.10	4035.10	4134.60	4377.80	4035.40
長期負債											
1年後到期之負債	167.60	187.70	241.10	354.50	542.30	717.50	823.90	1541.50	1522.00	1392.60	1486.70
負債準備	16.30	14.20	16.70	19.50	21.90	18.50	18.10	27.90	27.80	28.00	16.70
遞延稅賦											
總計	220.90	231.60	348.80	573.60	735.70	1254.00	2018.10	2465.70	2584.80	2567.20	2533.00
資本與保留盈餘											
股本	14.50	14.60	17.70	20.50	27.00	42.30	42.40	85.60	86.00	108.10	108.70
股本溢價	43.00	44.20	96.30	108.80	151.60	338.10	342.20	312.90	321.00	770.50	771.30
合併保留盈餘				17.40							
資產重估增值	31.50	35.10	90.10	255.60	329.20				1242.50	1118.20	914.20
損益盈餘									229.7	213.3	210.8
損益彙總帳戶	119.00	124.60	125.80	143.30	191.00	868.10	1607.40	2035.40	613.70	642.80	507.80
股東權益	206.00	218.50	329.90	545.60	698.80	1238.50	1992.00	2433.90	2492.90	2852.90	2512.80
可轉換公司債									83.00	83.00	
少數股權	12.90	13.10	18.90	28.00	36.90	15.50	26.10	31.80	8.90	21.30	20.20
總計	220.90	231.60	348.80	573.60	735.70	1254.00	2018.10	2465.70	2584.80	2567.20	2533.00
無形資產佔固定資產之百分比	13.0	13.2	15.4	21.3	22.0	15.7	22.1	21.1	21.3	21.3	22.1

1987 至 89 的資本與保留盈餘中的損益彙總帳戶包含了 3 公司對於資產重估增值佔值金額。

附錄 4

地區別與事業分部別的營收與純益（百萬英鎊）

地區別——營收

	1982	1983	1984	1985	1986	1987	1988	1989	1990	1991	1992
英國	729.2	788.1	950.3	1066.3	1328.1	1680.7	2057.3	2325.7	2604.9	2583.5	2700.9
美國	0.0	18.7	114.2	153.3	175.0	148.0	257.0	586.3	590.7	573.1	705.7
歐洲	26.8	35.0	47.9	120.0	150.4	200.2	334.7	498.9	390.6	408.0	502.8
亞洲與澳洲						20.4	120.7	138.3	117.9	110.9	114.3
其他地區						11.6	78.3	110.3	96.4	110.2	142.8
利息／資產租賃	6.0	5.1	3.5	3.0	1.8	1.8	0.0	0.0	0.0	0.0	0.0
停業部門	0.0	0.0	0.0	0.0	110.3	72.7	0.0	0.0	0.0	0.0	0.0
總計	762.0	846.9	1115.9	1342.6	1765.6	2135.4	2848.0	3659.5	3800.5	3785.7	4166.5

附錄 4   （續）

地區別——純益

	1990	1991	1992
英國	230.3	172.7	61.3
美國	17.9	16.8	-46.1
歐洲	56.7	33.7	20.4
亞洲與澳洲	33.7	26.8	26.4
其他地區	12.3	13.4	16.2
利息／資產租賃	-54.4	-53.0	-38.1
停業部門	0.0	0.0	0.0
總計	296.5	210.4	40.1

地區別——純益率 %

	1990	1991	1992
英國	8.8	6.7	2.3
美國	3.0	2.9	-6.5
歐洲	14.5	8.3	4.1
亞洲與澳洲	28.6	24.2	23.1
其他	12.8	12.2	11.3

附錄 4　（續）

事業別——營收

	1982	1983	1984	1985	1986	1987	1988	1989	1990	1991	1992
旅館	56.5	36.8	42.9	86.5	87.2	223.4	688.8	830.1	780.1	758.1	901.8
賽馬	597.2	637.4	787.3	984.4	1190.5	1322.7	1608.8	2170.3	2304.5	2252.9	2410.7
房地產	16.3	33.3	148.0	111.1	121.6	152.6	110.1	130.1	155.2	121.8	160.2
零售				132.2	213.2	351.6	440.3	529.0	560.7	652.9	693.8
媒體					7.2	10.6					
假日	86.0	134.3	134.2	25.4	33.8						
利息／資產租賃	6.0	5.1	3.5	3.0	1.8	1.8					
停業部門				110.3	72.7						
總計	762.0	846.9	1115.9	1342.6	1765.6	2135.4	2848.0	3659.5	3800.5	3785.7	4166.5

1982——旅館業包含了假日的營收／純益。

1982-84——假日包含零售的營收／純益。

1982-85——假日包含媒體與其他娛樂項目的營收／純益。

事業別——純益

	1982	1983	1984	1985	1986	1987	1988	1989	1990	1991	1992
旅館	10.0	7.4	12.6	20.1	21.8	47.2	118.9	167.8	174.3	163.8	151.7
賽馬	17.3	20.6	21.7	35.2	49.5	62.0	77.5	91.1	91.7	64.5	64.8
房地產	3.5	8.4	17.2	18.0	21.4	22.3	32.2	35.9	45.2	-12.4	-35.4
零售				7.8	13.8	26.0	34.5	40.1	39.7	47.5	43.8
媒體					0.6	0.9					
假日	11.3	11.8	9.1	4.5	5.4						
其他財產項目											-146.7
利息／資產租賃	-6.7	-6.4	-10.4	-10.5	-18.7	-9.1	-10.8	-32.7	-54.4	-53.0	-38.1
停業部門					7.5	10.9					
總計	35.4	41.8	50.2	75.1	101.3	160.2	252.3	302.2	296.5	210.4	40.1

附錄 4 （續）

事業別－－純益率 %

	1982	1983	1984	1985	1986	1987	1988	1989	1990	1991	1992
旅館	17.7	20.1	29.4	23.2	25.0	21.1	17.3	20.2	22.3	21.6	16.8
賽馬	2.9	3.2	2.8	3.6	4.2	4.7	4.8	4.2	4.0	2.9	2.7
房地產	21.5	25.2	11.6	16.2	17.6	14.6	29.2	27.6	29.1	-10.2	-22.1
零售				5.9	6.5	7.4	7.8	7.6	7.1	7.3	6.3
媒體					8.3	8.5					
假日	13.1	8.8	6.8	17.7	16.0						
利息／資產租賃	-111.7	-125.5	-297.1	-350.0	-1038.9	-505.6					
停業部門					6.8	15.0					

附錄 5

雷布洛克－－公司資料

年度	1979	1980	1981	1982	1983	1984	1985	1986	1987	1988	1989	1990	1991	1992
總員工人數				15792	17211	18479	21182	25003	32167	48070	51015	52039	53429	52894
旅館				3596	2940	2697	4382	4116	3909	26295	26988	26968	27283	27083
房地產				34	41	53	59	161	539	924	146	145	129	101
賽馬				9029	9122	9859	10688	11318	12165	12234	14470	14453	14693	14254
娛樂與零售				3011	5002	5762	4582	4015	6948	8125	9251	10304	11324	11456
媒體								94	113					
假日							1352							
團體服務				122	106	108	119	141	151	156	160	169		
停業部門								5158	3342	3336	336			
股數（百萬）					146.17	176.60	205.43	269.78	422.86	442.50	855.74	859.97	1081.37	1087.24
平均股價（便士）	197	160	209	149	197	215	262	347	423	399	471	294	260	209
平均本益比	5	3	6	8	13	14	16	18	18	14	15	12	10	13

附錄 6　市場資訊

	實質消費者花費變動率 %	英國永久居民變動比率 %	海外旅遊與至英國觀光旅客（千人）	DIY 產品（百萬英鎊）	主要家電用品（百萬英鎊）	收音機、電視、與其他耐久財（百萬英鎊）
1975	-0.40	15.15				
1976	0.44	0.88				
1977	-0.45	-3.29				
1978	5.65	-8.12	12646			
1979	4.35	-12.75	12486			
1980	0.08	0.07	12421			
1981	0.09	-18.00	11451	1800	2128	1769
1982	1.00	-11.51	11635	1927	2356	2061
1983	4.52	14.31	12464	2230	2778	2477
1984	1.95	5.52	13644	2459	2947	2742
1985	3.79	-5.86	14449	2822	3180	1940
1986	6.42	4.04	13897	3363	3584	3253
1987	5.51	4.68	15566	3626	4000	3750
1988	7.43	6.93	15800	4109	4380	4232
1989	3.34	-8.46	17338	4371	4687	4296
1990	0.67	-10.50	18021	4303	4907	4257
1991	-2.08	-6.5	16665	4598	5135	4347

Source: Central Statistical Office, Dept; of the Enviroment, *Employment Gazette* March 1993

附錄 7

賭博業的環境

在英國，場外下注在1960年才開始核發合法執照，並且在1986年始可於賭場提供賽馬轉播。

賽馬下注徵稅委員會有權決定賭博機構的數目。新公司要取得執照很困難，因為委員會不會對已發執照的領域再核准。因此擴張的主要途徑為購併或接管。

目前賭博機構都想經由夜晚的賽狗、以及夏季、星期日的賽馬，來吸引更多的賭金。為了提高營業額，賭博機構與這些賭博團體合作密切。政府方面有法律漸寬鬆的跡象，例如放寬夜晚競賽的禁止項目。歐洲執委會正擬提出有關全歐賭博業的報告，這可能會引起業界普遍的反彈。不過在此之前，所有對於報告的臆測都純粹是謠言。

業界對於加收賽馬的稅款一直施加壓力。主要的賭博機構均表示，自1990下半年起，人們對於賽馬的態度明顯改變，願意視賽馬為一種商業行為。這反映在賽馬師俱樂部（The Jockey Club）設立英國賽馬協會（British Horse Racing Authority）。賽馬師俱樂部目前似乎認為，如果稅一定要增加，賽馬業必須與賭博業共同合作，才能使收入最大化。這類的結合，鼓勵了在不同時間陸續舉行賽馬的潮流，這樣將刺激人們掏出更多的賭金。

雖然對產業而言，徵稅與相關改變所產生之痛苦影響是短期的，長遠來說影響卻是正面的。主要因為政府願意花更多錢在賽馬的建設上，對賭博機構而言未嘗不是好事。

產業對於1993年亦抱持希望，法令可能開放夜間賽馬。開放夜間賽馬的阻力主要是賽狗業者曾經持反對意見，因為這可能破壞產業生態。賭博機構可能同意賽馬比照賽狗繳交相同的稅款，目前賽狗業者正熱烈討

論，他們有可能不再反對。

　　夜間競賽對於產業收益有相當大的影響。星期日競賽的開放，對賭博機構而言影響就不太大，或許也會影響收入，但頂多拉走星期六部份的收入。不過賽馬師俱樂部有可能施壓，促使此案於本年度上半年通過，未來星期日競賽究竟可不可行，法令正面臨嚴格的考驗。現階段星期日競賽游走法律邊緣的亂象，對賭博機構而言是風險很高的策略，但是也會促使法令朝開放的方向前進。

　　政府公開女皇的看法，未來有可能先開放全國性的樂透彩券，漸進地推動法令開放，這將使該產業完全改觀。全國性樂透彩券預期一年能帶來 10 億英鎊的收入。

附錄 8　資本報酬率的產業平均數

產業平均的資本報酬率 %

產業	1987-8	1988-9	1989-90	1990-1
零售——DIY	32.4	16.9	-1.2	-3.2
房地產	6.9	5.2	3.5	0.5
賽馬	7.7	9.2	7.5	n.a.
旅館	6.5	9.6	9.5	8.0

Source: Industry Performance Analysis, 1993, ICC Publications Ltd.

附錄 9　旅館產業

在英國的旅館

	旅館數	房間數
英格蘭	22,547	764,005
蘇格蘭	3,285	49,601
威爾斯	1,758	26,226
北愛爾蘭	122	3,111
總計	27,712	842,943

Source: National Tourist Boards

1990-1991部份英國旅館集團營收

集團	營收（百萬英鎊）	銷售毛利	會計年度截止日	旅館數	房間數
Forte	2,622.0	73.0	31.1.1990	338	29,530
國際希爾頓	78.8	22.4	31.12.1990	35	7199
Bass Hotels	570.0	n.a.	30.9.1991	76	7,728
Queen's Moat Houses	543.3	90.4	31.12.1991	102	10,624
Rank Hotels	57.0	6.8	31.10.1990	50	6,581
Mount Charlotte Hotels	190.9	32.8	30.12.1990	109	14,263
De Vere Hotels*	75.6	6.7	27.9.1991		
Savoy Hotel*	79.2	2.3	31.12.1991		
Stakis Hotels	83.4	27.6	30.9.1990	30	3,718
Swallow Hotels*	70.4	n.a.	28.9.1991		
雷布洛克旅館*	60.9	9.5	31.12.1991		
Holiday Inns UK*	108.5	34.1	28.9.1990		
Jarvis Hotel*	46.1	8.0	30.3.1991		

* 數據不可知（這些公司的的旅館部門隸屬更大的集團，並不將旅館的數據分開公佈）
Source: Keynote: Hotel Industry 1992

住房率

	平均住房率		平均住房收入（每間房間）		扣除固定成本前收入 **	
	1991 %	1990 / 91 變動%	1991 英鎊	1990 / 91 變動%	1991 英鎊	1990 / 91 變動%
全英國	61.4	-11.5	60.58	-2.5	8340	-22.6
英格蘭*	58.0	-12.4	47.54	-1.2	6385	-24.4
蘇格蘭	63.5	-4.2	48.54	1.5	6944	-7.8
威爾斯	54.8	-7.4	44.84	0.0	6072	-16.3
倫敦	66.4	-13.0	83.69	-3.7	12168	-23.9

* 包含倫敦　　** 每年每個房間
Source: Pannell Kerr Forster Associates

個案 6：建材

建築業

英國的建材業向來有惡名昭彰的景氣循環，而且像大部分的國家一樣，受到政府政策走向的影響很大。首先，政府推動公共建設，例如公路、醫院、學校等基礎設施。其次，政府的影響是透過利率來管理經濟。在物價膨脹時期，政府支出緊縮，利率調高，對於建材業的需求面有雙重的壓制效果。

建材業的產出見表 1，較長期的產出見圖 1。

建築業市場

在過去的幾十年，影響建築業的社會趨勢如下：

⊙ 離婚率提升。

⊙ 小家庭日漸增多。

⊙ 收入提升，足以使年輕夫婦提早成家。

⊙ 領取退休金的人口比例漸增，他們只需較小的住宅。

表 1　1986 至 1990 年建築業的產出（百萬英鎊）

	1986	1987	1988	1989	1990
新房子					
公共部門	842	933	922	979	968
私人部門	4,697	5,812	7,547	7,088	5,901
總計	5,539	6,745	8,469	8,067	6,869
其他新建築					
公共部門	3,888	3,870	4,318	5,095	5,845
私人部門					
工業用	2,632	3,204	4,023	4,936	5,265
商業用	4,226	5,247	6,610	9,217	10,441
總計	10,746	12,321	14,951	19,248	21,551
修補與維護					
居家住宅	7,427	8,360	9,327	10,210	10,694
其他建築					
公共部門	3,768	4,024	4,251	4,635	5,030
私人部門	2,642	3,112	3,547	4,014	4,331
總計	13,837	15,496	17,125	18,859	20,055
所有建築	30,122	34,562	40,545	46,174	48,475

Source: Monthly Digest of Statistics, HMSO, May 1991

　　1961-1987 年英國的家庭數目如表 2 所示。表中可看出，家計單位的數目由 1961 年的 1,600 萬，增加到 1987 年的 2,140 萬。每一戶平均人數，則由 3.09 人下降至 2.55 人。

　　英格蘭銀行最近指出，在 1985 年之前的 15 年以來，對房屋的需求超過半數來自人口統計變數的因素，而不是收入或利率之類的經濟因素。1960 年代的嬰兒潮人口，創造了對房屋的需求，使得房價升高。但到了 1970 年代中期，出生率下降了三分之一。因此在未來 20 年，潛在的首次購屋者（對於平衡房屋市場的需求與供給有最大影響力的一群）將會急速減少。

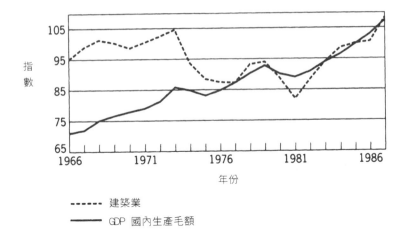

圖1 1966-1987年建築業與國民所得（以產出爲主）的走勢

　　環保部門（Department of the Environment）預測對房屋的超額需求，主要來自單人住屋，將由1987年的530萬人口，增加到2001年的710萬。單人住屋中屆齡退休者的比例逐漸減少，因爲多數的退休者會與老伴同住，這也代表在都市區中，小型住宅（主要爲公寓樓層）的需求會逐漸增加。

　　另一降低房屋需求的因素，來自1980年代後期飆漲的地價（見表3）。多數擁有土地超過2年的公司，現在都發現與其賣出蓋在土地上的房子，還不如留著土地來得值錢。

表2　1961至1987年英國住宅數目以及平均規模

	住宅數目	平均規模（人）
1961	16,189	3.09
1971	18,317	2.89
1981	19,493	2.71
1987	21,373	2.55

Source: OPCS

表3   1981年/1988年英格蘭與威爾斯住宅區的地價（一公頃千元英鎊）

	1981	1988
北部	92.2	101.0
西北部	94.7	115.3
Yorkshire / Humberside	66.9	111.4
中部西區	122.6	311.0
中部東區	79.2	251.6
East Anglia	41.4	419.9
東南部	186.0	896.3
大倫敦區	327.5	2,437.7
威爾斯	32.0	115.3

Source: Department of the Environment

影響房屋購買的經濟因素包含不動產利率（見附錄1）以及收入。由附錄2可看出房價與收入的比率在1989年快速上升，如果此比率在未來不會有多大改變，且收入只緩慢增加，可預期房價將明顯下滑。這將使許多在1989/1990年購屋者，處於財產變成負數的局面，導致對房屋的需求會更加冷清。

建材業

此一產業包含範圍廣泛的產品，從磚塊、瓷磚、到玻璃、耐火物質、到建築用鋼鐵。建材的特質一笨重而低成本，需要當地的製造工廠，因此工廠的規模通常不需要太大（見表4）。

不過生產建材如今通常採資本密集、且其運輸與行銷屬全國性，因此多數的工廠背後爲大集團。舉例來說，磚塊與屋瓦非常倚賴少數高度自動化的工廠來生產。過去70年來，許多小型的磚瓦廠紛紛關閉，至今仍留在產業中的工廠，多被大公司所購併。在1920年代，在英格蘭、蘇格蘭共有約2,400家的磚瓦廠，今日大約只剩70家。

表 4　1991 年部份建材製造商在英國的工廠數

	員工人數						
	1-9	10-19	20-49	50-99	100-499	500+	總計
砂礫、碎石、黏土	252	118	49	4	4	-	427
黏土產品	93	24	48	54	55	4	278
水泥	171	10	12	6	23	2	224
快乾混凝土	1,060	81	30	5	4	-	1,180
其他混凝土產品	460	157	177	115	23	-	990
所有建材原料	2,806	467	499	251	256	72	4,351

Source: Business Monitor PA 1003 1992

　　磚塊與屋瓦的生產是資本密集的事業，如果工廠有很高的產能，製造商即可賺取非常高的利潤，1988-1989年平均而言，領導廠商的稅前純益率大約在 22%。

　　磚塊與屋瓦可用在各種新的私人或公家建築物上，但以住宅市場為主。預估英國有高達 60% 的磚塊及屋瓦生產是用於居家住宅。

　　多數的磚塊與屋瓦製造商能提供產品給建造業的每一市場區隔，不過也有些製造商傾向專營特定市場。韓森企業（Hanson）擁有的 London Brick 公司就是浮列頓（fletton）磚之獨佔供應商，公司主要的客戶是前衛的建造商。韓森企業的另一家子公司Butterley Brick是個非浮列頓磚製造商，製造為數眾多的特殊建材與工程磚，目標市場為商業與工業客戶。目前住宅建造雖處於衰退期，Baggeridge Brick與Salvesen Brick這類公司，都已宣稱它們的目標是獲取更多專業市場的佔有率（見附錄 3 對這些專業公司有詳細說明）。

　　此一產業中，對於某些產品的詳細需求情形可見附錄4，其中有數量與價格，附錄 5 則是國際性的比較。

　　一些主要公司的市場佔有率可參閱表 5。

　　進口與出口品只佔全英國需求很小的一個部份（約 5%），但是在興

表5　預估磚塊與水泥產品之市場佔有率

%	磚塊	混凝屋瓦	混凝土塊
韓森企業	32		
Ibstock Johnston	12		
瑞得蘭公司	9	39	
Streetley	6		
塔馬克公司	6		14
Baggeridge brick	5		
梅爾利公司	4	49	14
George armitage	4		
Salvesen brick	3		
Blockleys	3		
ARC			10
RMC			5
ECC			5
Boral			5
Forticrete			5
其他	16	22	42

盛期,這比率或許或稍微上升。水泥則比較明顯,因為英國的工廠花了很長一段時間才達到水泥製造的高產能,因此1989-1990年,英國對水泥的進口需求增加到12-15%。當市場對磚塊需求衰退時,市面上的水泥供給存量超出需求多達6個月,因此許多公司若不是將水泥貯存,就是乾脆停止生產。

　　建材的通路,若不直接賣給建築公司,就是透過建材商,有些產品會進入DIY賣場與園藝中心。建材商只售出少部份的磚塊與屋瓦,通常製造廠商會直接賣給客戶或承包商。然而,建材商與磚塊工廠也代理將建材由製造商手中運送給客戶。一些較大的磚塊與屋瓦製造商有自己的通路系統:例如梅爾利運輸公司(Marley Transport Ltd)就運送梅爾利(Marley)公司的屋瓦、鋪材、與其他堅硬建材至全國各地。

　　堅硬建材與鋪材、磚塊都可由建材商處輕鬆取得。園藝中心是花園小路與天井所需鋪材與磚塊的重要零售處。

梅爾利公司（Marley）

梅爾利公司創始於1942年，先由艾舍（Aisher）建立Marley Joinery Works，後來重新命名爲Marley Tile控股公司，目前名稱爲梅爾利有限公司。公司的主要業務爲製造建築用黏土，其產品之使用遍佈英國、歐洲、美國北部與南部、南非、以及紐西蘭。主要產品包括屋瓦、混凝土塊、地板用材、與磚塊。

不過公司並不限制在這些核心領域，多角化已朝塑膠產品、零售(已撤資)、自動化零件、保險、汽車出租、以及其他領域邁進。在1992年，梅爾利公司旗下有4個事業部：塑膠；屋瓦；磚塊、土塊、與鋪材；以及自動化零件。

公司檔案

1978與1979年，梅爾利公司歷經重大的組織再造工程。它花大錢投資在數個領域，特別在美國的汽車出租、DIY、以及製造杯子、墊盤。這些投資的成本，使梅爾利公司於1980年代初期的體質轉弱。財務危機來自商業獲利不夠高，無法吸收這些1970年代末期大型投資計劃的成本。

組織再造短期而言代價相當高，但卻攸關梅爾利公司長期的健康，整個過程亦引起業界注目。在英國的屋瓦、地板用材、經銷、以及運輸等事業部都歷經重整；在德國的子公司，由地板用材，成功轉行爲鋪設管線事業，而在英國的零售事業，則轉變爲專業的鋪管事業。此階段主要的再造工程，在於改造舊的梅爾利公司 Homecare賣場，原本是小型、市中心的商店，要轉變爲Payless DIY—現代化、位在郊外的DIY事業部，共由59家店共同組成，面積超過120萬平方英尺。

根據艾舍先生於1983的總裁報告中，指出這些組織再造能使梅爾利公司：

比 *1980* 年雇用更少的員工，並增加 70% 的銷售量，以及在每個產業裡都擁有最先進設備的工廠。除去集團中表現不佳的事業，梅爾利公司可專注於主流事業，這可使梅爾利公司成為士氣更高的團隊，替建材業帶來更多元化的原料與服務。

歷經長久經濟不景氣，英國於 1982 年底景氣終於稍為復甦，也使梅爾利公司的投資終於有了回收，雖然海外的事業部仍然有經濟與管理上的雙重困難。

在 1985 年，艾舍卸下董事長職務，而由羅柏特・克拉克（Robert Clark）接任，喬治・羅素（George Russel）則擔任總執行長。董事會亦重新洗牌。梅爾利公司的創始者艾舍家族並沒有完全消失，而是於新的董事會擔任非執行董事。

新的董事會訂出新的目標與策略。這些策略於 1985 的年度報告中揭示：

- ⊙ 裁撤虧損的事業；
- ⊙ 改善資本結構；以及
- ⊙ 重整新的管理團隊。

在美國的事業，自從 1979 年購併起就一直在虧損，最後以 1,100 萬英鎊賣出。所有的鋪管中心都被出售，Marley Floors' Leighton Buzzard工廠也關閉。梅爾利公司也決定將Payless以9,400萬英鎊賣給Ward White。這些將能使帳面獲利增加 880 萬英鎊。當時 Playless 是英國第三大的 DIY 零售業者，擁有 65 家店，主要位於英國南部，純益有 1,000 萬英鎊，銷售額則有 2 億 1,500 萬英鎊。

損失Payless的利潤由利息收入平衡之。這些現金流量減少梅爾利公司的舉債，然後再賣掉鋪材中心及美國塑膠工廠，新的管理團隊認為目前梅爾利公司可以專注於其長才：建材。在塑膠管事業上，還可以反擊新進

入者如 Polypipe 的攻勢。至於海外的事業，梅爾利公司則希望可在美國建立材料事業，以便資助在南非危機潛伏的事業（競爭對手爲 Rand）；目前南非是最重要的海外市場。

1986 年是梅爾利公司到處購併的一年，它以 5,200 萬英鎊買入高空用混凝土商 Thermalite，在美國以 9,390 萬英鎊的價格，買入磚塊製造商 General Shale。General Shale 是美國前三大磚塊製造商，主要的事業爲混凝土塊、快乾混凝土、以及輕粒料。梅爾利公司也購併了 Nottingham Brick，這些購併共花去 7,400 萬英鎊的現金，公司並發行了 6,500 萬股的股票。

在 1988 年，價值 2,000 萬英鎊的 Thermalite 新工廠開張。它取代了舊工廠，寫下產能的新紀錄。梅爾利公司以 930 萬英鎊買下 Webster Brick（USA）以及蘇格蘭的 Errol Brick。隔年，克拉克自董事長職務退休，羅素擔任董事長與執行長的雙重職位，董事會則有三位新的執行董事加入而更顯生氣。1989-1990 年，公司買下澳洲的塑膠產品工廠，以及 2 家與塑膠模鑄有關的公司，以便在美國與德國開展塑膠事業。梅爾利公司更詳細的說明可見附錄 6。

瑞得蘭有限公司（Redland）

此公司包含了三大事業部；磚塊、屋瓦、與粒料。不過它也有燃料油的事業。產品包含水泥與混凝土屋瓦、連結石板、塑膠與金屬屋頂覆蓋系統、壁磚與地磚。公司的粒料事業，包含了快乾混凝土、沙、以及碎石、石材與水泥。公司在國內與國際市場的塑膠板以及燃料油業，也有穩固的地位。

瑞得蘭公司的策略爲藉由購併來達到成長。目標產業爲核心事業的延伸：製造磚塊、粒料、以及屋瓦。一位專家於 1978-1979 的瑞得蘭公司報告中指出，公司在購併時，考量「整合互補性事業，以經由其現金流量來支撐未來的獲利成長」。

　　過去十年來,公司在購併企業的成績不錯,即使有一些不賺錢的事業,公司也不會猶豫,依然進行多角化。瑞得蘭公司的策略於1983-1984年及1986-1987年的報告中一再重申。在1980年代早期,這確立了公司除了核心事業之外所要走的方向。在經濟復甦時期,公司專注於有競爭優勢的事業並減少負債,而在經濟衰退時期,公司就以實力進行侵略式購併。購併對象是核心事業的互補公司,以便獲得這些建材公司的整合力量,在市場上呼風喚雨。在國際上,瑞得蘭公司已成為世界建材業最有影響力的集團之一。瑞得蘭公司其他的細節可見附錄7。

塔馬克公司(Tarmac)

　　在1990年,塔馬克公司包含七個事業部:採石、建築、房地產、住宅建造、建材、工業、以及美國塔馬克公司。

　　董事會包含了董事長、財務長、每個事業部的執行長、以及三位非執行董事。

　　在1980-1982年間,塔馬克公司的策略為向上垂直整合,由採石事業部來主導。購併對象主要為英國的公司。這個策略讓公司在過去10年間,購併了超過100家公司。購併策略讓公司的採石範圍遍及全國。

　　在1983-1986年,塔馬克公司一方面繼續專注在英國的建築業,一方面也改變了策略焦點。在公司已成為採石業數一數二的公司後,公司決定朝附加價值鏈中的建材事業前進。藉由營造專案,公司欲成為原料上完全整合的公司。朝建材業發展,能使公司將採石事業部的潛力最大化─能將產品很快地送達潛在市場,並確保送至營造事業部的產品之品質與供應量。

　　Hemelite在1983年,與塔馬克公司簽訂了一項1,000萬英鎊的採購合約,顯示塔馬克公司的策略,的確朝向有附加價值的建材業發展。Hemelite在英國有10%的市場佔有率,擁有12家遍佈英國的製造工廠,

它表示將與塔馬克公司持續策略合作，以藉由規模經濟來達到更高的佔有率。

第五大的磚塊製造商—Westbrick 與 RBS Brooklyns，在 1984 年被塔馬克公司以 2,060 萬英鎊的價格買下。Westbrick 生產高品質的貼磚，擁有 6 家工廠，而 RBS Brooklyns 製造並行銷多種混凝產品，包括建築物內在與外用的混凝土塊。

塔馬克公司以 650 萬英鎊買下美國的 Lone Star Industrial 公司，促使塔馬克公司快速擴張至各地理區。此公司是美國最大的水泥製造商，包含採石、快乾混凝土、以及混凝土塊製造。當時它在德州的營運—先前受到限制—也經由購併，擴充到達拉斯的快乾混凝土業。

公司的成長以及環境的變動，使公司的結構在 1986 年有所改變。此一改變主要是將美國塔馬克公司，由採石事業部中獨立出來，轉型為在美國的利潤中心。此一新的事業部與集團中其他公司採用類似的策略，也就是經由購併來成長，並加以整合，以獲得高市場佔有率。

塔馬克公司持續它整合營造業的策略，在 1980 年代末期，塔馬克公司已成功地整合了附加價值鏈。特別是塔馬克公司購併了 Crown House 工程公司—它的專長在於照明、加熱散熱、與空調系統。購併代價為 2,640 萬英鎊。

如同公司於 1985 年的報告中所述，此次的購併達成了董事會的目標，也就是提供完整的服務或產品—由砂礫到磚塊、磚塊到房屋建造、房屋建造到內部系統。

在此階段公司亦積極多角化進入歐洲地區。購併磚塊製造商 Ruberoid（代價 1,060 萬英鎊）為多角化的開端，建造 Channel 隧道則加速了多角化的進行。此階段主要的購併集中在法國的公司，包含 Sablieres dela Neste 集團、南非 Establissement Barriand、以及南非 Establissement Hecquet。有關塔馬克公司更多的訊息可參閱附錄 8。

附錄 1 房貸利率

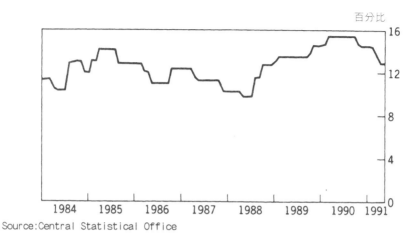

Source:Central Statistical Office

附錄 2 房價對收入之比值

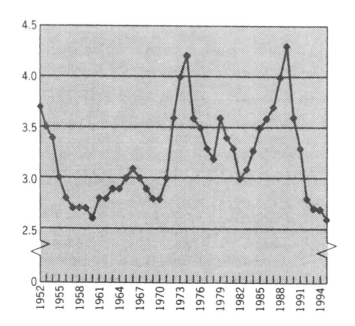

附錄 3　英國磚塊與屋瓦的主要製造商

公司	營運子公司	產品
韓森企業	London Brick	Fletton 磚
	Butterley Brick	非 Fletton 磚
	ARC	混凝土塊
梅爾利公司	Marley Roof Tile	混凝與黏土屋瓦
	Thermalite	混凝土塊
	Thermalite Scot.	混凝土塊
	Marley Paving	混凝土塊鋪材
	Nottingham Brick	貼磚
	Errol Brick	貼磚
瑞得蘭公司	Redland Roof Tiles	混凝與黏土屋瓦與 Cambrian 連接石板
	Redland Bricks	黏土磚、鋪材磚
Ibstock Johnsen	Ibstock Building Products	黏土磚與鋪材磚
塔馬克公司	Tarmac Building Materials	黏土磚與屋瓦；混凝土塊；磚塊鋪砌材料
Steetley	Steetley Building Products	黏土磚、屋瓦 混凝產品、黏土鋪材
Baggeridge Brick		黏土磚、鋪材磚
Marshalls	Armitage Brick	黏土磚與鋪材磚
Christian Salvesen	Salvesen Brick	黏土磚
	W.H. Colliers	黏土磚
Blockleys		黏土磚與鋪砌材料

附錄 4　建材需求

名稱	來源	單位	1985	1986	1987	1988	1989	1990	1991
砂礫與碎石	1	百萬公噸		103.3	110.3	128.1	126.1	112.9	
水泥	1	百萬公噸		13.3	14.4	16.6	16.8	15.1	
快乾混凝土（RMC）	1	百萬立方公尺		21.5	24.3	28.8	29.6	26.8	
磚塊	1	百萬		3971	4222	4682	4654	3804	
黏土屋瓦	1	（1000公尺）²	2143	2587	3019	3459	3756	3381	
混凝土屋瓦	2	千元	28.4	31.2	33.9	38.3	33.7		
混凝土建造磚	2	（1000公尺）²	6204	7263	8083	9169	9000		

Source: Monthly statistics of Building Materials and Components Business Monitor PAS 2410, HMSO

名稱	來源	單位	1981	1982	1983	1984	1985	1986	1987	1988	1989	1990	1991
磚塊	1	百萬英鎊	247.1	273.9	348.3	404.2	414.2	470.3	552.3	691.5	676.1	529.6	416.2
黏土屋瓦	1	百萬英鎊	9.4	12.1	16.3	16.3	17.0	22.3	26.6	32.4	37.6	30.4	29.9
水泥／混凝土塊	1	百萬英鎊	542.0	601.3	611.1	660.3	642.7	665.5	718.2	847.3	927.6	861.9	738.8

Source: Monthly statistics of Dept of Environment

附錄 5　住宅與建材資訊，1977-1990 年

1977-90 年完成的新房子

	1977	1980	1983	1984	1985	1986	1987	1988	1989	1990
法國	450900	502600	371800	343500	349800	356200	380600	414800		
德國東部	106826	120209	122636	121657	99000	101000	91000	93500	83400	
德國西部	409012	363094	312217	366816	252248	251940	217343	208334	268100	
西班牙	126101	130485	170147	176333	178190	193410	202600	222300		
英國	313500	251814	180065	203172	212172	208555	212448	225400	212232	244939

（千）

	1977	1980	1982	1983	1984	1985	1986	1987	1988	1989	1990
澳洲	45	78	80	97	117	111	141	121	135	160	155
紐西蘭	24	12	16	18	20	22	23	20	19	22	
美國	1602	1137	1005	1390	1652	1703	1756	1668	1530	1422	1308

建材：生產（GB）

	單位	1977	1978	1979	1980	1981	1982	1983	1984	1985	1986	1987	1988	1989
建造磚（除了耐火磚與釉磚）	百萬	5067	4842	4887	4562	3725	3517	3806	4012	4100	3971	4222	4682	4654
碎石粒料：	千公噸		14374	13910	14413	14366	13179	17739	18562	17424	18188	19239	22599	28860
鋪設鐵路（磨光）	千公噸		35756	37807	41765	42896	35949	35259	38522	36660	41168	44185	50784	54187
鋪設鐵路（未磨）	千公噸		29227	31131	31722	31619	31049	37129	40416	42234	42426	45227	53411	59989
圓石子	千公噸		29227	31131	31722	31619	31049	37129	40416	42234	42426	45227	53411	59989
混凝粒料	千公噸		15259	15872	15588	13653	11205	12721	14582	14360	13214	13715	15443	17978
黏土屋瓦	千平方公尺		1192	1207	2265	1698	1635	1632	2206	2051	2143	2587	3109	3459

附錄 6　梅爾利公司——建材

純益率

事業別 %

	1983	1984	1985	1986	1987	1988	1989	1990	1991
製造與經銷建材	11	11	6	9					
其他製造	0	1	5	7					
零售建材與家庭維護產品	4	5	5						
其他事業	59	25	21	4					
屋瓦					8	9	7	4	6
磚塊、土塊、鋪材					17	19	11	1	(4)
鋪管、鑄鏖、地板					10	11	11	10	12
自動化產品					10	6	3	2	2
房地產					53	54	64	100	98
其他事業					5	3			

（公司重整）

地區別 %

	1983	1984	1985	1986	1987	1988	1989	1990	1991
英國	8.0	9.2	8.4	8.3	11.4	13.9	10.3	3.3	3.1
西歐	2.8	6.3	2.8	4.9	8.4	10.7	11.1	17.7	16.8
非洲	8.3	13.1	8.3	10.6	10.1	9.9	11.3	7.8	15.5
北美	-0.7	-1.1	-0.7	6.8	10.9	10.4	10.2	2.9	4.0
其他市場	0.0	0.0	0.0	0.0	0.0	7.5	10.3	12.5	11.2

依部門、地區拆解（%）

不同事業之營銷收入所佔比例%	1983	1984	1985	1986	1987	1988	1989	1990	1991
製造與經銷建材	-	48	43	68					
其他製造	10	12	14	9					
零售建材與家庭維護產品	38	38	39	0					
其他事業	2	3	3	23					
屋瓦	公司重整				26	28	31	31	28
磚塊、土塊、鋪材					25	28	29	25	21
鋪管、鑄鷹、地板					21	23	25	30	38
自動化產品					10	11	12	14	13
房地產					1	3	3	1	1
其他事業					17	7	0	0	0

不同事業之純益所佔比例%	1983	1984	1985	1986	1987	1988	1989	1990	1991
製造與經銷建材	（1）	66	40	80					
其他製造	20	1	10	8					
零售建材與家庭維護產品	20	25	26	0					
其他事業	16	8	10	12					
屋瓦	公司重整				18	19	21	21	25
磚塊、土塊、鋪材					41	41	31	4	（13）
鋪管、鑄鷹、地板					19	20	26	55	73
自動化產品					9	5	3	5	3
房地產					5	13	16	14	12
其他事業					8	2	3	0	0

不同地區之營收所佔比例%	1983	1984	1985	1986	1987	1988	1989	1990	1991
英國	63	63	66	57	60	67	65	61	57
西歐	15	14	14	19	14	9	9	10	13
非洲	8	10	7	9	8	8	8	9	9
北美	13	12	12	15	18	14	15	16	17
其他市場	1	1	1	1	1	2	4	5	4

不同地區之純益所佔比例%	1983	1984	1985	1986	1987	1988	1989	1990	1991
英國	84	74	86	62	64	74	64	36	28
西歐	7	11	6	12	11	7	9	33	33
非洲	11	17	9	12	8	6	9	13	22
北美	(2)	(2)	(1)	13	18	11	14	8	10
其他市場	0	0	0	0	0	1	4	11	7

區隔資訊

	原營收		營業純益		淨營業資產	
	1991 百萬英鎊	1990 百萬英鎊	1991 百萬英鎊	1990 百萬英鎊	1991 百萬英鎊	1990 百萬英鎊
事業別						
建築材料						
屋瓦	158.1	195.6	9.4	7.5	78.4	93.3
磚塊、土塊、鋪材	119.0	157.5	(5.0)	1.5	120.2	124.1
鋪管、磁磚、地板	219.5	193.8	27.0	19.3	85.0	86.1
自動化零件	73.0	87.5	1.2	1.8	31.4	28.6
房地產	4.7	5.1	4.6	5.1	8.7	7.1
	574.3	639.5	37.2	35.2	323.7	339.2
未分配非營業資產與負債淨額					(9.9)	(8.7)
資本額					313.8	330.5
地區別						
英國	329.3	397.2	10.3	14.7	187.9	195.5
西歐	73.8	61.6	12.4	10.8	31.6	27.8
南非	52.2	55.4	8.1	3.9	18.8	16.1
北美	96.6	100.4	3.9	2.3	75.4	88.5
其他市場	22.4	24.9	2.5	3.5	10.0	11.3
	574.3	639.5	37.2	35.2	323.7	339.2

每個地區的數字顯示了該地區公司的淨營業資產、營收、與營業純益；出口銷售額與相關的純益包含在交易地區的數字中。

每個地區的實質營收與上表相差無幾。集團內部，不同事業區隔與地理區隔間的營收數字並不大。

1990年的地區分析重新計價過，以方便比較。

附錄 6　梅爾利公司－－購併與處分

1979	Ingrid（美國）－家用品製造商（A）
1981	British Moulded Fibre 有限公司－製造自動業所需零件（A）
1982	Klein Plastic Products（美國）－塑膠用品製造商（A）
1982	Furlong Bros －屋瓦製造商（A）
1983	Soltron（美國）－高品質小型家電製造與經銷商（A）
1983	Cochrane & Co. Pty（南非）－活門通路商（A）
1985	Plastic Consumer Products （Ingrid）（美國）－（D）
1985	Plumb Centre －鋪管產品領先供應商（D）
1985	Floorstyle －地板修護服務（D）
1985	Marley mix －乾袋混凝土供應商
1985	Payless －DIY 連鎖店（D）
1986	Thermalite －輕型混凝土塊製造商（A）
1986	General Shale －磚塊製造商（美國）（A）
1986	Nottingham Brick －（A）
1988	Webster Brick －（美國）（A）
1988	Errol Brick －（A）
1988	British Mouldings（紐西蘭）－PVC 包被產品（A）
1989	Carter Hold Harvet －塑膠產品（紐西蘭）（A）
1990	DG Mouldings －塑膠建材（美國）（D）
1990	KKF Karl Fels －自動化產品製造商（德國）（A）
1991	Marley Roofing －（美國）（D）

A －購併

D －處分

附錄 7　瑞得蘭公司－－建材

地區績效

地區的貢獻%	82-3	83-4	84-5	85-6	86-7	87-8	1988	1989	1990	1991
銷售額										
英國	54.1	51.9	46.5	50.5	46.2	49.4	50.7	31.3	25.5	18.3
歐陸	23.0	22.0	22.8	22.3	27.5	24.8	25.6	35.3	44.3	61.3
美國	12.0	15.0	17.0	16.2	17.3	18.6	16.3	23.8	22.7	12.4
澳洲／遠東	9.0	9.0	11.4	9.3	7.8	6.4	6.5	8.7	7.0	7.5
其他	2.0	2.0	2.3	1.7	1.2	0.8	0.8	1.0	0.5	0.5
純益（息前稅前）										
英國			44.4	48.8	48.3	50.5	46.1	41.8	28.4	18.3
歐陸			31.6	24.8	30.8	27.8	29.7	31.0	46.3	61.3
美國			12.0	16.0	15.4	15.2	17.2	17.6	17.5	12.4
澳洲／遠東			9.4	8.8	4.9	5.6	6.0	8.8	7.4	7.5
其他			2.6	1.6	0.7	1.0	0.9	0.8	0.4	0.5

地區績效－－毛利率

地區績效%	82-3	83-4	84-5	85-6	86-7	87-8	1988	1989	1990
英國	7.34	8.77	8.97	9.35	11.50	11.25	11.25	22.52	17.42
歐洲	8.23	11.49	13.02	10.76	12.29	12.30	14.16	14.80	16.39
美國	11.02	6.18	6.60	9.57	9.78	8.98	12.90	12.50	12.09
澳洲／遠東	13.68	7.48	7.75	9.17	6.93	9.57	11.29	17.16	16.52
其他	19.04	20.80	10.34	9.09	6.25	14.20	12.50	13.33	12.50

附錄 7（續）

產品績效

依產品品別%	85-6	86-7	87-8	1988	1989	1990	1991
銷售額							
屋瓦				35.2	45.2	51.0	69.4
粒料				27.1	38.1	35.4	24.2
磚塊與其他				37.7	16.7	13.6	6.5
純益（息前稅前）							
屋瓦		42.0	39.8	41.6	41.5	54.1	
粒料		31.5	31.9	36.8	38.5	29.2	
磚塊與其他		26.6	28.3	21.6	20.0	16.7	

產品績效——毛利率

依產品品別%	1988	1989	1990
屋瓦	14.3	15.5	16.6
粒料	16.5	17.0	12.9
磚塊與其他	7.00	20.1	19.3

瑞得蘭公司於 1988 年改變會計年度，因此 1988 年的數據只有九個月。

附錄 7（續）

區隔資訊

	會計年度截止於 31.12.91			會計年度截止於 31.12.90		
	營收 百萬英鎊	營業純益 百萬英鎊	淨資產 百萬英鎊	營收 百萬英鎊	營業純益 百萬英鎊	淨資產 百萬英鎊
屋瓦	868.7	128.9	546.6	836.1	139.1	493.2
粒料	507.1	45.0	766.5	581.3	75.0	750.0
磚塊與其他	127.8	12.4	209.1	222.5	42.9	197.8
	1,503.6	186.3	1,522.2	1,639.9	257.0	1,441.0

營收、營業純益、與淨資產按地區分析

	年度中止於 31.12.91			年度中止於 31.12.90		
	營收 百萬英鎊	營業純益 百萬英鎊	淨資產 百萬英鎊	營收 百萬英鎊	營業純益 百萬英鎊	淨資產 百萬英鎊
英國	326.6	34.1	435.2	419.0	72.8	418.1
德國	437.0	85.8	204.9	373.2	71.5	168.4
其他歐陸國家	300.8	28.5	262.3	352.7	47.6	257.5
美國	318.0	23.8	517.1	371.6	45.2	495.8
澳洲與遠東	112.3	13.6	100.8	115.1	19.3	99.2
其他	8.9	0.5	1.9	8.3	0.6	2.0
	1,503.6	186.3	1,522.2	1,639.9	257.0	1,441.0

淨資產定義為總資產減流動負債——除了短期投資、銀行貸款、與透支。

附錄 7（續）

自 1978 年起的購併與處分

日期	購併A/處分D	國家	公司	產品
1979	A	英	Automated Building Components	繫結物；木材屋瓦、牆壁、地板架；房車構造
1979	A	美	Season — All Industries	鋁窗與防風雨門
1980-1	D	英	Redland Industrial Services	廢物處理；工業清潔事業
1981-2	D	南非	Ghaist Redland	
	D	英	Redland Automation	
	A	英	Hafad Gristone	採石
	A	澳	Rocla Industries	採石；RMC
	A	英	Cawoods Holdings	煤炭與原油運送
1982-3	D	英	Cawoods Refractories	
	D	英	Cawoods Concrete Products	
	A	英	Stourbridge Brick	磚塊
	A	美	McDonough Bros	採石
	A	美	Manco Prestress	壓縮混凝土
	A	紐西蘭	Delta Brick	磚塊
	A	紐西蘭	Ruga Beheer	
1983-7	A	英	Shaws Fuels	原油運送
		美	Waco RMC	RMC
1984-5	D	美	Season All Industries	窗戶系統
	D	英	Redland Reinforced Plastics	煙囪Mftrs
	D	英	Redland Claddings	石板覆蓋
	A	英	Birtley Brick	黏土磚
	A	英	Rosemary Brick and Tile	磚塊與屋瓦
	A	紐	Mosa	壁磚與地磚
	A	紐	Teewen Poviso	磚塊
	A	紐	Decostone	廚房油布
1985-6	A	英	Tilbury Roadstone	採石
	A	美	Downy Bros	採石
	D	英	Redland Prismo	路面處理
1986-7	A	英	Lone Star Petroleum	油料運送
	A	法	La Sabliers d'Igoville	採石
	A	美	Genstar Stone	粒料
	A	美	Bernath Concrete	混凝土

附錄 7（續）

1987-8	A	英	Astbury Quarries	採石
	A	義	Asfath Bretner	平屋瓦產品
	A（45%）	挪	Norgips A／S	石膏板
	A	澳／紐	Monnier	屋瓦
	A	愛爾蘭	Iberian Trading	石膏板
	A	澳	Synkoloid	石膏板
	D	英	D.H. Jones	油料運送
	D	美	Gang-Nail Systems	繫結物
1988-9	A	瑞典	Orebor Kartongbruk	石膏板
	A	美	Malaney Concrete	混凝土
	A	英	ARC Roof Tiles	屋瓦
	A	美	Albuquerque Materials	塗刷
	A	美	Arundel Asphalt	瀝青
	A	法	Escogypse	石膏板
	D（5%）	德	Braas	
	D（55%）	英	British Fuels	油料運送

附錄 8　搭馬克公司－－建材

部門別營收與純益

營收

部門	1979	1980	1981	1982	1983	1984	1985	1986	1987	1988	1989	1990
採石	28.7	28.0	28.8	35.0	35.7	37.1	38.4	22.1	19.0	17.1	16.6	17.1
建築	14.6	14.7	18.2	19.4	17.0	15.0	13.4	4.7	4.6	4.8	4.1	3.4
建造	35.2	35.6	29.2	23.4	26.0	23.6	23.2	23.7	24.2	24.1	26.1	32.0
國際	8.5	7.4	8.0	5.0								
住宅	10.1	11.9	12.7	13.5	15.0	16.1	19.2	24.5	25.4	27.7	26.1	23.0
房地產	1.0	0.5	0.8	1.6	1.7	2.8	1.6	1.2	1.6	2.5	2.1	1.4
工業與油	1.8	1.9	2.3	2.0	4.6	5.3	4.2	14.7	13.4	13.0	14.0	13.9
美國搭馬克公司								9.1	11.7	10.7	11.1	9.1
總計（％）	100.0	100.0	100.0	100.0	100.0	100.0	100.0	100.0	100.0	100.0	100.0	100.0
總計（1990£m）	1900.7	1700.0	1555.9	1634.4	1732.1	1887.4	2122.4	2238.6	2714.5	3241.6	3721.8	3606.9

純益

部門	1979	1980	1981	1982	1983	1984	1985	1986	1987	1988	1989	1990
採石	46.2	41.9	41.1	52.3	51.8	52.8	53.8	32.3	24.9	20.0	22.1	29.0
建築	21.0	25.0	23.1	17.4	9.4	9.9	9.6	5.3	5.6	5.9	6.5	6.2
建造	2.1	7.5	6.9	6.4	8.6	7.3	6.0	6.5	6.6	5.4	6.8	14.5
國際	2.1	-1.6	2.7	3.5								
住宅	20.4	18.5	16.9	13.5	16.4	19.0	21.6	31.6	35.5	48.6	40.0	24.4
房地產	4.2	2.4	3.2	1.9	1.7	2.1	1.8	2.3	2.3	3.5	4.7	4.6
工業與油	4.0	6.3	6.1	4.9	12.1	8.9	7.2	10.8	8.8	6.8	9.9	13.8
美國搭馬克公司								11.3	16.2	9.7	9.6	7.5
總計（％）	100.0	100.0	100.0	100.0	100.0	100.0	100.0	100.0	100.0	100.0	100.0	100.0
總計（1990£m）	102.3	104.8	102.4	120.2	142.7	176.9	211.8	242.8	340.3	481.0	471.5	259.0

1990 至 1991 年區隔分析

	營收					
	1991			1990		
	總數 百萬英鎊	企業事業部之間 百萬英鎊	企業外部 百萬英鎊	總數 百萬英鎊	企業事業部之間 百萬英鎊	企業外部 百萬英鎊
事業部						
採石產品	572.8	(25.6)	547.2	619.7	(31.0)	588.7
住宅	744.6	-	744.6	851.9	-	851.9
建造	1,123.1	(38.5)	1,084.6	1,198.6	(19.1)	1,179.5
建材	120.0	(4.0)	116.0	131.9	(5.6)	126.3
工業產品	490.1	(21.8)	438.3	504.7	(22.7)	482.0
房地產	21.0	-	21.0	43.4	-	43.4
美國塔馬克公司	273.4	-	273.4	334.8	-	334.8
	3,315.0	(89.9)	3,225.1	3,685.0	(78.4)	3,606.6
來源國						
英國			2,751.3			3,101.4
美國			305.9			357.1
歐洲			156.6			139.1
其他			11.3			9.0
			3,225.1			3,606.6

	息前既營業外損益純益		淨資產	
	1991 百萬英鎊	1990 百萬英鎊	1991 百萬英鎊	1990 百萬英鎊
事業部				
採石產品	52.9	80.0	729.2	790.2
住宅	37.3	67.3	449.6	580.5
建造	40.8	40.0	(72.7)	(68.6)
建材	1.5	17.0	164.1	155.7
工業產品	13.8	38.0	136.9	146.0
房地產	(11.0)	12.7	74.0	70.4
美國塔馬克公司	(10.2)	20.8	481.1	566.6
總部成本與負債	(8.1)	(8.7)	(40.5)	(20.6)
	117.0	267.1	1921.7	2220.2
未分配淨負債			(538.1)	(606.8)
			1,383.6	1,613.4
來源國				
英國	132.4	248.5	1,342.6	1,560.0
美國	(14.4)	17.5	515.2	600.7
歐洲	4.7	9.5	108.6	80.8
其他	2.4	0.5	(4.2)	(0.7)
總部成本與負債	(8.1)	(8.7)	(40.5)	(20.6)
	117.0	267.1	1,921.7	2,220.2
未分配淨負債			(538.1)	(606.8)
			1,383.6	1,613.4

按地區別銷售額%

年度地區	1979	1980	1981	1982	1983	1984	1985	1986	1987	1988	1989	1990
英國	81.76	85.67	82.77	84.31	85.95	85.94	83.18	83.17	80.93	84.26	85.58	84.92
美國						5.44	9.53	9.33	11.97	11.51	11.84	9.79
歐洲	7.64	4.70	5.58			4.41	4.12	4.82	4.01	3.31	4.14	4.75
其他	10.60	9.63	11.65	15.69	14.05	4.22	3.17	2.68	3.10	0.93	0.44	0.54
總計	100	100	100	100	100	100	100	100	100	100	100	100

附錄 9　建材

梅爾利有限公司

FT 集團：建材　　市場資本額（千元英鎊）：270,011　　資產負債表日之價格（便士）：96.0　　名目價格：25p

會計年度截止日	12月31日 1987	12月31日 1988	12月31日 1989	12月31日 1990	12月31日 1991
損益表（千元英鎊）					
營收	565,686	600,322	638,400	369,500	574,300
息前稅前純益	64,046	80,018	69,700	39,400	42,100
稅前純益	55,241	70,222	56,200	22,000	27,000
股東可享純益	37,834	46,818	41,800	13,100	15,200
優先股股利	17	17	0	0	0
普通股股利	12,749	16,452	17,400	17,600	17,600
員工平均數	10,876	10,681	11,041	11,077	10,119
薪資	121,634	125,447	140,000	142,700	132,600
資產負債表（千元英鎊）					
股本	68,981	69,162	69,300	69,800	70,200
股東權益	213,867	234,706	263,800	218,600	219,600
淨募集資本	308,052	347,072	375,100	354,700	366,900
流動資產	166,882	210,008	212,000	205,000	229,000
流動負債	128,904	163,023	161,100	141,800	172,500
總資產	415,025	476,272	495,800	475,200	488,400
總負債	78,296	91,715	97,800	125,700	139,200
無形資產	0	430	400	1600	2,500
財務比率					
資本報酬率 %	20.0	26.0	20.1	10.5	11.9
純益率 %	11.3	13.3	10.9	6.2	7.3
槓桿率	26.9	28.2	27.1	36.6	38.9
盈餘收益率 %	11.10	13.14	13.20	4.07	4.22
股利收益率 %	4.43	5.20	6.42	7.00	6.09
本益比	10.84	9.62	8.74	43.21	37.07
年成長率 %					
總資產	1.19	14.76	4.10	(4.15)	2.78
營收	1.63	6.12	6.34	0.17	(10.20)
稅前純益	61.72	27.12	(19.97)	(60.85)	22.73
普通股記錄（便士）					
淨資產價值	77.4	84.7	95.0	78.1	78.0
每股盈餘（毛）	16.88	21.41	17.43	4.92	5.86
股利	6.73	8.47	8.47	8.47	8.47
股利保障係數	2.5	2.5	2.1	0.6	0.7
淨現金流量	17.7	19.7	19.0	9.2	9.8
股價波動範圍（便士）	會計年度截止於 12 月 31 日				
	1987	1988	1989	1990	1991
最高	196.0	185.5	192.0	150.0	137.0
最低	110.0	127.0	113.0	82.0	87.0

瑞得蘭有限公司

FT 集團：建材	市場資本額（千元英鎊）：1,486,826		資產負債表日之價格（便士）：437.5		名目價格：25p ord
年度終止	3 月 26 日	12 月 31 日	12 月 31 日	12 月 31 日	12 月 31 日
	1988	1988ᵃ	1989	1990	1991
損益表（千元英鎊）					
營收	1,425.0	1,502.3	1,309.8	1,411.5	1,299.2
息前稅前純益	206.9	220.6	276.2	291.7	236.6
稅前純益	184.5	197.5	245.1	244.4	186.0
股東可享純益	116.2	127.1	162.9	143.2	97.0
優先股股利	0.0	0.0	0.0	0.0	0.0
普通股股利	43.3	54.3	64.3	69.8	84.9
員工平均數	17,027	20,028	18,025	17,853	16,060
薪資	215.3	246.3	274.7	295.3	279.0
資產負債表（千元英鎊）					
股本	68.0	68.4	68.8	69.0	85.0
股東權益	512.4	615.5	723.6	763.0	1032.3
淨募集資本	1,123.1	1,383.0	1,829.3	1,652.2	18,87.9
流動資產	520.4	479.2	709.0	682.6	976.8
流動負債	356.7	388.2	428.0	392.3	488.2
總資產	1,463.7	17,47.6	2,236.0	2,016.6	2,347.0
總負債	446.5	623.0	801.5	578.1	576.9
無形資產	0.0	0.0	8.2	14.3	20.9
財務比率					
資本報酬率 %	19.9	19.6	20.0	15.9	14.3
純益率 %	14.5	14.7	21.1	20.7	18.2
槓桿率	41.8	46.6	45.3	36.3	30.9
盈餘收益率 %	10.90	10.15	11.58	10.13	5.70
股利收益率 %	4.68	4.55	5.53	5.70	5.93
本益比	10.60	12.91	9.82	11.53	24.16
年成長率 %					
總資產	14.49	19.40	27.95	(9.81)	16.38
營收	45.54	5.42	(12.81)	7.76	(7.96)
稅前純益	41.27	7.05	24.10	(0.29)	(23.90)
普通股記錄（便士）					
淨資產價值	182.8	218.8	255.5	268.4	303.8
每股盈餘（毛）	48.14	57.21ᵇ	63.38	57.55	32.01
股利	20.72	25.66ᵇ	30.25	32.39	33.33
股利保障係數	2.3	2.2	2.1	1.8	1.0
淨現金流量	42.8	43.9	55.3	47.8	24.7
股價波動範圍（便士）	會計年度截止於 12 月 31 日				
	1987	1988	1989	1990	1991
最高	559.8	438.3	621.0	623.0	658.0
最低	338.2	373.2	403.3	525.8	416.0

ᵃ 9 個月　　　　　ᵇ 到 12 月 31 日前共 12 個月。

塔馬克有限公司

FT 集團：建材　　市場資本額（千元英鎊）：845,142　　資產負債表日之價格（便士）：116.0　　名目價格：50p ord				
會計年度截止日	12 月 31 日	12 月 31 日	12 月 31 日	12 月 31 日	12 月 31 日
	1987	1988	1989	1990	1991
損益表（千元英鎊）					
營收	2,163	2,754	3,409	3,607	3,225
息前稅前純益	281	424	445	263	94
稅前純益	258	391	371	183	31
股東可享純益	161	243	229	117	14
優先股股利	a	a	0	3	11
普通股股利	52	72	81	82	40
員工平均數	28,031	28,928	32,073	34,876	31,734
薪資	287	329	419	485	475
資產負債表（千元英鎊）					
股本	356	359	361	364	364
股東權益	711	794	1,419	1,600	1,374
淨募集資本	1,159	1,448	2,191	2194	2,054
流動資產	950	1,396	1647	1,583	1,427
流動負債	601	858	1042	968	818
總資產	1,720	2,297	3,214	3,146	2,845
總負債	261	403	504	481	543
無形資產	0	0	0	0	0
財務比率					
資本報酬率 %	37.0	36.6	30.8	12.0	4.3
純益率 %	13.0	15.4	13.1	7.3	2.9
槓桿率	24.7	30.9	24.6	23.0	28.3
盈餘收益率 %	12.15	12.72	17.51	8.42	0.30
股利收益率 %	3.92	3.73	6.22	6.15	4.95
本益比	10.91	10.48	7.59	15.51	14800.00
成長率 %					
總資產	42.84	33.54	39.90	(2.12)	(9.58)
營收	25.89	27.32	23.79	5.79	(10.58)
稅前純益	53.72	51.41	(5.02)	(50.75)	(83.04)
普通股記錄（便士）					
淨資產價值	99.9	110.6	196.8	219.9	188.3
每股盈餘（毛）	30.23	45.40	42.20	20.55	0.44
股利	9.74	13.33	15.00	15.00	7.33
股利保障係數	3.4	3.4	2.8	1.4	0.1
淨現金流量	22.2	31.7	29.3	13.8	4.5
股價波動範圍（便士）	會計年度截止於 12 月 31 日				
	1987	1988	1989	1990	1991
最高	350.0	267.0	378.0	289.0	283.0
最低	187.0	204.0	208.8	186.0	95.0

Source: Extel Handbook of Market Leaders

個案 7：瑞得蘭公司（Redland）

簡介

　　瑞得蘭公司在 1993 年的績效表現顯然超過預期，主要歸功於德國的經濟成長、美國的經濟復甦、以及英國對於新住宅的需求上升。在此之前，建築業歷經了好幾年的衰退與不景氣。在 1993 年，公司鞏固其在遠東的屋瓦市場，在中國設立了第一個工廠。1991 年 3 月，瑞得蘭公司宣佈與南斯拉夫的 Stresnik Industria Gradbenega Materials 合資。透過它的德國事業夥伴布拉斯公司（Braas Co GmbH），瑞得蘭公司在此合資中取得 50.69% 的股權，而 Stresnikm 擁有 39.62% 的股權，另一家南斯拉夫公司 SGP Kograd Dravograd Prodjetje 則持有另外的 9.69% 股權。此次合資緊跟在購併西德領先的合成煙囪製造商 Schiedel 的案子之後─該購併共花了 3,000 萬英鎊。

　　這些舉動都是瑞得蘭公司獨特的之處。自 1949 年起，公司經由策略聯盟而大幅成長，聯盟對象位於不下 35 個國家，從澳洲到遠東、美國、歐洲、中東都有。針對靠策略聯盟來達到國際擴張，瑞得蘭公司的董事長康耐士爵士（Colin Corness）強調透過與未來夥伴不斷協商，以評估並規劃合資案的重要性。他說明，「若要由英國公司來管理所有的合資案會

表 1　1961 至 1970 年瑞得蘭的績效（數字四捨五入）

年度	營收（百萬英鎊）	稅前純（百萬英鎊）	資本報酬率（％）
1961	11.5	2.5	25
1962	15.0	2.8	32
1963	25.0	3.0	18
1964	32.0	4.8	26
1965	38.0	5.1	27
1966	44.0	5.0	20
1967	45.1	5.1	15
1968	45.6	6.5	19
1969	46.8	6.0	14
1970	51.3	5.5	12

很困難─那將不會有時間睡覺了[1]！」他認為要認清與不同國家員工一同工作的事實，因為公司將採行不同的行為規範、以及不同的管理方式。

　　建築與建材產業的本質，在於出口並非有利的選擇。因為這些產品有特殊的重量／價值比率，以及每個地區慣用不同的特殊原料。因此這個產業並不如我們常見的多國籍公司，那麼全球化。

成長與發展

　　在 1930 年代，瑞得蘭公司擁有經由可連續運作的機器，製造出混凝土屋瓦的先進技術。這技術取代了先前的系統，它將水泥與砂礫混合物直接壓縮推擠至木造鑄模中。第二次世界大戰結束後，建材需求非常高，公司進行一項擴張策略，與遠東及南非的公司合資，在 1950 年代則與西德公司合資。瑞得蘭公司的技術以推擠法為根本，是這些、以及之後的合資案之技術核心，即使到了 1990 年代依然如此。附錄 1 提供這項製程的一些資訊。

　　1960-1965年間進行的擴張與多角化策略非常成功。稅前純益成長超過兩倍，資本收益結構亦十分健全。不過在1966-1970年間公司的績效下

降，是 1960 年代末期的經濟衰退所致（見表 1 以及附錄 3 瑞得蘭公司的詳細財務資訊）。

1971 年，英國國有鐵路系統（British Railways）的前任首長畢勤勳爵（Lord Beeching），成為瑞得蘭公司的董事長，任職僅一年。他由帶領公司 40 年的艾力克斯・楊格（Alex Young）手中接管了瑞得蘭公司，楊格之後成為非執行董事。三年前，另兩位重要的瑞得蘭公司創始者東尼・懷特（Tony White）及哈洛・卡特（Harold Carter）也辭去了職位。畢勤勳爵在對股東的第一份聲明中，陳述了他對集團的新策略，他指出國內市場有限，海外成長的機會卻很多；除了闡述瑞得蘭公司可發展的空間為何之外，還指出「要經由借貸，來投資在未來的成長上，獲利要保留起來，以避免公司如國內運作般，花去許多現金。[2]」

1971 年底，瑞得蘭公司的稅前純益超過 700 萬英鎊，營收超過 6,500 萬英鎊，資產週轉率超過了 19%。同年，集團的海外子公司營收為 2,350 萬英鎊，純益則有 360 萬英鎊。

雖然在 1973 年瑞得蘭公司的獲利仍持續成長，但集團的廢棄物處理公司 Purle（於 1971 年以 1,680 萬英鎊購併），不但對集團沒有貢獻，還造成帳面無法沖銷。瑞得蘭公司的股價為 100 便士，本益比為 9.25，市場似乎未注意到瑞得蘭公司海外的營收成長。舉例來說，來自德國的獲利比 1972 年要多出三分之二，預期該國完成的住宅數則由 1972 年的 660,000 增加到 725,000。

在 1980 年，瑞得蘭公司已是國際建材市場的重要公司。的確，在 1980 年，來自英國的稅前純益（26%），都還是瑞得蘭公司所有地理區市場中表現最弱的一區。公司稅前獲利達到 5,730 萬英鎊，營收有 3 億 9,700 萬英鎊，淨負債與股東資金的比率維持在 20.5%。1979-1980 年經濟衰退時，英國政府支出大幅縮減，同時伴隨著高利率，使各產業的資本投資大幅縮水。董事長康耐士指出，英國政府寧願犧牲國內基本建設的長遠投資，來達到「中央與地方的公共支出都大幅減少，並忍受利率持續異常

攀高。[3]」

1980 年底，瑞得蘭公司賣出其廢棄物處理事業部 Redland-Purle，當時是英國最大的私人廢棄物處理事業部。Purle 在 1980 年帶來的貢獻估計約 325 萬英鎊，營收有 2,800 萬英鎊，淨帳面價值為 1,500 萬英鎊。Purle 以 2,000 萬現金賣出後，康耐士表示，他對於容易出狀況的事業部，一向不感興趣。

在 1981 年，歐陸佔瑞得蘭公司的獲利 51%，銷售額則佔 39%。北美的比例由 6% 降至 2%，摩尼爾公司（Monier）（澳洲）則佔 13%。總括來說，在 1980 年，稅前純益由 5,730 萬降至 4,560 萬，英國的市場所佔比例也日漸減少。不過雖然英國的前景不看好，公司卻看到了購併英國公司的需要；特別是在一套剝削海外營收的稅制下—此制度不允許以海外已付的稅額來抵免進階的（advanced）公司稅（ACT）。康耐士表示，「這使我們有強烈的動機以購併的獲利來貼補我們在英國平平的收入，公司因此只要繳交主要的英國公司稅即可避免 ACT。[4]」

在 1982 年，瑞得蘭公司以 1 億 3,800 萬英鎊購併採石商與油料運送商 Cawoods。一般認定此筆交易將回饋給 Cawood 的股東們 2,100 萬英鎊。此舉使瑞得蘭公司開始投入不熟悉的油料（煤礦）運送事業，儘管當時混凝土與粒料的營運在地理上能搭配。以上合計的市場佔有率，並未超過任一市場對獨佔的限制，因此並沒有明顯的獨佔與合併競爭等問題。在 1986 年底，Cawoods 與英國油料（British Fuel）公司（由英國煤炭（British Coal）與 AAH Holdings 部份持股）合併。合併後命名為英國油料（British Fuels），由瑞得蘭公司持股 55% 並擁有經營權，AAH 擁有 25%，英國煤炭為 20%。瑞得蘭公司的財務長指出，此一新集團將會有更大的地理腹地、更好的產品組合、在市場上更有競爭力，因此能帶來更多利潤。

瑞得蘭公司在 18 個月內，將它在英國油料的持股，賣給一家擁有英國煤炭多數股權的公司。1987 年英國有個特別和煦的冬天，使得英國油

表 2　1990 年底瑞得蘭的主要事業部

公司	合夥者	產品	股權	年度
Vereeniging Tile（南非）	Vereeniging Brick & Tile	屋瓦與磚塊	一開始49%	1949 於 1989 賣出
布拉斯公司（德國）*	許多	屋頂產品	12% 增加至50.8%	1954
Redland-Braas（荷蘭）-Vadero	Bredero（直到 1986）	屋瓦	55% 增加至 100%	1963
Societe Francaise Redland（法）	St Gobain	屋瓦	42.7%	1966
Redland Iberica（西班牙與葡萄牙）	Uralita	屋瓦	47%	1972
Zanda（瑞典與挪威）	Euroc	屋瓦	49%	1974
一些在中東的公司	許多	即用混凝土	40 / 49%	1976-80
Western-Mobile（美）	Koppers（直到 1988）	粒料	50% 增加到 100%	1986
Redland Plasterboard（歐）	CSR	石膏板	51% 降至 20%	1987
Monier PGH	CSR	屋瓦、磚塊、與鋪材	49%	1988

*自從1954年，瑞得蘭經由布拉斯公司買下，經營遍佈澳洲、義大利、丹麥、匈牙利、與東德。

料的純益下跌了 9%。1989 年，瑞得蘭公司在英國的住宅建造市場，只對集團貢獻了10%的獲利。此一事業部後來成為世界上最大的屋瓦建造商、第四大磚塊製造商，也是第二大石膏板製造商。屋瓦方面，它佔有英國60%的市場，而其西德關係企業布拉斯公司在西德的市場也佔56%。此一事業部也是美國最大的屋瓦製造商，共有 11 家工廠。表 2 顯示了瑞得蘭公司到 1990 年底前的主要事業。

在 1990-1993 年有更多的購併與轉賣，大部分都侷限在歐洲。

⊙　1992 年 3 月，瑞得蘭公司購併了以英國市場為主的建材集團 Steetley，代價為 6,200 萬英鎊。

⊙　同年年底，公司賣出了Steetley耐火磚事業部的資產，以及其黏

土屋瓦事業部（原因是英國 Secretary of State 的工業貿易部門接管）。

⊙ 在 1993 年 3 月，瑞得蘭公司賣出西班牙粒料與混凝土事業部 Steetley Iberia 所有的發行股票，獲得一筆現金。

1993 年底，集團的多角化已進入中國大陸，在廣州建立了混凝土工廠。瑞得蘭公司與當地政府合夥，持股 80%，並購置價值數百萬美元[4]的設備與服務。第二家工廠靠近上海，運作也很順利（附錄 2 有 1993 年子公司的詳細資訊）。

瑞得蘭公司與布拉斯公司（德國）

瑞得蘭公司在 1954 年起進入德國市場，與企業家魯道夫‧布拉斯（Rudolph Braas）合資。後者曾建立起顯赫的修補與重建戰後損壞房屋事業，而瑞得蘭公司曾在布拉斯公司早期運作時，提供機器與技術專家。

時間推回到 1971 年，瑞得蘭公司靠著布拉斯公司的力量，在歐洲的獲利佔總額的 40%。雖然建築業經常受景氣循環週期的影響，布拉斯公司仍然是瑞得蘭公司成功的典範，也證明瑞得蘭公司很早跨入西歐市場，是集團擴張至東歐的重要關鍵。此一成長來自布拉斯公司的購併與合資，也與瑞得蘭公司屋瓦核心事業的多角化有關。舉例來說，1971 年布拉斯公司購併了一家生產塑膠板與薄片，以供薄片覆被與瀝青屋瓦所用的德國公司。背後的邏輯是德國與東歐高漲的和解趨勢，這提高了屋瓦需求。

布拉斯公司的董事長布里奇‧傑拉奇（Brich Gerlach），領導南斯拉夫人談妥幾項著名的合資。1990 年的 5 件前東德屋瓦工廠的購併案中，有 4 件是他談下來的，總價值為 2,500 萬德國馬克。布拉斯公司計劃只用 320 個員工，每週工作 39 個小時，每天 2 次輪班，每年就可生產出 1 億片的屋瓦。在此之前，工廠總共雇用了 690 位員工，每週工作 42 小

時，每天輪流 3 班，一年也只產出 6,000 萬片屋瓦。

　　原來的員工中，約有 150 位是所謂的「官僚派」，以西方眼光看來稱不上是經理人。現金流量以及其他財務控管基本上是不存在的，產出是根據該國中，共有多少房屋需要建造或修補，還有根據「原料製造商供給的能力，以及是否有運輸工具來運送成品」。布拉斯公司很快改變了工廠運作的方式。老舊的英國與德國機器被替換，其中有些年齡已超過 20 年。連結目標管理的紅利制度也被引進，東德總部購買了電腦，以便使訂單處理與會計處理過程更有效率。

　　在東德，主要的問題來自銷售員的招募。因為工廠從來沒賣過它們的成品，根本就沒有行銷或市場需求的概念。其他的西德公司早已將屋瓦原料出口至東德，1990 年超過半數的屋瓦銷售額，要歸功於這些西德公司。1980 年的數據中，只有 20% 的銷售額來自東德的工廠。瑞得蘭公司認為在布拉斯公司的銷售額與純益中，東德最終可佔 30%。

瑞得蘭公司與拉法古貝公司（法國）

　　拉法古貝（Lafarge Coppee）是法國最大的水泥製造商（世界第二大），也是世界領先的建材製造商，在 1990 年中首先與瑞得蘭公司有了接觸。此一法國集團致力於石膏板事業的擴張，欲打倒 British Gypsum（屬 BPB Industries 旗下）一英國僅有的三家石膏板製造商之一。石膏板是種乾燥、容易處理的建材，通常用在室內牆壁，不過逐漸也適用於商用房子的建造。

　　瑞得蘭公司目前在石膏板產業的持股，來自與澳洲的CSR合資，瑞得蘭公司持有 51% 而 CSR 持有 49%。CSR 以 1,600 萬英鎊的價格逐次釋放持股，使得拉法（LaFarge）（80%）與瑞得蘭公司（20%）的合資逐漸成形。擁有 80% 股權，拉法出資 3,900 萬，加上瑞得蘭公司的 1,600 萬，共同組成在 CSR 石膏板營運原來的 49% 持股。

這項合資明顯改變了歐洲建材市場區隔的平衡。拉法成為歐洲第二大石膏板製造商，減少了它與BPB之間的差距。石膏板產出的分布，BPB佔44%，拉法／瑞得蘭公司 30%，西德的 Knauf 有 20%，而其他製造商為6%。

拉法在法國有4家石膏板工廠，在西班牙與Uralita的合夥也有此方面的營運。BPB 對西班牙市場也有興趣，擁有該國最大的灰泥公司Inveryeso 65%的股權。拉法與BPB在義大利境內也有激烈競爭，拉法擁有2,000萬平方公尺的工廠，靠近Pescara，而BPB也蓋了新工廠。拉法認為瑞得蘭公司是個絕佳的地理區夥伴。瑞得蘭公司在Norgrips擁有45%的股權，銷售範圍包含整個北歐，在荷蘭也有工廠。

拉法的合資計劃主管，寄望歐洲的石膏板市場，在1990-1995年間，每年能成長5%。北歐則類似美國，在 1990 年已淘汰傳統的石膏板技術，其他主要市場如法國、西德、英國，石膏板已取代了傳統的灰泥。不過在南歐，這項取代過程才剛要開始。

英國對石膏板的需求，大約佔每年產出的3億1,500萬平方公尺之半數。1991 年預期是艱困的一年。不過集團計劃要將位於布里斯托的工廠之成本降低，並彰顯它能提供更好服務的成效。1992 年 12 月，瑞得蘭公司以現金賣出 20% 的持股，不過 1992 年的公司報表顯示這項處分帶來淨損失。

瑞得蘭公司與澳洲

在 1987 年 4 月，瑞得蘭公司為求平衡，出價欲買入在澳洲生產屋瓦、瓷磚、建材的集團摩尼爾公司（Monier Ltd）之其餘股份。當時瑞得蘭公司在摩尼爾公司持有49.9%股權，買入其餘50.1%的股權預估會花去相當於 2 億 5,050 萬澳幣（1 億 1,230 萬英鎊）的費用，每股價格為3.14 澳幣。

　　CSR是澳洲提供建材、天然資源與糖的集團，為取得摩尼爾公司 50.1%的股權，願意出價每股3.50澳幣，1987年4月底，摩尼爾公司同意接受 CSR 提升的條件─每股 3.80 澳幣。股價的提升，主要原因是瑞得蘭公司（是摩尼爾公司主要的持股者）拒絕了 CSR 原先的條件。後來兩家公司同意以合資方式經營摩尼爾公司。

　　瑞得蘭公司的法國主管曾表示，此項協議的基礎是兩家公司在建材產業上的密切互補性，也因此讓摩尼爾公司成為合資後之獨立公司。瑞得蘭公司對摩尼爾公司如此有興趣，表示瑞得蘭公司相信澳洲是個具吸引力的市場，如果能有摩尼爾公司 100%的股權，其經營腹地將能擴充到美國。

　　在這段出價的時間，競爭對手 Equiticorp Tasman 一積極、多角化的紐西蘭集團，擁有CSR 4%的股權，宣佈它對購併摩尼爾公司也有興趣。隨後瑞得蘭公司將它在摩尼爾公司的持股增加到50.1%，使得摩尼爾公司成為瑞得蘭公司的子公司。儘管如此，Equiticorp Tasman 成功地讓它在摩尼爾公司的持股，由33.8%升至48%。後續的談判中，瑞得蘭公司與Equiticorp同意分割摩尼爾公司，Equiticorp以3億2,000萬澳幣的代價買下瑞得蘭公司的股份，瑞得蘭公司則付出2億9,800萬澳幣買回瓷磚事業部。1987年7月底，摩尼爾公司的營收達7億2,700萬澳幣，稅前純益達4,500萬澳幣。屋瓦事業部貢獻了2億9,500萬澳幣的銷售額，稅前純益為 4,500 萬澳幣。

　　1988 年底，已被Equiticorp接管股權的CSR，與瑞得蘭公司合資介入了摩尼爾公司的經營。CSR買下了BTR Nylex的磚塊與煙囪事業部，之後與摩尼爾公司的屋瓦營運合併。合併的利益包括共用的行政與會計系統、管理人才，以及兩大重要產品合併共用配銷管道。

　　除此之外，CSR接管了磚塊與瓷磚事業部，有了瑞得蘭公司的加入，CSR擁有修復舊式磚窯的技術，使得產出增加，並能製造出高附加價值的磚塊。

　　瑞得蘭公司與 CSR 自 1987 年起共同合資，在英國布里斯托處建立石

膏板製造公司與新的工廠，每年生產約3,500萬平方公尺的石膏板。瑞得蘭公司因為有長遠的市場成長計劃，而順利跨入石膏板業。僅在一年中，瑞得蘭公司／CSR就佔去英國市場的15%，之前市場是由第一的BPB以及第二的西德Knauf集團所領導。

即使石膏板成長預期看好，市場畢竟不易經營。BPB身為成本最低的製造商，它以削價來回應新競爭者，使得瑞得蘭公司／CSR的合資面臨虧損。

瑞得蘭公司與美國

瑞得蘭公司在美國藉由在1970年代初與澳洲摩尼爾公司的合資，而以間接進入的方式開始經營。摩尼爾公司與瑞得蘭公司合資時已於美國投資，主要從事混凝土屋瓦事業，並努力朝大規模生產發展。在1968年瑞得蘭公司購併美國Prismo Universal公司的高速公路建造事業，將該公司多年來的虧損，在1973年轉為獲利13萬英鎊。

1980-1981年的衰退，打擊了美國的營建業，使其純益率由6%降至2%，加上利率攀高，使營建業的表現更一蹶不振。瑞得蘭公司在1982年底更深入美國市場，以7,040萬美元（相當於4,000萬英鎊）的價格，買下德州的採石集團波士頓工業公司80%的股權。波士頓工業公司旗下有兩個石灰石礦場；一個有1億噸的礦藏，與瑞得蘭公司位於英國蘭徹斯特的採石場規模類似，另一個則有5億噸礦藏。採石的年度總銷售額達4,000萬美元，預計1980年代末期產出會加倍。除了石灰石粒料可生產水泥之外，波士頓工業公司也生產並銷售石灰、快乾混凝土、與其他產品。

瑞得蘭公司於此時在美國有其他7家公司，事業涵蓋鐵路建造、交通控制、與屋瓦產品。不過並沒有計劃將波士頓工業公司與以上公司合併營運，因為這三個事業沒有一個位於德州，許多公司並受到經濟衰退嚴重的打擊。

　　1985 年 1 月，面臨英國營建業衰退，以及砂礫、碎石、與石塊需求不振的狀況，瑞得蘭公司再次將目光轉移至美國，尋求以購併達到成長的機會。當時瑞得蘭公司的粒料事業部執行長大衛・泰勒（David Taylor）指出，在過去的十年間英國對砂石粒料的需求減少了30%，開發其他市場迫在眉睫。在此階段其他英國公司都積極進入美國市場。Tarmac以7,930萬美元買下美國水泥公司 Lone Star 在佛羅里達州的採石場，而 RMC 與 ARC 水泥公司也積極尋求合作的粒料公司。

　　在泰勒開始進入美國的一年後，瑞得蘭公司與美國保險公司 USSA 合夥，以開發位於德州聖安東尼奧一塊800英畝的土地。這土地原先為採石場，土地上的住宅與商業開發案，預計要花好幾年來完成。瑞得蘭公司佔所有權 49.3% 股份，USSA 有 34.5%，其餘則為第三者所持有。

　　1986 年 9 月，瑞得蘭公司與匹茲堡建材公司 Koppers 合資。新合資公司為 Western-Mobile，瑞得蘭公司以 2,400 萬英鎊的代價持有 50% 的股權。此舉導致取得粒料公司 MPM（營運範圍為科羅拉多州與墨西哥）與

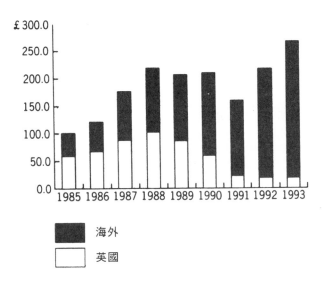

圖 1　瑞得蘭公司　1985 至 1993 年營業純益

Western Paving（將營建粒料運送到科羅拉多州、堪薩斯州、與懷俄明州；同時也是路面處理商）的經營權，將使採石、砂礫礦場、以及即用混凝土廠，整合到支援路面處理的單一公司中。瑞得蘭公司的管理階層指出，「Koppers 底下的 Western Paving 將由 Western-Bobile 的合資公司來經營，因此我們對 MPM 未來的成長深具信心，我們將能剔除虧損的營運。[6]」

在與 Koppers 合資的一星期內，瑞得蘭公司又以 3 億 1,750 萬美金（相當於 2 億 2,000 萬英鎊）的價格，購併了原在加拿大 Imasco 公司旗下，位於馬里蘭州的採石公司 Genstar Stone。瑞得蘭公司描述 Gesntar 是「高品質的粒料公司，符合我們所需的一切條件，它佔據著有利的經濟位置，能滿足日漸復甦的市場需求」。Genstar 的營業純益由 1981 年的 1,100 萬美元，成長至 1985 年的 3,000 萬美元，到了 1986 年 7 月，它在 7 個月內已比去年同期多出 100 萬美元。

此項購併使瑞得蘭公司多了 9 家粒料工廠，礦藏估計超出 15 億噸—足供 40 年生產所需。（美國主要粒料市場為公路建造，每年價值 39.6 億美金；馬里蘭州花在路面上的粒料，每年價值就高達 5 億美金。）

由於海外的發展，使 1993 年瑞得蘭公司獲利的主要部份都來自海外的投資，由圖 1 可看出。

管理、組織、與規劃

瑞得蘭公司的資深管理團隊，十分注意公司在全球各種事業部的細節，致力於促進地理區與產品這兩種市場的成長。他們認為公司應注意兩點，一是經濟潛力—由 GDP 成長可看出，以及人—由地區性改變可看出。這類的訊息對公司而言非常重要。附錄 4 顯示地理、人口統計、以及經濟性比較指標。

表 3　Financial Times 1991 年 4 月 26 日，FT-SE 100=2488

高	低	名稱	價格	毛收益	本益比
286	198	Blue Circle	246	6.3	9.7
749	594	RMC	644	4.0	11.5
658	503	瑞得蘭	567	5.9	11.3
1901	35	Rugby 集團	155	5.5	10.4
283	216	Tarmac	242	6.4	14.0

表 4　Financial Times 1994 年，FT-SE 100=3234

高	低	名稱	價格	毛收益	本益比
391	262	Blue Circle	307	4.6	25.8
1079	805	RMC	960	2.7	27.1
640	466	瑞得蘭	537	5.8	28.1
185	125	Rugby 集團	145	2.9	19.6
206	135	Tarmac	153	4.5	13.6

　　就目標而言，公司盡力維持每股盈餘的實質成長率，並持續將他們的表現與建築及建材競爭者比較。他們了解財務機構的價值觀與角色，並與他們的關係良好。為此他們十分重視建材競爭者的績效細節，因為公司認為他們不只是產業中的競爭者，也是金融市場中的競爭者。表 3 與表 4 顯示兩個日期中，建材業的每股價格訊息。

　　自 1970 年代中期開始，瑞得蘭公司體認到進入外國必須減少風險，因此統一採行合資策略。合資建立後，瑞得蘭公司將與夥伴共同決定關鍵決策，包括有：

⊙　超過先前議定範圍的資本投資；

⊙　進入新的產品領域或行銷區域；

⊙　年度會計帳的簽證核可；

⊙　股利的分配方式；以及

⊙　資深管理人員的選派。

這些考量都依據「平等的」合夥關係，不因瑞得蘭公司持多數股權而變。除非發生特別情況，股利分配方式都是將年度稅前純益的50%，按照公司的合夥比例，分配給合夥人。這種「投資者導向」反映了集團有義務保護股東的收入，使其股利也能依通膨的大小而提高。雖然這類以資本募集為主的購併並未受到禁止，但若影響到股利的成長，通常不會採用。一般來說，集團會尋求「我們可以提供管理專業人才以提高績效[7]」的公司。

一些城市描述瑞得蘭公司是「友善的」公司，因為他們選擇合資，而非惡性的接管。不過康耐士（當時為康耐士爵士）很快地指出這些合資策略背後的邏輯，即瑞得蘭公司的友善並非源自於對惡性接管的厭惡，而是「情況使然……我們不靠購併來成長……因為我們無法衝破法令的限制……我們的做法是大量的小型購併（全球性）[8]」。

在1970年代畢勤勳爵接管瑞得蘭公司的董事長職位前，管理組織已演變成一種梨狀架構。在上端（少數）是三位具影響力的董事懷特、楊格、與卡特，他們的管理風格兼具獨裁與企業家風範。7個位於英國的事業部，每個都擁有各自的董事會，「有力的三人執政」經常拜訪這些董事會。本質上來看，瑞得蘭公司可說是許多公司的聯邦，歷時已超過十年。這些公司的經理人所建構的規模，他們的管理專業足以應付。

在1971年中，位於Surrey的Reigate之英國總部有兩個董事會。大的董事會主管政策規範，例如股利政策、主管的任命，另外還有管理董事會、或稱集團管理委員會。管理董事會有兩層，上層由董事長畢勤勳爵、總經理康耐士、以及財務長泰瑞‧道森（Terry Dawson）組成。其餘的由各事業部的主管組成，取代先前各子公司的董事會結構。不過管理階層認為公司仍須進一步的改造結構，以便董事會能更親近公司所有的員工。

在1990年6月，瑞得蘭公司指派三位總裁至核心事業。36歲的凱文‧艾柏特（Kevin Abbott）進入「屋瓦部」，51歲的喬治‧菲利普森（George Phillipson）進入「粒料部」，42歲的彼得‧強森（Peter Johnson）進入「磚塊部」。這三位自1988年4月起就已是董事會成員。

菲利普森與強森原先是事業部的總經理，而艾柏特則是屋瓦部的董事長。這三位以瑞得蘭公司的標準來說並不年輕；舉例來說，康耐士在 1967 年接任瑞得蘭公司的總經理職位時年僅 35 歲，帶領集團海外投資。他關心細節的態度眾所皆知，甚至傳說他會全神貫注更改年度報告中某一段的數字單位。他被認爲是行事規範的「建立者」之一。這些規範包含如何靈活地在不同的公司間轉調，董事會議程的進行程序也包含在內。儘管如此，他受到所有認識他的人之尊敬與喜愛。依一位顧問的描述，「他是英國實業家的典範[9]」。

在 1991 年，自 1987 年起就成爲總經理之 46 歲的羅柏特・奈皮爾（Robert Napier）被指派任職總裁。他也是 United Biscuits（控股）公司的總經理。規劃一直是瑞得蘭公司的重要功能，且由一群規劃團隊主持，成員是 48 位總部員工的其中 5 位。規劃程序包含瑞得蘭公司全世界所有的公司，這些公司的執行長在董事會同意某項計劃之後，就將公司的年度規劃呈交給這群規劃委員。有了規劃委員的同意，這些計劃接著須再獲得瑞得蘭總公司董事會的同意，以確保下個財務年度的預算能準備好。

規劃委員要預設情況，以幫助公司了解如何發展，以及爲何這些發展將影響公司。過程中的一部份，是瑞得蘭公司的專家們要運用複雜的預測方法。另外，規劃團隊也要提出涵蓋 30 多個國家的經濟狀況報告。

公司的營運組織

瑞得蘭公司的董事會一年開會9次，回顧營運狀況並做出重大的商業決策。董事會授與一個稱爲集團委員會很大的決策權力，成員由執行長們、管理董事會主席布拉斯、與集團人力資源總裁楊格（D. R. W. Young）共同組成。董事會保留重大事項的同意權，例如集團的策略性計畫以及預算。

審計委員會由持有委託聘書的委員正式組成，並由一位非執行董事主

持。成員含有5位非執行董事。此一委員會會與總執行長、財務長、以及內部、外部的審查委員會面。外部審查員參與沒有執行長在場的審查會議，以便能獨立提出意見。審查委員檢視年度會計報表，並提出初步建議供董事會備查；並決定審查委員的聘任。審計委員會的主席，要向董事會報告審計委員會議中所討論的事項。

資深主管任用與獎懲委員會，負責審核執行長的任職，決定他們的薪資，包含股份選擇權。該委員會亦監督總執行長的表現，並與總執行長一起監督其他執行長。董事會在考慮過資深主管任用與獎酬委員會的提議後，經由正式程序指派與獎懲公司所有主管。

附註：

1. Acquisition Monthly，1990年12月，p.56

2. Times Business News，1971年5月24日

3. Financial Weekly，1980年8月22日

4. Yorkshire Post，1981年8月28日

5. Financial Times，1991年1月16日

6. Financial Times，1986年9月25日

7. Financail Weekly，1981年7月3日

8. Financial Weekly，1989年8月10日

9. The Independent，1990年8月6日

附錄 1　以擠壓製程生產屋瓦的製造商之成長情形

　　雖然混凝土屋瓦這類產品自 1840 年代起就已出現，此一製程真正達技術領先，是在第一次世界大戰後，由瑞得蘭公司開發成功。梅爾利公司於此時亦開始營運生產，與瑞得蘭公司的地理區很接近。

　　混凝土屋瓦最初由手工製出原始的屋瓦雛形，此一階段沒有任一家公司擁有專利權。最初，手製混凝土屋瓦比其他材料有以下好處：

- ⊙　角度正確；

- ⊙　有更多色彩；

- ⊙　價格優勢；

- ⊙　較佳的技術績效，透過高韌度、重量輕、與更佳的抗霜性能；

- ⊙　地理因素，由於原料取得容易，混凝土屋瓦可以在靠近市場的地區生產。

　　混凝土屋瓦的製造起於英格蘭東南方，那裡的黏土品質，基本上比 Staffordshire（Etruria）的差。擠壓技術的改良，使第二次世界大戰後原有的屋瓦製造廠紛紛轉型。此階段仍沒有專利權存在。

　　由於有明顯的生產成本優勢，混凝土開始比石板、黏土更具市場吸引力，上述兩者在二次大戰前都還是以手工製造。黏土屋瓦的鑄模法比混凝土的擠壓製程沒效率。二次世界大戰後，命名為瑞得蘭公司「49」型屋瓦的連結型混凝土屋瓦開始出現（於 1949 年）。這是一大進步，雖然連結型設計的概念在黏土屋瓦市場中早已存在。除此之外，混凝土屋瓦經由設計登記而擁有專利保護。梅爾利隨後開發自己的連結製程，包含鑄模與其他細節，以避免侵犯瑞得蘭公司的專利。

　　在此階段，連結型混凝土屋瓦成為製造屋瓦非常有效率的技術，只需使用一層的粒料，成本也很低。

國際化成長

混凝土屋瓦市場自此之後快速擴張。1950年瑞得蘭公司推出Double Roman，目前依然是英國與世界各地普遍採用的產品。1950年代初又推出 Renown、Regent、與其他產品。由於有更多色彩選擇、形狀、與輪廓，使此種屋瓦快速擴散。往後建築的屋瓦設計走進了新紀元。

至今瑞得蘭公司結合了強勢的企業策略，以及不斷開發的技術。1950年代初的成功，使瑞得蘭公司在英國開設許多新工廠，海外亦取得製程的專利權。這是重建戰後歐洲的絕佳時機。與布拉斯公司的聯盟（1954年）是瑞得蘭公司開展國際化成長的開端，也是瑞得蘭公司進入法國（Saint Gobain）與其他國家的前導。

技術、競爭優勢、與模仿難易度

技術性細節，只有在合資授權書中才找得到。技術帶來的利益包含：

⊙ 產品設計在處理過程與成品上均發展到極限；

⊙ 擠壓製程使屋瓦快速與準確成形；

⊙ 有效的連續生產。對屋瓦的生產而言是「較聰明的」方法；

⊙ 高技術的專家讓處理過程與成品有更優良的表現。

要說此製程容易模仿其實無誤。這個製程很簡單，專利也只保護工廠的特定領域。不過設計上的保護就一直存在，競爭者難以達到如瑞得蘭公司那般的高水準效率。瑞得蘭公司向來維持它在創新與行銷上的領先。它也專注於混凝土屋瓦事業，不太去發展衍生性事業。

附錄 2 1993 年主要的營運公司

	主要事業	持有股權比例（％）
英國		
瑞得蘭粒有限公司，蘭撒斯特	砂礫與碎石、採石、道路處理原料、道路處理、燒材與混凝土產品	100
瑞得蘭磚塊有限公司，Staffordshire	黏土磚	100
瑞得蘭運輸有限公司，Nottinghamshire	道路運輸服務	100
北愛爾蘭瑞得蘭有限公司，Antrim	混凝屋瓦、煙囪與磚塊、砂礫與石灰灰泥	100
瑞得蘭房地產有限公司，Surrey	房地產經營	100
瑞得蘭即用混凝土有限公司，蘭撒斯特	即用混凝土	100
瑞得蘭屋瓦有限公司，Surrey	混凝與黏土屋瓦與 Cambrain 連結石板	100
瑞得蘭技術有限公司，West Sussex	研究發展與工程服務	100
即用混凝土（東部部），Essex	即用混凝土	50
瑞得蘭苦土有限公司，Cleveland	苦土產品	100
瑞得蘭礦產有限公司，Nottinghamshire	工業用礦	100
歐陸		
奧地利		
Branac Dachsteinwek GmbH, Pohlarn	混凝與黏土屋瓦	25.4
Schiedel Kaminwerke GmbH, Wartburg	合成煙囪系統	50.8
比利時		
RBB NV, tessenderlo	混凝屋瓦	50
Redland Koramic Bricks, NV, Westmalle	黏土磚	50

附錄 2（續）

	產品	
丹麥		
BC Danmark A／S, Midderlrup	混凝屋瓦	50.8
Dan Tegl Tag A／S, Aalborg	黏土屋瓦	50.8
法國		
Redland Granulats SA, Rungis Cedex	砂礫與碎石、採石、即用混凝土、道路處理、與道路處理原料	100
Coverland SA, Malmaison Cedex	混凝與黏土屋瓦	66.7
德國		
Braas GmbH, Oberursel	混凝屋瓦、平板屋頂片與建造業所用之塑膠產品	50.8
RuppKeramik GmbH, Buchen-Hainstadt	黏土屋瓦	50.8
Schiedel GmbH Co, Minich	合成煙囪系統	50.8
匈牙利		
Bramac Kft., Veszprem	混凝屋瓦	14.5
義大利		
Braas Italia S.p.A., Chienes	混凝與黏土屋瓦、平板屋頂產品	50.8
荷蘭		
Redland Dakprodukten BV	混凝與黏土屋瓦	100
挪威		
Zanda A／S, Slemmestad	混凝屋瓦	50.8
葡萄牙		
Lusoceram-Empreendimentos Ceramicos SA, 里斯本	黏土屋瓦與黏土土塊	4
西班牙		
Redland Ibeica SA, 馬德里	混凝屋瓦	47
Industrias Transformadoras del Cemento Eternit SA, 馬德里	混凝與黏土屋瓦	47

附錄 2（續）

公司	產品	百分比
瑞典		
Zanda AB, Sennan	混凝屋瓦	50.8
Vittinge Tegel AB, Morgongava	黏土屋瓦	50.8
瑞士		
Braas Schweiz AG, Villmergen	混凝屋瓦	50.8
北美		
加拿大		
瑞得蘭採石公司，Ontario	採石、道路處理原料、與鍛燒石灰岩	100
美國		
Genstar 石材公司，馬里蘭	採石、砂礫與碎石、道路處理原料、道路處理、即用混凝土、碳酸鈣產品	100
摩尼爾，加州	混凝與黏土屋瓦	100
瑞得蘭磚塊公司，馬里蘭	黏土磚	100
瑞得蘭石材公司，德州	採石、砂礫與碎石、道路處理原料、即用混凝土與鍛燒磚石灰	100
Western Mobile公司，科羅拉多	採石、砂礫與碎石、道路處理、與即用混凝土	100
澳洲與遠東		
澳洲與紐西蘭		
Monier PGH Limited, NSW	混凝與黏土屋瓦、黏土磚、鋪材與煙囪	49
中國		
Sanshui 瑞得蘭建材公司，廣州	混凝屋瓦	80
印尼		
PT Monier Indonesia，雅加達	混凝屋瓦	60

附錄 2（續）

日本		
日本摩尼爾，Osaka	混凝屋瓦	60
馬來西亞與新加坡		
CI Holdings Berhad, Kuala Lumpur	混凝屋瓦、混凝鋪材、墊拴、與道路處理原料	25.7
泰國		
CPAC屋瓦有限公司，曼谷	混凝屋瓦	24.8
中東		
巴林		
Delmon Ready Mixed Concrete Products Co. WLL and Delmon Precast Co. WLL, Manama	即用混凝土與預鑄混凝土	49
Oman		
Readymix Muscat LLC and Premix LLC, Ruwi	即用混凝土	40
卡達		
Readymix Qatar WLL and The Qatar Quarry Co. Ltd, Doha	即用混凝土與採石	49 與 45 （分別）
沙烏地阿拉伯		
Qanbar Steetley（阿拉伯）Limited, Dammam United Arab Emirates	即用混凝土	50
Readymix Gulf Limited, Shar jah	即用混凝土	40

＊這些持股由田公司直接持有。其他股份由子公司持有。

附錄 3

瑞得蘭的損益表

會計年度截止於 12 月 31 日	1992 （百萬英鎊）	1993 （百萬英鎊）
營收（包含關係企業部份）	2,089.9	2,473.7
集團關係企業之銷售額	（199.7）	（257.4）
營收	1,890.2	2,216.3
銷售成本	（1,300.6）	（1,543.9）
運送成本	（230.1）	（255.1）
銷售毛利	359.5	417.3
管理費用	（140.1）	（147.2）
集團關係企業純益	14.8	34.0
營業純益	234.2	304.1
轉賣財產所得	13.7	8.9
轉賣企業所得		2.7
關係企業內轉賣投資虧損	（22.5）	
淨應付利息	（26.4）	（36.8）
繼續營業部門稅前純益	199.0	278.9
繼續營業部門稅賦	（62.4）	（85.0）
繼續營業部門純益	136.6	193.9
少數股權	（48.4）	（59.3）
優先股股利	（5.7）	（5.9）
可分配盈餘	82.5	128.7
股利	（111.2）	（128.1）
保留盈餘（虧損）	（28.7）	0.6
每股盈餘（便士）	18.6	26.1
轉賣投資調整後虧損（便士）	5.1	
每股調整後盈餘（便士）	23.7	26.1
每股股利（便士）	25.0	25.0

附錄 3 （續）

瑞得蘭之資產負債表

於 12 月 31 日	集團	
	1992 （百萬英鎊）	1993 （百萬英鎊）
固定資產		
有形資產	2,103.9	2,043.4
投資	157.5	156.0
	2,261.4	2,199.4
流動資產		
存貨	293.5	259.2
應收帳款——年內到期	518.3	503.0
應收帳款——年後到期	79.2	52.9
短期投資	271.5	284.3
	1,162.5	1,099.4
應付帳款——年內到期		
短期借貸	（340.5）	（176.8）
商務往來與其他應付帳款	（531.3）	（540.8）
公司稅賦	（51.3）	（98.7）
股利	（80.3）	（86.5）
	（1,003.4）	（902.8）
淨流動資產	159.1	196.6
總資產減流動負債	2,420.5	2,396.0
應付帳款———年後到期		
借貸	（557.7）	（456.7）
可轉換公司債——次順位	（34.5）	（34.5）
其他應付帳款	（74.9）	（91.0）
預借借貸與手續費	（161.0）	（135.5）
	1,592.4	1,678.3
股東權益		
資本額與保留盈餘		
普通股股本	119.8	128.8
股本溢價科目	556.8	555.0
資產重估增值	176.3	176.5
其他保留盈餘	169.1	169.1
損益彙總帳戶	220.4	258.5
普通股股東權益	1,242.4	1,287.9
少數股權	184.5	221.4
優先股股本	165.5	168.9
	1592.4	1,678.2

附錄 3（續）

瑞得蘭之區隔資訊

不同事業之營收、營業純益、淨資產（百萬英鎊）

	1992 年度			1993 年度		
	營收	營業純益	淨資產	營收	營業純益	淨資產
屋瓦	1,011.5	161.1	716.7	1,247.1	213.7	762.6
粒料	824.0	50.9	1,419.0	975.1	65.1	1,320.5
磚塊與其他	254.4	22.2	353.8	251.5	25.3	205.4
總計 *	2,089.9	234.2	2,489.5	2,473.7	304.1	2,288.5

地區分析

	1992 年度			1993 年度		
	營收	營業純益	淨資產	營收	營業純益	淨資產
英國	498.1	24.8	710.6	497.7	22.8	581.8
法國	262.1	7.2	352.3	374.2	8.2	364.7
德國	522.6	114.5	281.9	625.0	150.3	291.7
其他歐洲	305.5	46.7	248.4	309.6	47.1	166.5
北美	371.1	26.7	773.6	498.0	54.5	743.0
澳洲與遠東	117.3	13.2	119.9	148.2	17.7	135.2
其他	13.2	1.1	2.8	21.0	3.5	5.6
總計 *	2,089.9	234.2	2,489.5	2,473.7	304.1	2,288.5

＊與資產負債表中的總資產小額數字差距是來自少數股權。

附錄 3 （續）

瑞得蘭 9 年來財務回顧

百萬英鎊	年度								
	1985	1986	1987	1988	1989	1990	1991	1992	1993
銷售額									
英國	285.8	328.2	358.6	456.0	470.1	409.2	318.1	488.0	485.6
海外	355.3	417.1	623.4	809.2	839.7	1002.3	981.1	1,402.2	1730.7
集團關係企業	291.2	288.6	290.6	128.3	237.7	228.4	204.4	199.7	257.4
油料運送（1988年賣出）	359.3	266.1	527.4	505.6					
總銷售額	1,291.6	1,300.0	1,800.0	1,899.1	1,547.5	1,639.9	1,503.6	2,089.9	2,473.7
純益									
英國	60.6	68.7	88.8	104.8	88.8	61.1	27.9	24.6	22.9
海外	40.3	51.7	89.1	115.6	119.8	150.6	136.0	194.8	247.2
集團關係企業	23.8	23.4	18.3	10.7	32.7	28.7	14.7	14.8	34.0
營運獲利	124.7	143.8	196.2	231.1	241.3	240.4	178.6	234.2	304.1
轉賣資產收入					18.6	16.6	7.7	13.7	8.9
轉賣企業收入（損失）						(10.6)			2.7
轉賣關係企業投資虧損									(22.5)
淨應付利息	(11.9)	(13.1)	(11.1)	(9.6)	(9.7)	(12.0)	(0.3)	(26.4)	(36.8)
稅前純益	112.8	130.7	185.1	221.5	250.2	234.4	186.0	199.0	278.9
稅賦與其他	(44.6)	(50.1)	(68.3)	(79.2)	(82.2)	(90.6)	(80.9)	(110.8)	(144.3)
稅後純益	68.2	80.6	116.8	142.3	168.0	143.8	105.1	88.2	134.6
優先股股利						(9.9)	(8.1)	(5.7)	(5.9)
可分配純益	68.2	80.6	116.8	142.3	168.0	133.9	97.0	82.5	128.7
固定資產	na	na	na	na	1,184.9	1,286.6	1,317.0	2,261.4	2,199.4
流動資產	na	na	na	na	760.0	744.3	1,050.9	1,162.5	1,099.4
應付帳款（1年內）	na	na	na	na	(482.0)	(392.3)	(488.2)	(1,003.4)	(902.8)
淨流動資產	na	na	na	na	332.0	352.0	562.7	159.1	196.6
總資產減流動負債	554.5	888.7	902.5	1,000.8	1,516.9	1,638.6	1,879.7	2,420.5	2,396.0
應付帳款（1年後）	na	na	na	na	541.0	611.4	566.1	828.1	717.7
股東權益（1年後）	na	na	na	na	975.9	1,027.2	1,313.6	1,592.4	1,678.3
普通股（百萬）	na	na	na	na	274.5	251.7	323.3	443.5	493.1

附錄 4　歐洲建築業的一些細節

（摘錄自 Review of Construction Markets in Europe，EIC 1994 年，出版商欣然同意採用）

⊙ 1992 年建築業總產出為 8200 億歐洲貨幣單位（ECU）。70% 來自歐盟，14% 來自歐盟外的西歐，16% 來自東歐與中歐。

⊙ 歐盟中，德國是最大的建築業市場，比法國大上 80%，比英國大上將近 3 倍。

⊙ 在東德與中歐，俄國以人口數、土地面積、GNP、以及建築產出，在此區域佔優勢。奧克蘭與波蘭是次重要的國家。

⊙ 多數平均每人建築產出低於 1,000 ECU 的國家都有顯著成長。

⊙ 在三大分區中，平均建築產出佔 GNP 比例約為 11-14%。1989 年，東歐與中歐此一比例更高。分區內的差異很大。

⊙ 歐盟中每人的 GNP 是東歐與中歐的 5 倍。平均每人建造產出約為 4 倍。

⊙ 在東歐與中歐，每一建築案的水泥消費量至少是西歐的兩倍，葡萄牙與土耳其的使用量也非常高。

1992 年的比較指標（地理、人口統計變數、與經濟變數）

國家	人口 （百萬）	土地面積 （千平方公里）	人口密度 （平方公里人口數）	GNP （百萬 ECU）
歐盟				
比利時	10.0	31.0	322.6	172.2
丹麥	5.2	43.0	120.9	110.1
法國	57.4	552.0	104.0	1,020.0
德國	80.6	357.0	225.8	1,359.9
希臘	10.3	132.0	78.0	60.2
愛爾蘭	3.6	70.0	51.4	34.6
義大利	56.9	301.0	189.0	946.7
盧森堡	0.4	3.0	133.3	8.2
荷蘭	15.2	37.0	410.8	248.1
葡萄牙	10.6	92.0	115.2	65.1
西班牙	39.0	505.0	77.2	443.3
英國	57.7	245.0	235.5	806.3
總計	346.9	2,368.0	2,063.7	5,274.7

附錄 4 （續）

歐盟以外之西歐

奧地利	7.9	84.0	94.0	106.7
塞普勒斯	0.7	9.0	77.8	5.2
芬蘭	5.1	338.0	15.1	79.3
挪威	4.3	324.0	13.3	72.7
瑞典	8.7	450.0	19.3	190.8
瑞士	6.8	41.0	165.9	194.1
土耳其	58.6	779.0	76.2	201.7
總計	92.1	2,025.0	461.6	850.5
所有西歐	439.0	4,393.0	99.9	6,125.2

1989 至 1992 年建築產出

國家	總產出價值以 1992 物價計算（十億 ECU）			
	1989	1990	1991	1992
歐盟				
比利時	18.4	19.6	20.1	20.9
丹麥	14.0	13.4	12.2	12.1
法國	97.0	99.4	99.7	96.7
德國	127.3	133.7	138.4	146.0
愛爾蘭	3.9	4.6	4.5	4.5
義大利	96.7	99.2	100.6	101.7
荷蘭	26.2	26.4	25.9	26.7
葡萄牙	7.7	8.2	8.5	8.7
西班牙	53.6	58.4	60.8	57.1
英國	71.4	72.9	67.7	64.7
總計	516.2	535.8	538.4	539.3
歐盟以外之西歐				
奧地利	21.5	22.8	24.1	
芬蘭	15.1	15.1	13.0	25.2
挪威	11.2	10.1	9.6	10.8
瑞典	28.2	29.0	27.8	9.5
瑞士	28.9	29.0	27.4	26.8
總計	104.9	106.0	101.9	98.1
西歐總計	621.1	641.8	640.3	637.4

附錄 4（續）

1992 年的比較指標（建築業）

國家	建築產出佔GNP比%	每人建築產出（ECU）	建築產出每平方公里（千ECU）	住宅屋數目（千）	每1000人擁有住宅數	水泥消費（千公噸）	每百萬ECU產出之水泥消費（公噸）
歐盟							
比利時	12.1	2,090	674	46.0	4.6	5,070	243
丹麥	11.0	2,327	281	16.0	3.1	1,280	106
法國	9.5	1,685	175	299.0	5.2	21,634	224
德國	12.9	2,180	492	na	na	43,800	249
希臘	13.1	767	60	na	na	7,700	975
愛爾蘭	13.0	1,250	64	22.5	6.3	1,448	322
義大利	10.8	1,791	339	277.6	4.9	44,520	437
盧森堡	12.2	2,500	333	2.7	6.8	688	688
荷蘭	10.8	1,757	722	86.2	5.7	5,000	187
葡萄牙	13.4	821	95	65.0	6.1	7,538	872
西班牙	12.9	1,464	113	222.9	5.6	26,051	456
英國	8.0	1,121	264	169.6	2.9	10,940	169
總計	11.0	1,666	244	1,207.5	3.5	175,669	304
歐盟以外之西歐							
奧地利	23.6	3,190	300	41.0	5.2	4,916	195
賽普勒斯	17.5	1,286	100	7.8	11.1	950	1,056
芬蘭	13.6	2,118	32	37.0	7.3	1,200	111
挪威	13.1	2,209	29	17.8	4.1	1,151	121
瑞典	13.5	2,966	57	57.3	6.6	2,100	81
瑞士	13.8	3,941	654	35.4	5.2	4,234	158
土耳其	9.0	311	23	232.0	4.0	22,870	1,257
總計	13.8	1,273	58	428.3	4.6	37,421	319
西歐總計	11.3	1,538	158.0	1,635.8	3.7	213,135	307

個案 8：羅艾公司（Luara Ashley）

■ ■ ■ ■ ■

　　1995 年初，安・艾佛森（Ann Iverson）成為羅艾公司（Luara Ashley）的總執行長。她原先在 Storehouse 集團的工作剛做滿 4 年，一般人都讚揚她能扭轉 Mothercare 的績效—這是該集團的零售通路之一。她期望羅艾公司能引入她所稱的「零售的基本目標與規範……訂立策略、替公司診斷，我在這方面是專家—從重大的重新定位到將公司拉回軌道的任何事務。」先前的總執行長（Jim Maxmin 博士）在 1994 年 5 月，由於政策與董事會的意見產生衝突而離職。

　　艾佛森正面臨重大考驗，因為公司這 5 年來正進行組織重建，同時存在著管理階層的鬥爭。在 1990 年代初，羅艾公司一與其他英國的成衣零售商一樣一受到自 1989 年起長期經濟衰退的影響。不過不像其他零售業者，羅艾公司開創了海外事業。1992 年 60% 的分店都開在英國以外。

　　從競爭力來看，羅艾的定位特殊，也就是異於一般成衣零售者，它將製造垂直整合，另一項特殊之處是涉足居家擺設品。在英國，Next 與 Principles 可能是最強的競爭者。以全球來看，要定義出競爭者很難，在羅艾營運的每個國家中都會有當地的競爭者。在國際市場中有不少垂直整合的零售業者，例如班尼頓（Benetton）、BATA、IKEA、與 Stenfanel。這些零售業者全盤控制由原料取得，到生產成品，再到零售之完整供應

1986 年 10 月至 1995 年 7 月 Laura Ashley 公司股價（便士）

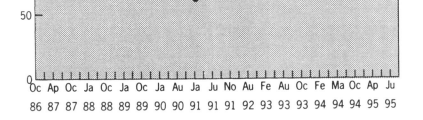

圖 1　羅艾公司之股價

鏈。

　　在 1995 年 1 月終止的財務年度報表中，羅艾出現有史以來最高的稅前虧損（附錄 1 有財務及其他資訊）。這並不是頭一次虧損，也無可避免的絕對會影響股價。1987 年，也就是公司股票在證券交易所上市後的第 2 年，股價攀升到 213 便士的最高點，但之後就持續下滑到只剩下 44 便士。1995 年後半年，股價在 80 便士處徘徊（見圖 1）。附錄 2 提供了羅艾的股價資訊，以及它在 FT-SE 100 指數中的表現。

背景

公司由柏納（Bernard）與羅拉・艾胥利（Laura Ashley）於1953年在倫敦的Pimlico成立，一開始由設計與印製飲茶紙巾與檯布起家，成品賣至百貨公司。他們靠著設計，將產品種類擴充到包括擺設品、衣服布料，在這些領域獲得的成功，使他們於1967年在威爾斯開工廠。

他們相信，若開設他們自己的零售據點，擴張速度會更快，因此第一家店開在倫敦的南坎辛頓（South Kensington），由倫敦地下鐵的海報廣告商資助他們，宣傳羅艾不凡的設計。這次的成功使他們在2年內撤回百貨公司的通路，以便加強他們自身的零售據點。至此，羅艾基本的組織架構就已是垂直整合設計、生產、及零售了。

1980年代中期，羅艾在全球四大洲都有營運點，在威爾斯與荷蘭有生產工廠，公司並打算賣出25％的股權，讓公司公開上市。1985年11月，公司募集到2,300萬英鎊的資金，使得公司順利上市，全球有70％的員工都成為股東。

直到1985年為止，公司可說100％由艾胥利家族所擁有，當時艾胥利家族認為公司的目標是規模與獲利的穩定成長，如此可確保公司未來能順利募集資金。1985年12月，公司以140便士的價格募資後，公司目標朝向財務表現要更亮麗，以反映在股價上。對資深主管的做法，是引入與績效相關的股票選擇權。這表示股價將更加重要。圖1顯示羅艾在1986年10月至1995年7月的股價。募資後，股價很快衝上高點，但也很快下跌，之後持續停留在低點。公司對外的發言，一直不願意接受他們的股價比其他公司下跌更深的事實。若持續觀察一段時間內，公司與競爭者的股價，或是公司與股市指數的相對價格，就可明白上述事實。附錄2顯示了過去羅艾的股價、以及在FT-SE 100指數中的表現。

若由產品種類來看，羅艾以設計女裝的印花布最為出名，其目標市場為30歲以下的女性。羅艾的觸角也伸入擺設品、陶瓷、以及壁紙，並欲

進入服裝的其他區隔，例如在嬰兒服市場的試銷，也曾考慮進入男性襯衫區隔。童裝（12 歲以下）只佔羅艾在英國服裝銷售額的 10%不到，公司經理指出，「童裝是給那些喜歡打扮孫子的祖父母買的。我們確實無法在此區隔中如班尼頓那般強勢。」

零售策略持續不斷修正，基本問題是公司是否在每一家店中，每樣東西都只賣一點；或者效法如 Next 的方法，在不同商店中販賣不同類別的產品。

設計

羅艾獨到的設計在於能帶出傳統英國的鄉村價值，因而引發人們懷舊的情感。Fulham設計中心的員工負責設計、布料、與印花的研究，Carno 的設計團隊負責將設計圖轉換在雕好花紋的板上，以便設計能夠複製在印花布上。設計靈感的收集過程很長，因為團隊與零售部門事先要經過 18 個月的討論。首先以 400 張草圖開始討論，最後得出 1 個包含 125 種樣式的系列，某些樣式會以不同的布料來製作。這些事先的討論，包含了預測、以及持續檢討未來 18 個月的服裝需求。

每年生產 2 個系列，即春／夏季、以及秋／冬季的服飾，這些服裝使用了各種不同的布料，例如亞麻布、花呢、棉／毛混紡、以及針織衫，另外還有搭配的配件。

家居擺設品系列

每年公司都推出新的擺設品系列，包含獨立的裝飾系列。此一系列在設計與產品上都有獨步的創新，並融合了過去幾年成功的設計。

生產

1980 年代時，超過 80％的產品在兩大中心內生產；威爾斯的 Carno，以及荷蘭的 Helmond。產品大部分是針織品、陶瓷磚、繪畫、照明用具，以及五分之一的壁紙需求量，供作艾胥利設計或設計說明書之用。

產品部門每年處理超過1,200萬公尺的布料，可供超過200萬件服裝的生產所需，它的角色在於回應零售點的要求，使價格比外部供應商所提出的更具競爭性。由於羅艾自行製造，表示羅艾比其他零售業者有較高的成本，促使它的零售與製造必須一起擴張；但其零售部門能推出的設計與價格一直有限，不像純粹的零售業者有較大的彈性。

棉布料由歐陸、中國、以及南美進口，其他布料則由英國與歐陸提供。這些布料要經過一連串的處理過程，包含清洗、漂白、染色、印花、以及修整。公司的電腦設備經過設定後，可使布料使用最佳化，在同一個時間內可切割150片的布料。切割後的布料接著移往服裝拼織工廠，雖然採用「貫穿製程」（make-through process）比較昂貴，卻能讓來自零售部門的訂單生產更有彈性。貫穿製程的生產力比不上單一人手專門負責某部份的工作。羅艾5,000位員工中，有1,300位負責拼織。這些人大多在小型的服裝工廠工作，工廠約有100位女性員工，羅艾認為這已是合理的規模，大到足以獲得規模經濟，也小到方便管理控制。每週每間工廠生產約3,500件服裝，樣式的範圍十分廣泛，薪資的給付採按件計酬。品質控制由機械師負責，任何退件都要標明是由哪位機械師負責的，並計入他們的績效考核，因此會影響其薪資。Carno與Helmond每年的壁紙生產量為1,700萬公尺。

在募資後一年，羅艾揭示以下計劃：

⊙　增加威爾斯的產量，以供持續開發全球的零售據點。

⊙　多角化進入能讓公司品牌發揮附加價值的領域。

⊙　多角化進入有發展機會的新領域。

第一個目標的達成，將依賴研究國際市場並決定最佳的進入模式。

為完成第二個目標，羅艾進行許多小型的收購行動：

⊙　Willis and Geiger是美國狩獵旅行用品商，每年的銷售額達180
　　萬英鎊，剛達到損益平衡，羅艾以 180 萬英鎊買入。此公司於
　　1902 年建立，生產探險用服裝，有 6 家加盟據點負責銷售。

⊙　Penhaligons 是個 117 年歷史的倫敦香水商，在倫敦擁有 5 家店
　　面，每年銷售額達 150 萬英鎊。羅艾以 100 萬英鎊買下它時，它
　　才剛達損益平衡。

⊙　在澳洲，羅艾以 420 萬英鎊買下一家男裝零售商，它擁有 9 家店
　　面，專賣鼯鼠皮飾以及「叢林居民」（Bushranger）的服飾，最
　　近一次的會計報表顯示稅前純益達 60 萬英鎊。

⊙　Sandringhams 是位於威爾斯的一家皮飾製造商。

⊙　Bryant of Scotland 是一家高品質的小羊毛與喀什米爾羊毛針
　　織品公司，每年的銷售額達 400 萬英鎊。

為達成第三個目標，羅艾投資 15 萬英鎊，在美國租了 5 家店面，稱
為 Mother and Child，預計未來在美國要開 26 家，在歐陸開 4 家店。
這些店預計約有 45% 的銷售額來自嬰兒服裝，30% 則為童裝。

隨著時間過去，羅艾不再那麼專注於製造自己的產品，1980 年代末
期，約有超過一半的產品於英國以外的地方生產。表 1 顯示公司在 1988
及 1992 財務年度截止時的公司員工數。

表 1　羅艾 1988 至 1992 年的員工數

	1988	1992
製造	2,384	987
零售	3,435	3,963
行政	1,132	1,218
總數	6,951	6,168

零售部門

公司有 4 個零售部門：英國、北美、歐陸、以及太平洋區。羅艾零售店的主要特徵在於，無論位在世界的何處，公司欲確保所有商店的外觀都設計得一模一樣，店內都有相同的氣氛。巴黎的 Paris Green 店面很容易就可以認出，內部由高品質的木材裝修，店內或店外的櫥窗採寬廣設計，並彼此搭配。總之，店面都位在主要的零售區，而有些店則與其他零售點結合。

產品的種類依每個國家的客戶需求而有所不同，商店促銷大部分靠雜誌廣告，廣告的主要目的，在於告知客戶新的產品種類。亦有產品型錄（各國不同），走郵購銷售路線，佔英國、美國收益的 5%，歐陸收益的 9%。存貨控制與配件產品則有賴電子銷售點系統（EPOS）來管理，此一系統每天按不同的產品線記錄銷售數字，並迅速通報給總部，無論是在舊金山或倫敦，傳送的速度都相同。

英國的羅艾

在 1991 年，公司在英國有 191 家店，10 家位於倫敦，佔英國銷售額的 30%。在英國，商店平均銷售面積為 2,500 平方英尺，來自服裝與擺設品的銷售額平分秋色。

羅艾在 Sinsbury Homebase 中心有特約商店，只賣擺設產品。1981年起設立的 Sainsbury Homebase 中心位於市中心邊緣，而且有很大的停

車場。到了 1989 年，羅艾在英國有 47 家位於 Homebase 的商店。 1988
年，公司將美國績優的 Mother and Child 引入英國，之後在 1989 年，
羅艾開設了 3 家平均銷售面積達 7,000 平方英尺的 Home 店面。

1980年代末期，公司面臨家居擺設品銷售額下降的問題，此與利率持
續升高有關，因為它影響了不動產與房屋銷售。

國際部門

羅艾主要的國際市場是歐陸與美國。國際市場的開發，始於在太平洋
區設立大型辦公室。在這些市場中，公司採行不同的市場進入策略，包括
在歐陸採限額加盟，在美國則結合出租不動產及招募製造加盟，在太平洋
區則與澳洲公司合資，之後陸續由羅艾買回，最近一次是與日本公司合
資。

美國的羅艾

羅艾在美國是被推銷為高品質、特殊設計的品牌形象。在美國，羅艾
的客戶中有10%具有非常高階的社會-人口統計地位，而一般的客戶也比
在英國的要來得高階。另一項差別是，在美國有很高比例的員工具有大學
學歷。公司有一套謹慎的用人策略，會選出成熟的員工在家居擺設品部門
服務。這些差異使得羅艾在美國的衣服訂價比英國高150％，而擺設品則
高出 100％。

在美國的零售部門中，70%的銷售額來自服飾。美國部門的室內設計
與裝潢部有許多不同的作法，例如設計師會到客戶的家裡拜訪，以提供客
戶建議。以組織來看，羅艾位於北美的子公司，擁有許多自主權，且對於
產品策略與店面地段的選擇很慎重。它是全國性的公司，店面分布美國40
州以及加拿大的 4 個省。

在美國要開一間新的商店十分容易，通常是向購物中心租用店面，一
些已有的店面大多位於廣大的大河流域內，例如 Palm Springs 商店圈周

圍有150英里的腹地。總之，羅艾相信在美國可以獲利豐厚，尤其是在一些大河流域涵蓋 35 萬人口的地區。

　　羅艾在美國已談妥一些擺設品、印花布、以及亞麻床單製造的授權事宜。雖然全國性的廣告仍未談妥，在美國，這些獲得授權的業者，十分積極地促銷羅艾的產品。Mother and Child 於 1987 年首先在美國設立，之後擴充到擁有 80 間精品店，這些精品店均位於羅艾的商店內。

　　1980年代末期服飾銷售出現了問題，原因是英國工廠運出的產品出現延遲。除此之外，在美國的營運一直有商品推銷的困難，從羅艾在美國開展起就一直有此困擾。

北歐的羅艾

　　羅艾在瑞典、冰島、芬蘭、挪威、與丹麥中共有 15 家加盟業者。

歐陸的羅艾

　　直到 1986 年為止，公司透過特許而在百貨公司設櫃，之前它曾透過獨立商店進行擴張，在 1989 年將 Mother and Child 商店引進巴黎與布魯賽爾。在1990年代，公司計劃以在大百貨公司中開「店中店」的方法，擴張進入西班牙。

太平洋區的羅艾

　　一開始，羅艾與澳洲公司合資。羅艾在 1985 年買下這個澳洲合夥商，取得8間商店的全數所有權，太平洋部門於是成立，之後又開張了22家店。接下來，羅艾與 AEON 集團的子公司 Japan United Stores（JUSCO）進行 50／50 的合資。

國際市場

　　1989 年初，羅艾買下美國公司瑞菲曼（Revman Industries），後者設計並製造流行的臥室擺設品，成品銷售給大型的美國百貨公司以及其他合適的零售商。此與美國零售部門的營運是分開的。瑞菲曼需要額外的資金協助，羅艾面臨須向股東募集額外資金的問題，尤其當時已有很高的財務槓桿。羅艾透過其合資者日本公司 AEON 集團的協助，而多少克服了這個問題，AEON 以 85 便士的價格認購羅艾的股票，而在 1990 年，股票市價滑落到 49 便士的低點。為了認購，AEON 將其合資的部份由 50% 提高到 60%，同時也買下瑞菲曼的股票，這使羅艾的所有權剩下 47.5%，而瑞菲曼成為關係企業，不再是子公司。AEON 同意在未來十年內，如果沒有羅艾董事會的核准，它們不會進一步買進（除非透過授權）或賣出羅艾的股票。

　　要決定進入哪個國家營運是十分複雜的決策。人們富有的程度固然是一個重要的因素，羅艾同時也注意到匯率。在一個國家內的收益，可能會因匯率的反向變動而被抵消。國際營運需要公司隨時關注所有國際發展的趨勢。羅艾在 27 個國家營運，因此匯率變動可說非常重要。公司的政策是在會計年度中，將海外子公司之銷售成果，以英鎊的平均匯率加以換算。在 1980 年代晚期與 1990 年代早期，服飾與織品市場受到國際匯率轉變的影響很大。強勢的英鎊，使出口到歐洲十分困難，下跌的美元使美國、以及其他以美元為主的市場衰退許多。同樣的，若是英鎊弱勢，則對進口織品會有反向的影響。

　　1980 年代晚期，美國經濟由於貿易赤字與政府預算赤字的雙重打擊而更加衰退，1987 年 10 月的股市大崩盤，更使得全世界的美元匯價急速下滑，美國之後花了很長的時間才恢復過來。

　　1990 年 11 月，英國政府加入了歐洲貨幣系統的匯率機制（ERM），英國藉此經濟政策來控制通貨膨脹。英鎊加入了 ERM，以 2.95 馬克兌換

1 英鎊的價格，釘住德國馬克。1992 年 9 月，密集的貨幣投機行為使得 ERM 的問題浮上檯面，英鎊（以及義大利的里拉）被迫脫離此一系統，轉為浮動匯率。英國政府因此可以降低利率。1995 年初，金融業預估英鎊對美元與德國馬克，將在未來的 12 個月內持續疲弱。

羅艾為應付匯率轉換問題，而採用會計年度中的平均匯率，以計算海外公司營運的獲利與虧損。在資產負債表中，這些公司的淨資產都轉換為英鎊，以資產負債表終止日當天的英鎊價格為準。類似許多多國籍公司，ICI 採取避險來規避匯率變動，所有主要的買入或銷售交易，都採用遠期匯率，以鎖定任何即期的獲利。ICI 使用的主要貨幣為德國馬克，公司預計英國英鎊對德國馬克每貶值 10 芬尼，就會使 ICI 多出 1,000 萬的純益。其他在海外營收龐大但未沒採取避險措施的公司，對於貨幣匯率變動就會十分敏感（附錄 3 提供匯率的進一步資訊）。

不同國家有不同的通貨膨脹率，也有不同的應付措施。表 2 顯示 1960-1990 年各國平均的通貨膨脹率，以及此比率的標準差。圖 2 顯示工業化國家的通貨膨脹率。

表 2　1960 至 1990 年部份國家通貨膨脹率與其變動

年度	平均通貨膨脹率	標準差
西班牙	10	8
愛爾蘭	9	8.5
英國	8	7.4
丹麥	7.5	5.7
澳洲	7	6.8
法國	6.8	6.2
日本	5.7	7.1
美國	5.2	5.2
奧地利	4.4	2
西德	4	1.7

Source: The Economist 19 November 1992

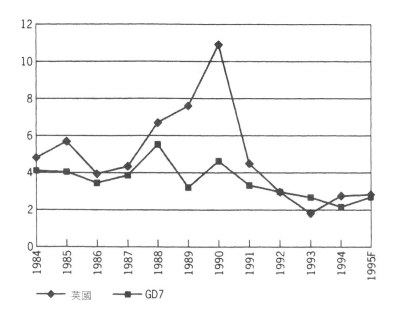

圖 2　1984 至 1994 年英國與 GD7 等國家之通貨膨脹率及 1995 年預測值

　　多年的虧損使得羅艾重新評估其定位，除了對製造基地採取合理化措施之外，並賣出一些非核心事業，例如 Penhaligons、Sandringham、以及 Bryant of Scotland，使公司的重心，由內部生產轉為由外部供應產品。

　　1990 年代初期的市場研究顯示，傳統的羅艾客戶是女性上班族，年紀在 25 歲至 45 歲之間，年收入超過 17,000 英鎊。1991 年末，吉姆·麥克斯敏（Jim Maxmin）博士加入羅艾，成為總執行長，他先前的職位是Thorn EMI 全球租賃事業的總執行長。他引入了他所謂的「簡化、專注、與行動」方案，包括「簡化」企業，使它更有效率，在品牌、客戶、與生意上加倍專注，以了解如何改進產品與系統，及鼓勵員工憑智慧與知識來行動，以改善服務與營運品質。

　　簡化企業首先由裁撤數個事業部的董事會做起，導致 100 位資深經理離職。為領導事業部的員工，公司闡述了新的公司使命（如下）。

客户與我們同樣鍾愛羅艾特殊的生活風格，我們的使命是與他們維持長遠的關係。為維護此一關係的忠誠，我們將積極行動，使之長久堅固。

附錄 1

羅艾——會計年度截止於 1 月 28 日之損益表

百萬英鎊	1995	1994
營收	322.6	300.4
銷售成本	（164.4）	（142.0）
銷售毛利	158.2	158.4
其他營業費用	（187.5）	（156.1）
營業純益／（虧損）	（29.3）	2.3
來自關係企業與停業部門收入／（虧損）	0.5	1.8
息前純益／（虧損）	（28.8）	4.1
應付利息	（1.8）	（1.1）
稅前純益／（虧損）	（30.6）	3.0
稅額	（0.9）	（1.9）
稅後純益／（虧損）	（31.5）	1.1
股利	0	（0.2）
保留盈餘／（虧損）	（31.5）	0.9
每股盈餘／（虧損）（便士）	（13.41）	0.45

附錄 1（續）

羅艾－－1月28日之資產負債表

	1995	1994
固定資產		
有形固定資產	47.4	60.9
投資	0.9	10.8
	48.3	71.7
流動資產		
存貨	64.1	70.8
應收帳款	21.0	17.1
現金	13.9	16.7
	99	104.6
1年內到期負債		
借貸	（0）	（0.3）
應付帳款	（55.3）	（53.9）
股利	（0）	（0.2）
	（55.3）	（54.4）
淨流動資產／（負債）	43.7	50.2
總資產減流動負債	92.0	121.9
1年後到期負債		
借貸	（13.5）	（32.8）
應付帳款	（1.5）	（2.3）
負債準備	（21.3）	（0.7）
	（36.3）	（35.8）
淨資產	55.7	86.1
資本與保留盈餘		
股本	11.7	11.7
股本溢價	48.8	48.8
損益彙總帳戶	（4.8）	25.6
股東權益	55.7	86.1

附錄 1（續）

羅艾的十年記錄

百萬英鎊	1986	1987	1988	1989	1990	1991	1992	1993	1994	1995
營收	131.5	170.9	201.5	252.4	296.6	328.1	262.8	247.8	300.4	322.6
營業外費用前營業純益/（虧損）	16.7	21.4	23.8	23.6	6.1	3.4	(0.6)	1.1	2.3	4.1
營業外費用										(33.4)
營業純益/（虧損）	16.7	21.4	23.8	23.6	6.1	3.4	(0.6)	1.1	2.3	(29.3)
來自關係企業收入/（虧損）	2.1	0	0	0	(0.2)	0.1	1.9	1.5	1.8	1.5
營業外損益	0	0	0	0	(6.7)	(2.6)	(8.1)	0	0	(1.0)
淨應付純益	(0.9)	(0.5)	(2.4)	(4.9)	(8.6)	(12.4)	(2.3)	(0.8)	(1.1)	(1.8)
稅前純益/（虧損）	17.9	20.9	21.4	18.7	(9.4)	(11.5)	(9.1)	1.8	3.0	(30.6)
稅賦	(6.4)	(6.4)	(6.8)	(5.6)	0.3	2.5	0	(1.0)	(1.9)	(0.9)
稅後純益/（虧損）	11.5	14.5	14.6	13.1	(9.1)	(9.0)	(9.1)	0.8	1.1	(31.5)
股利	(1.83)	(4.49)	(4.69)	(4.69)	(1.7)	(0.1)	(0.1)	(0.1)	(0.2)	0
保留盈餘/（虧損）	9.7	10.0	9.9	8.4	(10.8)	(9.1)	(9.2)	0.7	0.9	(31.5)
固定資產	42.0	60.4	76.3	81.2	82.5	67.1	60.5	66.3	71.7	48.3
淨流動資產	27.8	22.1	11.0	46.4	(2.2)	66.9	52.8	53.9	50.2	43.7
長期負債	(8.4)	(9.7)	(8.6)	(43.7)	(3.5)	(41.4)	(28.0)	(34.4)	(35.1)	(15.0)
負債準備	(4.2)	(4.4)	(4.9)	(4.1)	(3.9)	(0.4)	(0.5)	(0.3)	(0.7)	(21.3)
淨資產	57.2	66.4	73.8	79.8	72.9	92.2	84.8	85.5	86.1	55.7
總資產減流動負債	69.8	82.5	87.3	127.6	80.3	134.0	113.3	120.2	121.9	92.0
股東權益	57.2	68.4	73.8	79.8	72.9	92.2	84.8	85.5	86.1	55.7
每股盈餘/（虧損）（便士）	6.3	7.2	7.3	6.6	(4.7)	(4.39)	(3.86)	0.34	0.45	(13.41)
每股股利（便士）	1.0	2.25	2.35	2.35	0.85	0.1	0.1	0.1	0.1	0
股數（百萬）	183.0	199.6	199.6	199.6	199.6	199.6	234.8	234.8	234.8	234.8

附錄 1（續）

羅艾—— 1985 年通貨膨脹後，以及 1992 年、 1995 年財務科目中的股東組成

股數（千）	1986	1992	1995
Jusco（歐洲）BV		35,221	35,221
Ashley family	143,437	125,021	80,021
個人	17,522	12,223	10,114
銀行與認購公司	25,296	53,832	94,296
其他	13,345	8,507	15,254
總計（千）	199,600	234,804	234,906

Source: Company Annual Reports

附錄 2

日期	羅艾 股價（便士）	FTSE 100 指數	日期	羅艾 股價（便士）	FTSE 100 指數
86 年 10 月	191	1632	91 年 8 月	74	2500
87 年 1 月	182	1741	91 年 11 月	98	2541
87 年 4 月	126	1973	91 年 12 月	91	2392
87 年 8 月	95	1809	92 年 8 月	64	2366
87 年 10 月	212	1749	92 年 12 月	78	2771
87 年 12 月	139	1758	93 年 2 月	80	2878
88 年 1 月	90	1723	93 年 5 月	110	2838
88 年 4 月	105	1737	93 年 8 月	108	3101
88 年 10 月	143	1852	93 年 9 月	104	3164
88 年 11 月	128	1900	93 年 10 月	91	3078
89 年 1 月	119	1967	93 年 12 月	82	3412
89 年 4 月	100	2079	94 年 2 月	94	3267
89 年 10 月	85	2112	94 年 4 月	85	3149
89 年 11 月	70	2350	94 年 5 月	77	3123
90 年 1 月	65	2400	94 年 8 月	74	3142
90 年 4 月	73	2221	94 年 10 月	77	2999
90 年 8 月	69	2050	94 年 12 月	74	3083
90 年 11 月	75	2600	95 年 4 月	78	3130
91 年 1 月	61	2400	95 年 5 月	74	3260
91 年 4 月	74	2488	95 年 6 月	76	3412
91 年 6 月	85	2566	95 年 7 月	81	3315

附錄 3

英鎊匯率指數（1985=100）

1986 年底	91.5
1987 年底	90.1
1988 年底	95.5
1989 年底	92.6
1990 年 4 月	87.1
1991 年 4 月	91.7
1992 年 4 月	91.3
1993 年 4 月	80.5
1994 年 4 月	80.0
1995 年 4 月	78.1

Source: Economic Trends, （CSO）

個案 9：康百士公司（Compass）

1993 年 11 月，康百士集團的總執行長法蘭西斯·麥凱（Francis Mackay）宣佈一項前所未有的協議，要與大都會公司（Grand Metropolitan）旗下的連鎖餐廳漢堡王（Burger King）合作。此舉使康百士獲得獨家權利，可將漢堡王品牌銷售至全歐的工作場所、醫院、學校、大專院校、以及火車站。

根據董事長藍頓博士（Lenton）的說法，康百士公司一向堅持產品與服務品質，再加上長久以來的政策：金錢的價值最優先，使得公司在毛利上一直有沈重壓力。儘管如此，公司在 1993 年的獲利仍有 30.5％的增長。根據董事長的說法，部份原因是食物的準備與服務的營運效率持續加以改善。

背景

在 1987 年 1 月 16 日，Chiefrule 有限公司更改其名爲康百士集團有限公司，康百士集團於爲成立，7 月時由其業主大都會有限公司的管理團隊接管買下（management buy out）。此次交易也包含了大都會公司契約承攬業務的公司與事業部。

　　公司於1988年11月15日因公司法案，而重新登記爲公開（public）的有限公司。康百士公司的服務部原先來自 Midland Counties Indus-trial Catering 的餐飲承包事業部，起始於1941年，在1968年由大都會公司買下。1983年，康百士因多角化而買下 Rosser & Russell，其業務是替超過100年以上的建築物，提供暖氣與通風服務。1981年，康百士的健康醫療事業部第一次買下15家醫院，並於1993年開始營運。

　　1987年7月，康百士的資深經理人組成的財團在3i公司、CIN Venture Managers 有限公司、以及 Prudential Venture Managers 的支援下，由大都會集團手中，以將近1.63億英鎊的價格，買下康百士，這在當時是英國最大的企業購併案。1988之後的4年，康百士開始有獲利，在1988年9月25日年度中止時，其營業純益達2,470萬英鎊，已達損益平衡。雖然自1984年起，康百士開始購併一些小公司，但康百士的成長大部分來自內部。

　　康百士的管理階層相信服務業不斷擴充，成長的關鍵在於是否能提供高品質的服務給更多的客戶群。因此幾年下來，公司更注重透過適當的訓練，以增強經理人與員工的技能，並推動高品質保證的方案。同時企業亦進行組織改造與內部控管，使管理更有效能。這些推動起始於傑利‧羅賓森（Gerry Robinson），他於1984年7月，成爲康百士國際服務事業部的總經理。他於1985年被指派成爲康百士的總經理，建立起現今康百士的管理團隊，並領導接管事件。

　　1988年12月集團公開上市。一位權威的休閒分析師對此指出，此一產業有「健康的氣色」，但缺乏「營運槓桿」，因爲集團大部分的事業之本質就是按契約採成本加成來做生意。集團的總經理認爲在發展階段時，於證券交易所上市股票較爲有利。公司權益的增加以及借貸的減少，將可充分提供集團未來擴充所需的資金。

　　目前的發展計劃集中在集團內有持續記錄、可調閱資料的對象，當有適合的購併機會浮現時，公開上市將使集團能夠具有較大的財務彈性以支

應。除此之外，總經理相信公開上市，將可激勵員工更積極參與集團事
務。

餐飲承包

康百士在被接管買下時，其最重要的事業是各類的餐飲承包，向工商
企業提供服務。康百士的服務部是英國兩家最大的餐飲承包公司之一（另
一家是 Gardner Merchant，爲 Trusthouse Forte 的子公司），擁有超
過 2,200 個服務據點以及約 19,000 位員工。一開始，生意集中於承包製
造業的員工餐廳，同時朝服務升級的趨勢邁進。

康百士努力擴充，提供食物給自助餐館、福利社、及高級餐廳，還有
各類的商業部門（包含銀行、保險、與零售業者）、學校、醫院、休閒中
心以及地方政府。稍後我們會說明大部分的承包採成本加成之訂價方式，
承包期限通常爲 6 年。

康百士在兩大領域中營運，其一爲社會餐飲市場，即員工餐飲、以及
機關餐飲，另一爲專業零賣餐飲，屬於商業餐飲市場。員工餐飲佔社會餐
飲市場的 22%，也是 1988 年康百士最重要的事業部。機關餐飲正處於規
劃積極發展階段，而商業餐飲市場中的專業零賣餐飲，也選擇性地發展到
其他領域。在員工餐飲中，康百士擁有各類型的客戶，包含大企業如英國
石油、殼牌石油英國有限公司、Rover 集團、IBM 英國有限公司、蘭克全
錄（Rank Xerox）（英國）有限公司、以及蘇格蘭皇家銀行。

表 1 顯示 1988 年 12 月，康百士在機關餐飲市場中的服務據點。

表 1　1987 年服務據點數

	1988 年 9 月 25 日，康百士服務的據點數
教育	124
NHS 及私立健康醫療	60
MOD	17

　　康百士的營運規模，使它充分享有規模經濟的好處，包含對供應商的買方談判力。公司在海外有一些小型發展，包括餐飲及貸款服務。不過在被接管買下的前幾年，公司因管理人手的裁減，而縮減這些海外活動。

　　康百士認為成長的關鍵在於提供高品質的服務，因此合併了高品質保證方案與「健康飲食」方案，以及其他餐飲上的標準控制，以吸引新的客戶。公司也逐漸進入商業餐飲市場的專業零賣餐飲。1988 年底，康百士有 79 項專業餐飲承包，服務領域包含休閒中心、運動場、倫敦動物園、自然歷史展示中心，以及百貨公司。

承包

　　康百士服務事業部提供三種不同的承包方式，以符合不同的客戶所需：成本加價、固定價格、與特許。成本加價承包的方式最為常用，當時約佔康百士所有承包案的75%。這些承包能有效節省成本。康百士服務部每年收到一筆預付管理費用，客戶提供場地、設備，使康百士的資金需求得以壓低，而康百士則提供管理與訓練以及服務所需的員工。這些承包一開始簽訂的期間為 12 個月，包含 6 個月的觀察期，根據康百士的經驗，這些承包年限通常超過 6 年。這些承包採成本加價法，加上有廣泛的客戶採用，意味著這些契約帶給康百士服務部大額的現金流量及穩定的獲利。多數的員工餐飲承包屬於成本加價型式。

　　固定承包乃依據議定的服務排程，提供客戶一個事先決定的總價格。當客戶要求簽訂固定價格契約時，康百士服務部在第一年以成本加價來履行契約，以便建立成本結構以及各項要求，如此才能根據這一年的試驗，決定出剩餘承包年限中合適的固定價格。康百士的經驗顯示，固定價格承包之平均年限通常為 4 年。

　　特許承包只在專業的零賣餐飲中採用，康百士付出一筆特許費用或租賃費，以爭取機會向大眾提供餐飲服務。根據特許承包，康百士服務部可自行決定收費。

相關的餐飲活動

　　該事業部的其他活動包含廚房、餐廳設施的設計與規劃服務，以及人控保全生意。設計與規劃功能原來是一個客戶支援服務系統，用以輔助中央餐飲營運。幾年下來，此功能已演變涵蓋多項全國性服務，包含器皿與陶瓦的供應、工業界餐飲供應、冷凍設備，以及設計、規劃、並安裝廚房與餐廳設備。

　　人控保全服務原本提供給尋找綜合服務承包的客戶。由於業務快速成長，後來它獨立於餐飲服務之外自行管理與行銷。經理們相信它是一個還有很大成長空間的領域。1988 年 8 月，康百士以 860 萬英鎊的價格購併了 Security Arrangements 有限公司—這是一家人控保全企業，擁有 600 項承包業務。

健康醫療

　　康百士的健康醫療事業部以登記的床位來看，在被接管買下時是英國第六大商業性民營醫院業者，擁有並管理 6 間現代化醫院。表 2 顯示醫院開張或購併的資訊。

表 2　1981 至 1987 年康百士醫院

醫院	位置	開張／買下日期	登記床位數
West Sussex 診所	Worthing	1981 年 5 月	28
Bath 診所	Bath	1982 年 11 月	55
Hampshire 診所	Basingstoke	1984 年 12 月	52
Droitwich 私立醫院	Droitwich	1985 年 4 月	36
Saxon 診所	Milton Keynes	1986 年 5 月	24
Esperance 私立醫院	Eastbourne	1987 年 1 月	50

West Sussex 及 Esperance 醫院是買來的，另外 4 家則是全新的醫院。這些醫院提供緊急醫療服務，包含手術室，與一般醫院一樣提供放射線醫療、病理診斷、物理治療、藥房、以及諮詢室等設備。這些醫院中，有 5 家提供一般大眾的健康檢查服務，行銷上稱作「身體檢查」。除此之外，醫院也提供每日健康問診的設備，某些醫院提供專業服務，包含子宮頸檢查、癌症及腫瘤組織的雷射手術治療，膝蓋疾病檢查的電腦輔助設備。Droitwich 醫院的醫療團隊，則提供水療法及溫泉浴。

康百士的健康醫療事業部在市場中的定位

在 1988 年止的十年間，獨立的急性治療—手術部門歷經劇烈變動。1976 年到 1979 年，付費床位中止營運，之後私立醫院數目快速增加，同時醫療保險的涵蓋範圍也急速擴大。醫療保險是治療／手術部門的主要收入來源，可說是觀察趨勢走向的最佳指標。1977 到 1986 年，醫療保險涵蓋的人口數成長一倍以上，自 1986 年起，涵蓋的人口數不斷成長。主管們認為此一部門有可觀的成長遠景。

康百士健康醫療的收入大部分來自幾個關係企業，以及醫療保險公司。當時，醫療保險在全國市場普及率約為 10%，可見未加入保險的人群，是一個顯著未開發的市場。該部門的成長，使它原先由自願者與宗教組織服務的部門，轉為較商業取向的部門，提供更多樣化的服務。

有些一般的開業醫生會將大部分的病人轉給康百士。康百士健康醫療與這些醫生之間的關係是否良好，對醫院的持續成長相當重要。醫生轉介時選擇私立醫院乃根據兩個主要因素，即醫院的水準以及此醫院和他／她的距離之遠近。因此，公司會不時拜訪這些醫生，並確保公司提供的設備與服務能夠達到這些醫生要求的標準。

總經理相信，除了 Droitwich 外，沒有任何一家康百士旗下的醫院，在公司權威的領域中，面臨其他私立醫院的直接競爭，這是康百士向來最吸引人之處。

住床率

　　醫院設備是否達到使用的最佳化，最主要的指標是病床住床率，不過此一指標並未包含提供給白天病患與門診病人的服務。總之，在 1988 年，康百士的醫院，每年有超過 58％的住床率，比前 1 年增加了 5％。West Sussex、Bath、與 Hampshire 的平均住床率約達 70％。住床率的差距，反映出康百士的醫院們處於不同的成熟階段。管理階層認爲住床率在 75％到 80％，是合理的目標。龐大的營運費用是固定支出，因此住床率的提高，對於營運獲利有相當正面的幫助。

Rosser & Russell 的建築服務

　　Rosser & Russell 的核心事業在營建業的非住宅市場，以及提供機械與電子工程方面的服務，服務範圍多半在英格蘭的東南部。此一事業部一般扮演營建專案的轉包商，一旦得標後，可能再將工程轉包給他人。Rosser & Russell 曾經參與的工程，包括國民西敏銀行鐘塔（National Westminster Bank Tower）、倫敦市區的 Broadgate 開發計劃，以及 Stansted 機場的新旅客航空站。

　　除此之外，在被接管買下的前 2 年，Rosser & Russell 的服務與維修部門有大幅的成長。該事業部雇用當地或召喚而來的技術人員，以提供承包服務。服務包含機械與電子服務的事前規劃、維修與管理，以及工廠空間的維護。服務的範圍廣泛，並依客戶特殊的需求調整內容。

　　Rosser & Russell 的營運地區集中在英格蘭東南部，其產出佔1987年所有私人、非住宅新建築服務的47％。雖然此一產業的市場佔有率無法明確算出，康百士相信，該事業部名列全國前十大廠商，且是獲利最多的一家。1988 年 9 月 25 日，該事業部累積獲得 6,500 萬英鎊的訂單，比去年增長許多。

　　對Rosser & Russell事業部頗爲重要的是競爭激烈的投標市場。該

事業部投資許多於招募有技能的估價專家，及擁有大型資料庫以供成本分析之進行。當承包案交由專案小組之後，接著會擬出詳細的營運計劃，在承包年限中，並經常進行營運與財務評估，以確保營運與財務目標都能達成。

　　Rosser & Russell 的承包規模通常變動很大，公司傾向於簽訂超過 600 萬英鎊的承包案，建造期會高達 18 個月。

組織與人力

　　在英國，餐飲營運的管理分為6個地理區。每個區域由地區總經理帶領，他負責向康百士服務事業部的董事會報告。區域總經理由區域經理支援，而營運經理要向這些區域經理報告。每個營運經理負責品質控管與直接監督承包案的獲利能力。除了經營現有的承包之外，每個地區的管理團隊還要負責銷售與行銷、人事與訓練，以及餐廳設計功能。資料處理、財務、公司廣告、以及採購支援則由中央提供。

　　康百士認為，其經理人與員工的技能對未來的成功非常重要，因此持續不斷地訓練與激勵全體員工。集團也非常看重參與的價值，以及公司內上司與員工之間的溝通。

　　總經理認為，康百士有良好的產業關係記錄，近幾年來沒有發生重大的罷工。多數員工加入接管後推出的股票選擇權計劃。為持續增進員工參與公司事務的程度，公司並推出額外的主管人員股票選擇權計劃，以及儲蓄型的股票選擇權計劃，兩者在公司於英國證券交易所上市後，都有顯著的成效。

1984-1988 年之財務資料

附錄 1 有最新的詳細記錄。4 個會計年度至 1988 年 9 月 25 日為止，其中公司的財務表現有一大躍進，由損益平衡轉為營業純益達 2,470 萬英鎊。此一轉變的主要原因如下：

派任數個關鍵的資深主管，他們均致力於開發有潛力的機會及各種生意中較能獲利的領域：

⊙ 提高營運效率，這產生較嚴格的財務控制與較高的毛利；

⊙ 開發人控保全與廚房規劃服務，進入獲利良好的領域；

⊙ 改善 Rosser & Russell 內部的程序與控制，包括讓 Rosser & Russell 在承包投標上能有更多的選擇；以及

⊙ 康百士健康醫療事業部的發展與擴充，包括購併與開發新的 2 家醫院。

自從接管後，康百士採取更多行動來改善獲利，包括：

⊙ 轉賣康百士販賣事業，以及裁撤數個管理當局不期待能有更好貢獻率的海外事業。

⊙ 除了將數個先進的醫療技術與程序引入康百士健康醫療事業部以外，還推出創新的訂價與付款政策。

⊙ 推出品質保證方案；以及

⊙ 開發內部現金管理程序，以確保集團現金資源能獲得最佳的利用。

純益成長，加上接管後 60 週內營運資金需求減少，這兩者產生的營

表3　1984至1988年財務績效

會計年度截止於9月25日	1984	1985	1986	1987	1988
	(百萬英鎊)	(百萬英鎊)	(百萬英鎊)	(百萬英鎊)	(百萬英鎊)
營收					
康百士服務	179.4	184.9	198.9	216.3	227.4
康百士健康醫療	2.8	5.3	7.8	11.0	14.8
Rosser & Russell	15.4	18.4	15.9	27.1	34.7
	197.6	208.6	222.6	254.4	276.9
營業純益					
康百士服務	0.7	7.7	9.6	13.8	18.5
康百士健康醫療	0.5	0.6	0.7	1.5	3.7
Rosser & Russell	(1.2)	(2.4)	(1.6)	1.5	2.5
	0.0	5.9	8.7	16.8	24.7

運現金流量達 2,290 萬英鎊，其中 850 萬英鎊投資在資本支出中，860 萬英鎊用於購併。

　　表3提供至 1988 年 9 月 25 日止，5 個會計年度中集團各事業部之營收與營業純益細節。

成長與發展

　　1989 年，公司處分 Rosser & Russell 與康百士保全事業部，使公司獲得額外的 1,400 萬英鎊獲利。1993 年底，康百士擴充到零售餐飲，並在西歐與北歐積極投入，特別是在承包、醫院、與機場航空站的餐飲服務上。

　　這是康百士顯著改變的時期，由董事長麥凱一手推動，他稱之為「正確方向」的市場導向策略，投資於建立獨立營運的公司。為此，公司鼓勵在工作場所、健康醫療、商店、以及休閒市場領域的內部成長。1993 年進行了許多購併活動，包括車站的餐飲業者 Travellers Fare（2,820 萬英鎊）、Scandinavian Service Parter（8,290 萬英鎊）—歐洲最大

的機場餐廳營運者，以及 Letheby & Christopher（700 萬英鎊）—英
國最早的運動與宴會餐飲組織。

建立的 New Famous Foods 是由衆多品牌組成的公司，康百士認為它
在歐洲是前所未有的。內容包括加盟後獲得授權的國際品牌，以及透過購
併後的公司自有品牌，包含 Uppercrust 、 Dixie's Donuts 、 Le
Croissant Shop 、以及 Franks Deli 。

健康醫療方面，康百士擴充到醫療保險、健康評估服務、以及整型手
術。到 1993 年底，公司在英國，擁有 15 家私立醫院。National Health
Service 重新改組後的效果顯著，加上英國政府提供的驅力，給了康百士
一個絕佳的賺錢機會，投入這個正在擴張的市場。

出價買入葛第納商業餐飲（Gardner Merchant）

1992 年中，康百士欲出價買入主要的餐飲承包對手葛第納商業餐飲
（Gardner Merchant）。該產業中超過一半的餐館由契約承包者經營，公
共部門市場的大門敞開後，給了產業絕佳的遠景。契約承包不斷成長，一
年要提供 3 億多份的餐飲，供英國人在工作場所、學校、醫院、與監獄中
消費，這也部份解釋了為何康百士集團要在一些激烈競爭的領域開價，以
及公司還有一個專管購併的團隊以購併它的對手。

1992 年 6 月，康百士的股票停止交易，這是由於公司擬以 5 億到 5.
5 億英鎊併購佛第（Forte），這是一家飯店與餐廳集團。康百士原計劃
以 4.5 億英鎊，買下佛第的餐飲承包部門，美國的 ARA Services 則買下
其餘的部份。如此一來，康百士將成為市場領導者，在企業餐飲承包市場
中的佔有率將有 37％之多。 ARA 也將從第 4 躍升到第 2 ，佔有率約為 20
％，超越 P&O 的 Scucliffe 之 18％。購併葛第納後，將代表前四大變成前
三大。

佛第集團的總執行長洛克・佛第（Rocco Forte）由於協議中無法談
妥價格，於是取消與康百士與 ARA 的會談。他說明「葛第納應採行的做

法」，指出集團可得到比康百士所開價更好的價格。康百士不準備開更高價的可能原因之一，是懼怕它會失去一些葛第納最大的客戶群。根據可靠消息指出，會談中一些大型的客戶提出許多反對意見，例如已與康百士有生意往來的英國航太公司與密得蘭銀行。

1992年底，消息傳出康百士預備開價買下葛第納的一個非英國事業部。在當年夏天交涉破裂後，佛第將康百士排除在未來可能買下葛第納商業餐飲的名單之外。不過一般認為，佛第將以開放的心態檢視任何打算買下葛第納商業餐飲之外國事業部的買主。

一般相信，佛第正交涉要將事業部賣給葛第納商業餐飲的管理團隊，雖然它拒絕證實是否將以少於下限的4億英鎊賣出。可靠來源指出，此一由管理團隊接管的案子將受到英國第二大創投公司CinVen的支持。

佛第說明葛第納商業餐飲將不會賣出，除非三個情況都能滿足。首先，必須達到價格底限；第二，葛第納商業餐飲不能分割；第三，葛第納商業餐飲的資深管理團隊必須留在原位。很清楚地，如果子公司的管理團隊可將價格提高到4億英鎊，要滿足其他兩個條件一點也不困難，若康百士出價買下葛第納商業餐飲的海外事業部，將使該管理團隊買下英國的事業部更易實現。

葛第納商業餐飲在荷蘭的營運特別大，且是當地市場的領導者。它在法國與德國也有營運，康百士對此二地的收購最有興趣。一般認為，康百士對於葛第納商業餐飲在美國的營運較不感興趣，一般也相信ARA Services—最初想要與康百士一同出價買下葛第納商業餐飲的美國公司—將買下此部門。

如一般預期，1992年12月在CinVen主導下，葛第納商業餐飲以4.2億英鎊的價格賣給其管理團隊。

餐飲承包市場

在 1993 年，在英國的市場總值約為 20 億英鎊（比 1992 年增長了 27％），其中額外的 4.58 億英鎊來自海外營收。1990 到 1993 年間經營據點的總數由 9,388 增加到 13,355 個，餐飲的份數由 6.08 億份，成長到 9.4 億份。康百士、葛第納商業餐飲、與 Sutcliffe Catering 共同佔有市場的絕大部份，分別擁有 20％、36％以及 14％的佔有率。1993 年，前 132 大的公司（包括前面 3 家）就佔市場營收的 90％。這一年約有 2,457 家餐飲承包公司，其中只有 5％的年營收超過 100 萬英鎊。

機關餐飲包含提供餐飲服務給公共與私人機構，例如學校、大專院校、醫院、以及國防部。一直到 1980 年代末期，大部分的機關餐飲市場都還沒開放給外來的餐飲承包者。

雖然餐飲承包者切入公共部門時，與機關內部現有的餐飲團隊有著強烈競爭，但康百士及其他餐飲承包者，獲得大部分的標。政府法令的改變自 1989 年 4 月起開始生效，要求機關當局公開招標。

在 1990 年，葛第納與康百士取得了超過一半的企業標，不過只有總價值 15 億英鎊的一半，機關內的餐飲者也參與這場競爭。如果也涵蓋公共部門餐飲，承包者只拿下 15％。在商業餐飲方面，承包者的佔有率在 10 年間增加了幾乎 2 倍，使得葛第納、康百士、以及 Sutcliffe 能維持領先的獲利。不過當時的評論家分析其成長近乎停頓。

有財務壓力的客戶，與外來餐飲業者協商時，往往提出一些較難達成的條件，例如要求省更多錢。在英國，傳統的成本加價承包案讓諸如康百士的集團，在購買原料時大多能享有折扣，以及還可獲得「加碼」的管理費用。

歐洲

在歐陸,訂價多採協議後的價格,使得承包商較無法預期獲利。海外的競爭,特別是來自法國,變得更具威脅性。根據分析師賀爾·古菲特(Hoare Govett)的看法,英國是海外營運者還沒拿下顯著市場佔有率的歐洲國家。

基本上有兩點差別:第一,成本加價與固定價格的不同,以及第二,英國的飲食習慣。英國較偏向快餐,餐飲業者雇用來準備餐點的員工數少於40%,而在歐陸,該比例至少是55%。1990年代初期,如Sodexho、Eurest以及Accor旗下的餐飲承包部門之類的法國集團,開始在英國營運,雖然規模小,不過大多數的評論家相信它們會成長。

康百士的餐飲事業部,比葛第納商業餐飲更依賴英國總公司。1991年,葛第納公司8億英鎊的營收中,約有2.3億英鎊來自海外營運。它在荷蘭是市場領導者,在法國、比利時、與德國也有顯著的佔有率。投資幾年後,葛第納在這些市場擁有一些重要的優勢,使得之後簽訂的每筆新合約,都比開創的前幾年更能獲利。

消費者餐飲市場

消費者餐飲產業的特質是屬於單一據點的生意,不過在某些領域中仍有大型公司涉足,特別是速食系統餐飲、旅行相關餐飲、飯店,以及其他

表4　1987至1991年消費性餐飲市場與消費支出的增加
　　　(比去年增加的百分比)

	1987	1988	1989	1990	1991
消費餐飲市場	15.8	10.6	9.8	10.0	5.0
總消費支出	9.8	12.8	9.3	6.9	5.1
零售價格	4.2	4.9	7.8	9.5	5.9

Source: EIU Special Report 2169, 1993

表5　1986 至 1991 年各區隔的家庭餐飲支出（*每個家庭每週所支出的金額*）

食物	1986	1987	1988	1989	1990	1991
消費性餐飲	7.14	7.45	8.25	8.96	9.88	9.83
非外帶食物	0.70	0.78	0.88	1.07	1.20	1.35
有計劃的外食	4.37	4.70	5.13	5.?1	6.11	6.01
無計劃的外食	1.20	1.30	1.52	1.64	1.70	1.75
三明治與類似食物	0.49	0.31	0.30	0.30	0.30	0.29
魚與薯片	0.38	0.36	0.42	0.44	0.47	0.43

Source: EIU Special Report 2169, 1993

的公共場所。在大型營運者中表現最出色的，包括釀造商－通常擁有飯店、速食連鎖店、知名品牌的餐廳連鎖店、以及酒館。

消費模式

在 1991 年，離家購買食物的花費（除了機關餐飲銷售之外），佔所有家居花費的 3.8%。表 4 顯示 1987-1991 年外食花費與總消費支出這兩者間的關係，以 1991 年的價格為基準。

零售價格的增加是由於全面的物價膨脹。消費支出與零售指數的涵蓋項目不同，因此不能為了以固定價格來計算消費支出，而用零售指標平減（deflate）消費支出。

表5顯示1986到1991年不同區隔的支出趨勢。漢堡店、披薩店、魚與薯片專賣店、以及其他速食與外帶餐館，在 1993 年的外食市場中總消費達 435 億英鎊，而魚與薯片專賣店、以及其它各國食物外帶之銷售額，就佔此總數的一半。近幾年來，此兩類的食物與漢堡店、披薩店、及其他非傳統速食店之間有激烈競爭。漢堡與特製披薩在 1980 年代有大幅成長，1990 年代會持續此一趨勢。旅行相關餐飲，以及特製公路餐點、高速公路休息站、鐵路餐點，是外食市場的另一成長區隔，而餐飲的下一目標是博物館、主題公園、州立議會、動物園、與其他景點。

漢堡市場

在1992年，漢堡市場是速食業的最大區隔。1992年的銷售額估計有10億英鎊，在1982到1992年，此市場享有顯著的成長。Economist Intelligence Unit（EIU）估計，在1992年，英國漢堡店的總數將超過4,000家，接近飽和狀態。全國性的漢堡連鎖店，掌握了所有漢堡店數的四分之一，到目前為止最大家是麥當勞，1992年末在英國有470家店（在每10家店中就有超過1家店）。在這同時漢堡王則有200家店。此二大集團都發展出櫃台點餐服務，事實上，彼此是對方僅有的強力競爭對手。

按規模，第二排的連鎖企業是Wimpy，改變形象後，強調漢堡事業中服務生的服務。Wimpy的型態頗具爭議性，可說形式上接近麥當勞，或漢堡王的櫃台點餐特色之低價餐廳。在1993年1月，Wimpy有235間店。

除了「前三大」以外，在英國還有其他許多（多數很小）漢堡連鎖店。包括Casey Jones連鎖—屬於Travellers Fare旗下，以及Granada's Burger Express—這些全國性漢堡連鎖店的規模很小，聯合起來估計佔不到市場的五分之一。

為了提高毛利與長期盈餘、及拓展更多事業機會，漢堡店(或至少是主要的全國性連鎖店)積極將它們的設備升級，並開拓新市場利基—例如免下車點餐、擴充菜單。擴充菜單最可由以下證明：除了沙拉，還有速食產品（例如漢堡王的辣豆堡）以及雞、魚類產品，提供吃漢堡的人更多選擇。低脂肪產品，例如由美國麥當勞開發的低卡路里漢堡，麥當勞企圖在英國以中型漢堡賣出，也開始積極曝光。

全國性的漢堡連鎖店在1992年末的開店數目為：麥當勞470家；Wimpy 232家；漢堡王197家；以及Casey Jones 18家。

披薩店

在 1992 年，英國的披薩市場總值估計達 6.5 億英鎊，約有 4,300 間披薩店。大約四分之一（或超過 1000 家）屬於全國性連鎖店。最大的一家是必勝客，有 286 家店。Perfect Pizza 第二大，有 224 間店，第三家為 Pizzaland，掌握的數據為 130 間店。

在 1991 年，市場佔有率（以價值的百分率計算）為：必勝客 30%；Pizzaland 11%；Perfect Pizza 5%；Deep pan Pizza 6%；Pizza Express 6%；其他為 42%。

披薩產業在過去幾年擁有最具生機的餐飲服務項目之一——外送服務。1991 年末約 65％的披薩店提供此項服務，無論附屬於內用餐廳或外帶店、或獨立作業。消費者喜愛外送的方便性，營運者則鍾愛它能相對省錢地進入速食市場。在美國已很常見的快速點餐系統，引入英國後在包裝上再改良保溫性能，目的在於吸引更多摩托車族免下車點餐。

1990年代披薩市場中，可能成為最重要的另一區隔是披薩片。此一概念引進小報亭、或內用咖啡店，它們賣出披薩片，這些披薩片持續加熱，可隨時供應給等待的顧客。披薩片的潛在銷售量非常可觀，因為即使在忙碌的場所，販賣的據點也非常容易設立，例如火車站、法庭餐廳、機場、購物中心、旅遊景點、博物館，甚至學校、辦公室、或工廠。

1991年起，此一區隔受經濟衰退打擊甚大，披薩餐廳賣出的餐點數目減少，外送數目也減少。主要的連鎖餐廳在此階段則持續增加店數，競爭愈趨激烈。自 1991 年中起，促銷成為餐廳與外送部門的家常便飯。當客戶點第二個披薩時，外送餐廳就供應較便宜或免費的披薩；連同餐點會送上免費的汽水，有時披薩店甚至接受競爭者的點餐折價券。餐廳連鎖店提供便宜的自助餐吧、固定價格的餐點，以及與其他業者（汽水公司、戲院、或加油站）合作贈送優惠券。

1990 年代的展望

近幾年來有兩個因素對餐飲市場有深遠的影響，分別是便利性與追求健康。在消費餐飲市場中，最近與最重要的便利性趨勢，在於餐點外送。這類服務起始於披薩店，並已被一些以外帶為主的餐廳所採用—例如一些印度與中國餐廳。獨立的連鎖店—通常採加盟方式，最先進入這領域，之後主要的餐廳也紛紛跟進。

在1993年，外送是消費餐飲市場中成長最快的區塊，直到1990年代結束前，成長都會一直加速，不過披薩店已經開始飽和。某些餐點，消費者有4到5家店可供選擇，某些店提供特價服務（例如買一個大披薩，第二個披薩只要 2.99 英鎊）。競爭越激烈，一些大型全國性連鎖店經營的區隔內，就難免產生一些犧牲者，使得餐廳數目合理化。外送廣泛運用到其他餐點，使區域性連鎖店有了發展的衝力。

日漸升高的健康意識以各種方式影響各類餐廳。最初是在荣單上，被認為是健康，以及用「健康」方法烹調的食物種類增加。自助沙拉吧是許多披薩餐廳與美式餐廳的標準配備（現代化的沙拉吧基本上來自美國）。多數餐廳提供素食，可吸引肉食者與素食者有更健康的新選擇。除此之外，pub 傾向軟化它們的牛排餐點與肉類食品，以及提供許多「更健康」的選擇（例如更兒童化，有高的椅子，兒童的荣單，甚至還有兒童的俱樂部）。

即使是速食餐廳也受到影響。某些除了供應油炸的食物之外，也供應火烤的食物，甚至雞肉速食店也有同樣情形。例如肯德基炸雞店就面臨兩難抉擇，因為「炸」與不健康的烹調方式有關，但卻同時是它的傳統。

目前還沒採行，不過在未來可能受重視的，是強調食物成份的新鮮與品質。這可以多種形式出現。採用的食物成份將會是有機、新鮮、高品質（高等蛋、高等純淨橄欖油、高級雞肉等）；它們可能預先準備或調理，但每天趁新鮮烹煮。為了吸引喜愛這類食物的人們，手法上會去比較現有的烹調方法—微波或烘烤冷凍食品，由於其成份，使得它們比任何食物都

較便宜。未來可能影響層面更大，例如在酒吧餐廳消費的家長，關心他們小孩吃的鱈魚塊是否採用最新鮮的魚塊，或者只是碎魚肉。

以下的數字顯示預估消費者支出成長的百分比（每一年），以及1986到1991年的實際數字。

表6　消費支出百分比

	實際數字						預估數字			
1986	1987	1988	1989	1990	1991	1992	1993	1994	1995	1996
6.2	5.2	7.4	3.5	0.8	-2.1	-	2.0	1.8	2.2	2.9

Source: Economist Intelligence Unit, 1993

附錄 1

1989 至 1993 年之損益表

	1989	1990	1991	1992	1993
	（百萬英鎊）	（百萬英鎊）	（百萬英鎊）	（百萬英鎊）	（百萬英鎊）
營收	343.0	352.7	320.9	345.1	497.0
營業成本	(311.1)	(315.0)	(282.8)	(308.2)	(450.2)
來自關係企業收入	-	0.7	-	-	-
營業純益	31.9	38.4	38.1	36.9	46.8
應收利息與其他相關收入	0.4	0.4	0.8	0.3	1.2
應付利息與其他相關費用	(9.0)	(9.3)	(6.9)	(5.4)	(6.5)
稅前純益	23.3	29.5	32.0	31.8	41.5
稅賦	(8.0)	(10.2)	(10.5)	(10.6)	(13.6)
稅後純益	15.3	19.3	21.5	21.2	27.9
少數股權	(0.1)	(0.1)	(0.1)	-	-
股東可享純益	15.2	19.2	21.4	21.2	27.9
非常損益	-	14.0	3.0	-	-
年度純益	15.2	33.2	24.4	21.2	27.9
股利	(6.8)	(6.9)	(7.7)	(8.4)	(10.8)
年度保留盈餘	8.4	26.3	16.7	12.8	17.1
每股盈餘（p）	25.2	28.8	31.9	33.1	35.9

附錄 1 （續）

1989 至 1993 年之合併資產負債表

	1989	1990	1991	1992	1993
	(百萬英鎊)	(百萬英鎊)	(百萬英鎊)	(百萬英鎊)	(百萬英鎊)
固定資產					
有形資產	70.9	75.6	118.4	122.1	160.3
投資	0.1	-	-	-	-
	71.0	75.6	118.4	122.1	160.3
流動資產					
存貨	2.8	2.9	3.8	4.4	10.9
應收帳款	45.5	37.5	36.2	38.3	72.3
銀行存款與庫存現金	2.5	6.0	5.2	4.7	24.2
	50.8	46.4	45.2	47.4	107.4
應付帳款：1年內到期	(86.1)	(68.3)	(75.6)	(77.2)	(149.8)
淨流動資產	(35.3)	(21.9)	(30.4)	(29.8)	(42.4)
總資產減流動負債	35.7	53.7	88.0	92.3	117.9
應付帳款：1年後到期	(45.3)	(38.6)	(50.3)	(43.0)	(68.1)
負債與費用準備	(6.8)	(7.1)	(6.3)	(4.5)	(9.1)
少數股權	(0.2)	(0.3)	(0.4)	(0.4)	(0.4)
淨資產	(16.6)	7.7	31.0	44.4	40.3
股東權益與保留盈餘					
股本	3.3	3.3	3.4	3.4	4.5
股本溢價	111.4	111.4	111.4	112.1	200.9
其他保留盈餘：商譽	(151.9)	(146.9)	(155.0)	(155.0)	(266.5)
資產重估增值	6.1	6.1	21.3	21.1	20.9
損益彙總帳戶	14.5	33.8	49.9	62.9	80.5
	16.6	7.7	31.0	44.4	40.3

附錄 1（續）

1989 至 1993 年之資產分析

	1989	1990	1991	1992	1993
	（百萬英鎊）	（百萬英鎊）	（百萬英鎊）	（百萬英鎊）	（百萬英鎊）
淨資產					
餐飲					
英國	（8.2）	（9.7）	（13.4）	（15.4）	（18.7）
海外	1.7	1.1	（0.4）	0.2	（12.2）
健康醫療					
英國	50.8	55.9	85.1	97.6	105.5
	44.3	47.3	72.1	82.4	74.6
負債產生的利息	（60.9）	（39.6）	（41.1）	（38.0）	（34.3）
淨資產	（16.6）	7.7	31.0	44.4	40.3
地區分析					
英國	42.6	46.2	71.7	82.2	86.8
其他歐洲國家	-	-	-	-	（12.8）
北美	1.7	1.1	0.4	0.2	0.6
	44.3	47.3	72.1	82.4	74.6

附錄 1（續）

1989 至 1993 年之銷售分析

	1989	1990	1991	1992	1993
	（百萬英鎊）	（百萬英鎊）	（百萬英鎊）	（百萬英鎊）	（百萬英鎊）
營收					
餐飲					
英國	234.9	250.8	261.0	285.8	382.2
海外	8.6	7.2	3.9	2.1	53.9
健康醫療					
英國	26.8	40.3	56.0	57.2	60.9
營收	270.3	298.3	320.9	345.1	497.0
地區營收分析					
英國	261.7	291.1	317.0	343.0	443.1
其他歐洲國家	-	-	-	-	50.2
北美	8.6	7.2	3.9	2.1	3.7
	270.3	298.3	320.9	345.1	497.0
營業純益					
餐飲					
英國		24.0	26.4	24.5	30.6
海外		1.3	0.2	0.1	3.1
健康醫療					
英國		9.7	11.5	12.3	13.1
營業純益		35.0	38.1	36.9	46.8
地區純益分析					
英國		33.7	37.9	36.8	43.7
其他歐洲國家		-	-	-	2.9
北美		1.3	0.2	0.1	0.2
		35.0	38.1	36.9	46.8

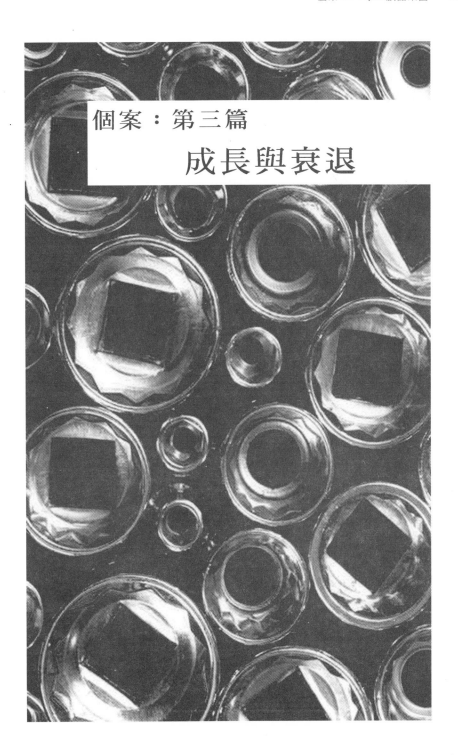

個案：第三篇
成長與衰退

個案 10：QMH 旅館集團

約翰・貝爾斯托（John Bairstow）於 1969 年開設第一家旅館時，就開創自己的不動產事業，而逐漸成為百萬富翁。他將他靠近 Brentwood 的房子改裝成旅館，以提供福特汽車公司主管，在參訪附近工廠時之臨時住宿服務。他運作得十分成功，因此在漢普敦複製相同的點子，提供通用汽車主管在參訪 Luton 附近廠房時的臨時住宿。1982 年，他向大都會公司（Grand Metropolitan）買下 26 家旅館，這項交易可能受益於他與大都會公司老闆親密的友誼。

Queens Moat Houses（QMH）專注於商務市場，因而同時受益於英國、以及海外商務旅遊的日益增加。該旅館位於鄉間吸引人的地點，因此也可受益於旅遊市場。

公司歷史，自 1984 年起

1984 年

總經理指出，上半年的獲利（達到 275 萬英鎊）可歸因於公司之擴張計劃。該計劃讓公司在 12 個月內，增加了超過 900 間客房，也包含來

自大都會旅館的貢獻。管理階層認為,來自最近這次購併的獲益,可在1985年進一步的提昇。集團仍然十分注重運用購併及擴充現有旅館的方式來達成擴充的目的。

1985 年

集團透過購併以及興建的方式,增加了622間客房。進一步的接觸後買下位於 Shropshire 長期出租的 Telford 高爾夫鄉間俱樂部。總裁貝爾斯托先生說,於 1984 年發行的 2,600 萬英鎊公司債,使公司在不需要進一步由股東融資的情況下,能夠透過購併、以及內部有機性的成長來促進擴張。

1986 年

QMH 公司以 2,120 萬英鎊現金的價格,買下 Dean Park 旅館的 558 萬股股權,以及位於諾丁漢的 Holiday Inn, Liverpool and the Royal Hotel。在4月時,貝爾斯托宣佈欲透過於2020年到期之第一順位公司債的方式,籌資 3,500 萬英鎊。在當時的經濟景氣,這是一件不尋常的舉動,但是分析師認為,借款可以與資產保持平衡。集團也開始擴充進入歐洲西部的計劃,並如同在英國一般地專注於商務旅行者與當地社區。8月時,該集團(以 51.1 萬英鎊)購併(福特擁有的)Bedford Property Company;11 月時,以 1,550 萬英鎊的價格購併荷蘭旅館集團 Rilderberg。

1987 年

QMH 公司繼續進行歐洲拓展計劃,並以8百萬英鎊的價格購併西德以及比利時的旅館,且在 Shrewsbury 進一步開設一家旅館。結果顯示,相對於發展不均衡的旅遊市場,商務旅行市場蓬勃發展,平均住屋率達到60%。這些購併活動耗費了1億英鎊,但是提供集團發展歐洲的基礎以及完整的本土管理團隊。該年中持續擴張,資金來自持續發行的公司債及增

資。QMH 公司又進一步在擴充計劃中支出 1,900 萬英鎊，並投入一個透過事業發展計劃，融資 1,500 萬英鎊的建築計劃。

1988 年

總裁貝爾斯托指出，由於鄉間顧客對於首府房間的需求，集團考慮再度購併位於倫敦的旅館。伴隨著這項行動，QMH 並未放棄商務旅遊市場，或避開對於旅客十分敏感的倫敦市場。總裁說，倫敦房地產的價格太貴，QMH 購併計劃在 1988 年減緩，而只購併兩家旅館，這讓 QMH 擁有的旅館數達到 117 家，而其中 77 家位於英國。英國的住房率持續上升至 65%，而西德只有 53%。資產重估的行動被認為略為保守。該集團於 10 月，宣布同意購買 7 家以上的德國旅館，讓該集團成為西德最大的旅館集團。

1989 年

該年有個好的開始，集團宣布稅前純益率達到 70%。英國的純益達 3,270 萬英鎊，西德以及瑞士為 1,330 萬英鎊，而比利時與荷蘭為 980 萬英鎊。集團也宣布，由於資產重估，使得總值增加 1 億 7 千萬英鎊，而達到 10.3 億英鎊。QMH 也買下 Vaux 集團 9% 的股權，貝爾斯托將之形容為「旅館公司所附屬的釀酒廠」。集團也宣布他們在兩年內，第三次的資金募集計劃，這次募集的資金達 1 億 4,100 萬英鎊之多。他們希望到了 1990 年，其中仍剩下 7,500 萬英鎊，能自高昂的利率中獲利。

進一步的擴張仍然以購買單一資產的方式持續進行，儘管歐洲缺乏中等規模的連鎖企業，以及英國地區市場中，較高的價格減緩了擴充的速度。增資的計劃遭遇到一些困難，約 700 位股東的支票因為郵寄延遲和印刷錯誤的緣故而退回。QMH 提供這些股東重新申請的機會。然而，這次申購的金額在發行 116 萬股數中所佔的比例不足 17%。這可歸咎於股價的下滑，因而降低了可由市場中獲取的溢價。集團在 Vaux 釀酒集團中的持股也增加了 9.15%。

1990 年

　　1 月時 QMH 以書面的方式，提議以 1 億 7,600 萬英鎊的價格，購併諾
福克集團（Norfolk Capital），預期這筆款項將以現金的方式支付。
QMH 對於諾福克集團一些績效不佳的高品質旅館資產十分有興趣。諾福克
集團受到擁有約 13% 股權的大股東 Balmoral 之攻擊。QMH 持續增加對諾
福克集團的持有股權達到 6%，並拒絕以現金的方式出價；同時將考慮的
期間，由一般的 60 天減少至 21 天。該集團也宣告資產重估為 14 億英鎊，
比 1988 年的數字增加了 1 億 2,500 萬英鎊。

　　同時，QMH 以 1,320 萬英鎊的價格購併兩家德國的旅館。2 月 26 日，
公司宣布奪取諾福克集團的控制權，並宣告以 2 換 5 的無條件交易。貝爾
斯托說，該公司將由新的旅館中獲益。然而有關其他的事業，他說：「我
們並不瞭解俱樂部事業，但我們將會很快熟悉」。一個月之後，50% 的俱
樂部事業待價而沽，諾福克集團的防禦文件，將之估價為 5,800 萬英鎊。
該集團也宣布，1990 年前 6 個月的稅前純益增加了 64%。

1991 年

　　公司宣布一項 6,600 萬英鎊的售後租回交易，這使槓桿率由 61% 降低
至 57%，並作為一項重整集團的財務結構，以提供更高穩定性的措施。相
對於 1989 年 5 月 125 便士的股價，目前的股價停留在 82 便士。這次的交
易對於旅館業是個好消息，因為即使在旅館價值疲弱的時候，倫敦每個房
間的價格，仍達到 10 萬英鎊。

　　集團也宣布稅前純益率達 51%。這被認為是經濟不景氣與波斯灣戰爭
之下的優異績效。集團的穩定性來自廣泛的地理分佈，集團的 177 家旅館
遍佈歐洲六國境內。5 月時，QMH 宣布進一步增資，以募集 1 億 8,400 萬
英鎊的資金；然而，股價比淨值折價了 30%，這表示任何購買這些股票的
投資者，將立刻損失 30% 的資本。公司已指定將投入 4,500 萬英鎊的資
金，以進一步拓展至奧地利與東歐。

　　公司經常質疑 1980 年代非凡的盈餘成長是否能夠持續；若不能維持，公司將無法依賴股東資金，來支應進一步的成長。在 8 月時，公司公佈前六個月的稅前純益為 3,620 萬英鎊，而 1990 年同期為 3,950 萬英鎊。獲利下降的現象，因為旅館分散各地而抑止；在 193 家旅館中，位於歐洲大陸的 90 家旅館提供 48% 的稅前純益。

　　貝爾斯托說：「波斯灣戰爭嚴重衝擊我們全部的市場，但是當歐洲大陸市場迅速復甦時，英國的經濟不景氣，顯示英國復甦的速度會更為緩慢。」……「我們無法瞭解為何某些旅館的績效比另一些旅館好；這似乎並不存在特定的成功模式。」

　　公司在短期內排除任何進一步的購併行動，但是瞭解到英國經濟若復甦將伴隨著資產與事業的購併良機。

1992-1993 年

　　依照客房數目來看，該集團是英國第三大旅館業者，擁有超過 22,000 個客房，其中約有一半位於歐洲大陸與美國。位於英國 103 家旅館的評等，多介於三星級與四星級之間，且主要位於英格蘭、蘇格蘭和威爾斯的大城鎮與都市中。這些旅館的特色，就是擁有比業界平均來得大的會議與宴會設施。

管理

　　管理分權至各個旅館中，在許多情況下係透過對經理人的獎酬計劃，讓公司經營旅館生意中，能注入私人公司的活力。1992 年早期，在英國方面採用這個計劃的旅館數達到 62 個的高峰。類似的管理獎酬計劃也在歐洲的事業中進行，各地參與此種計劃的旅館數如下：德國 37 家、荷蘭 28 家、法國 7 家、比利時 5 家、奧地利 5 家。公司也擁有休閒與不動產部門，這些部門在 1992 年創造的獲利分別為 740 萬英鎊以及 160 萬英鎊。

　　獎酬計劃試圖透過管理者自主營運自己旅館的方式，來激勵管理者維持低廉成本，同時能對當地的市場維持敏銳的注意。在最高峰時，有超過一半的旅館加入這種計劃。

　　在這個獎酬計劃中，管理者依照過去的績效、獲利預測、以及資本投資來和QMH協商年度租金。然後組成一個有限公司，在這個公司裡，管理者最少擁有75%的股權。QMH負責旅館的結構、外觀、以及重型設備。旅館經理則處理內部整修、以及裝潢事宜。若管理者無法達成他的目標，損失通常於當年沖銷、或移轉到下一年度。

　　貝爾斯托信任放任式管理，因此不論是完全自有的旅館，或是參與獎酬計劃的旅館，都不須提交每月的會計報表或資金資訊。在董事會中，董事們在到達時會看到相關文件，但在他們離開時被收回，因為對於透過購併來維持快速成長的公司來說，機密性十分重要。

　　1989 年，公司在股票市場的市值達 10 億英鎊，1992 年聲稱擁有 20 億英鎊的資產。貝爾斯托努力地要讓市民瞭解該公司的計劃與抱負。

　　為了維持這種規模的公司形象，QMH 擁有自己的噴射機，並在 French Riviera 擁有一棟價值 5 百萬英鎊的別墅。有人建議出租這棟別墅的租金，可用來支付總部辦公室的支出。

財務

　　1993 年 10 月 29 日，QMH 出版一本長達 34 頁的報告，披露 1992 營運年度所有犯下的錯誤與管理失當。這讓外界人士首度得以一窺究竟，深入探究無法由過去公佈的資料來推斷之問題。這次的重估價提到違反公司法，包含非法發放超過 2 千萬的股利（這是由增資來支付）、先前高估獲利、以及由於沖銷 8 億 390 萬英鎊的資產，而導致超過 10 億英鎊的損失。

　　1993 年 10 月，財務長在 1992 年的帳目修正報告中指出一些修正。這些狀況十分嚴重，因為原來的帳目「逾越權限」，並以修訂後的帳目更

新。這些帳目突顯了 QMH 面臨的困境之徵兆，而非原因。

主要的帳目變動詳列如下：

⊙ 集團與旅館管理者之間設有「誘因費用」。這是以旅館經營者應
　給予集團授權費的方式支付。這筆費用在會計年度之後，已經過
　一段時間，仍為應付帳款。然而，集團擁有的現值或資本化後的
　未來值，可追溯至1992年。修正過後的帳目只認列可歸屬於目前
　年度的費用。這使1991年的淨資產減少了4,860萬英鎊，稅前純
　益減少1,350萬英鎊。

⊙ QMH 進行數項售後租回的交易，這些交易實質上是財務性租賃。
　售後租回是籌募資金的一種方法，銷售所握有的不動產產權，並
　向購買者以依照彼此同意的出租條件租回。然而，QMH 所採用的
　售後租回較為複雜。租金包含貸款的攤還，這被稱為「租金」，
　但事實上是利息加上部份的本金償還，這就像傳統的房屋貸款一
　般（利息與本金償還）。其次，QMH 能夠在租賃期間內將該資產
　買回（必須要支付餘額，不含資產價值的增加；這就像房屋貸款
　一般）。因此 QMH 可以享有財產的任何增值利益。第三，這些交
　易設計最初的租金十分低廉，就像是一開始利率較低的貸款一
　樣。他們本質上比較接近房屋貸款或是財務性租賃，而比較不像
　傳統的租賃。若將這些交易以財務性租賃的方式處理，表示1991
　年的淨資產，將減少4,120萬英鎊（由於資產價值下滑），稅前
　純益減少1,830萬英鎊。這種形式的交易，和提高 QMH 的槓桿率
　有相同的效果。公司增資以購買某項資產，然後以此資產重新融
　資，再購買另一項資產。

⊙ 過去董事會並未對固定用品與家具、或廠房、設備提列折舊，而
　某些整修以及保養工程也被資本化。這些會計政策的改變，使淨
　資產減少250萬英鎊，而1991年稅前純益降低5,090萬英鎊。
　另外，應該被沖銷的行銷支出、以及專業費用也都被資本化。將

這些資產沖銷之後，讓1991年的稅前純益降低了2,190萬英鎊。

⊙ 對於資產處分採取不正確的會計程序，讓1991年的稅前純益進一步降低了2,420萬英鎊。

所有調整的淨影響，讓1991年公司的淨資產減少了1億530萬英鎊，而成為11億9,260萬英鎊。

資產價值的沖銷是集團損失之主要理由。在1992年12月，Wootton（歐洲最大的特許調查公司），幫新經營團隊評估出的公司資產價值，為8億6100萬英鎊。僅在五個月之前，前一個替集團評價的公司Weatherall, Green & Smith（英國五大公司之一），對相同資產的評價為13.5億英鎊。Weatherall, Green & Smith 於1991年12月31日，評估該集團之資產組合的價值為20億英鎊。這兩項調查都依循皇家特許調查機構（Royal Institution of Chartered Surveyors）所制定的準則。最後同意的數字為12億英鎊。

皇家特許調查機構特別以QMH及其評價為例提出了「Mallinson報告」。這個報告中提到，必須重視評估資產價值時的比較性證據。此外，評價亦須澄清所依據的經濟性假設。英國旅館會計師協會對於這些爭議，也提出一套在評價時的建議實務，其中強烈建議使用未來所得之現金流量折現法。

股票停止交易

1993年3月30日，非執行董事們給大銀行帶來壞消息，而公司股票於隔天停止交易。安得魯・卡佩爾（Andrew Coppel）要求銀行參與QMH的董事會，撤換包含貝爾斯托在內之原有董事會。安得魯・里・波德文（Andrew Le Poidevin）被指定去清點財務，以及早先從Inter-Continental Hotels 退休的麥克・卡恩斯（Michael Cairns）被指派去指導策略與營運。

公司積欠以 Barclays 銀行爲首的銀行團 15 億英鎊的債務。因此，QMH 的存活端賴財務重整的行動，包含將大筆的債務轉換成股權。

英國旅館業

在 1992 年，英國旅館業的業績遭到持續的衝擊。地方性的旅遊市場萎縮，因爲英國經濟不景氣。海外旅遊市場遭受波斯灣戰爭的嚴重打擊，後來雖略微改善，然而並無法彌補地方性旅遊業務下滑的影響。因此，大部份旅館的住房水準下滑。在 1987 年至 1991 年間，商務旅遊住房率下降了幾乎 20%，隔夜的短暫住宿是企業開始「勒緊腰帶」時第一項削減的支出。主要的旅館集團如表 1 所示。

表 1　1992 年主要的英國集團

母公司	旅館數	客房數
Forte	361	29,350
Mount Charlotte	109	14,263
QMH	102	10,624
Holiday Inn	34	6,379
Stakis	30	3,718

旅館分類：由 AA 將旅館分類爲一星至五星級

集團	5 星級	4 星級	3 星級	2 星級	其他
Forte	4	38	163	23	133
Mount Charlotte	0	20	45	1	43
QMH	1	19	65	1	16
Holiday Inn	0	16	5	0	13

Source: Keynote, Hotel Report 1992, p. 18

住房費用

　　1991 年中期之後，平均住房費用下降了約 25%。然而即使在倫敦，公定價格打五折卻也十分常見。倫敦外三星級旅館的住房費率，嚴重遭受當地需求下降的衝擊。他們的住房費降低了 7%，在 1992 年平均住房費用為 69 英鎊。倫敦五星級旅館逆勢操作將住房費用調升 3%。旅館們試圖打響自己的名號，但是只得到有限度的成功。住房費率以及價格變動詳情請參閱表 2。

　　除了主要的連鎖企業以外，還有 128 家旅館，每年營收超過 5 百萬英鎊，並有 658 家旅館的營收在 1-5 百萬英鎊之間。

　　據 Harwath 顧問公司以及英國旅遊協會的年度調查報導，英國旅館 1991 年的住房水準，達到自 1982 年以來的最低水準。倫敦遭受的打擊特別嚴重，高級旅館的住屋率降低 17%。

表 2　1991 年平均住房率與平均收費

	1991 年平均住房率 %	1990 年平均住房率 %	1991 年平均收費（英鎊）	1990 年平均收費（英鎊）
英國全境	61.4	69.4	60.58	62.1
英格蘭	58.0	66.2	47.54	48.1
蘇格蘭	63.5	66.3	48.54	49.3
威爾斯	54.8	59.2	44.84	44.8
倫敦	66.4	86.2	83.69	90.2

扣除每間客房每年固定費用之所得

	1991 年（英鎊）	1990 年（英鎊）
英國全境	8,340	6,455
英格蘭	6,358	4,806
蘇格蘭	6,944	6,402
威爾斯	6,072	7,254
倫敦	12,168	15,989

旅館營運

在 1986 年（43 億英鎊）至 1990 年（62 億英鎊），旅館業者的營收增加 44% 之後，1991 年的營收下降至 58 億英鎊。營收來自數個不同的領域。根據 Horwath 顧問公司的資料，1991 年旅館營收有 48% 來自客房，45% 來自餐飲，剩下的為其他部門貢獻。

由於旅館客房過多，當時大型旅館的興建計劃多半擱置。在當時的景氣下，除了購併以及管理以外，所有合約的擴充計劃都不可行。

雖然旅館業遭受英國以及全世界經濟不景氣的衝擊，廣告預算似乎未受到影響。事實上廣告預算甚至增加了。因此 1991 年，主要旅館集團的廣告支出增加了 30%。在不景氣的情況下，旅館經營者傾向於重新裝潢，而非建築新的大樓。在裝修上，英國旅館是歐洲耗資最鉅的業者。

雖然處於不景氣的情況，科技在行銷過程中扮演著越來越重要的角色。IBM 進行的一項 MORI 調查顯示，雖然已有三分之二的旅館與電腦訂房系統連結，46% 的經理人想要在未來的數年中，繼續進行科技方面的投資。

在管理合約下進行旅館營運的情形越來越多。這樣的營運系統可以維護，甚至能改善旅館的交易地位，並有助於確保未來的營運，同時保護債權人的資產。管理合約提供旅館集團一種具吸引力的方式，能在不大幅增加債務的情況下帶來穩定的獲利。

對英國旅館的需求

英國居民佔英國旅館需求的 60%。英國經濟的不景氣與不確定性，使 1990 年至 1991 年間的需求下滑了 4%。同時期來自美加的旅客數目減少約 5%，來自歐洲大陸的旅客比例由 11.1% 增加到 13.3%。

1980 年代海外遊客的數目穩定增加，由 1978 年的 1,240 萬人次，增加到 1990 年 1,800 萬人次的高峰。然而在 1991 年，旅客人數因為世界不

景氣以及美元貶值而減少。海外旅客的人數由 1990 年的 1,801 萬人次，減少為 1991 年的 1,631 萬人次，相對的假期旅客的人數自 1987 年至 1991 年，都保持在很穩定的水準。1991 年商務旅客顯著減少，這主要是受到歐洲以及其他地區經濟不景氣的衝擊。

表 3 與表 4 顯示旅館所得的來源以及來自不同國家的旅客。

表 3　旅館的所得來源（％）

	1987	1988	1989	1990	1991
區隔					
商務	49.2	49.1	39.9	42.0	41.6
會議	5.1	5.0	13.0	15.0	17.9
度假	32.8	31.7	28.3	28.2	19.0
其他	12.9	14.2	18.8	14.9	20.3
總計	100.0	100.0	100.0	100.0	100.0

Source: Keynote, Hotel Report, p. 6. Figures rounded.

表 4　依國家來源區別旅館的顧客（％）

	1987	1988	1989	1990	1991
英國	61.8	62.2	57	63.9	59.9
美加	19.1	15	17.1	15.8	15.5
歐洲	11.1	12.6	13.9	10.9	13.3
日本	2.4	3.5	3.4	4.6	4.1
其他	5.6	6.7	8.6	4.8	7.2
總計	100.0	100.0	100.0	100.0	100.0

Source: Keynote, Hotel Report

附錄 1　競爭者之營收與純益

集團	營收 （百萬英鎊）	息前稅前純益 （百萬英鎊）	財務年度截止日
Forte	2662	72	92 年 1 月 31 日
Mount Charlotte	191	33	90 年 12 月 30 日
Stakis	83	28	90 年 9 月 31 日
Holiday Inn	108	34	90 年 9 月 28 日

附錄 2　選擇旅館的考量因素

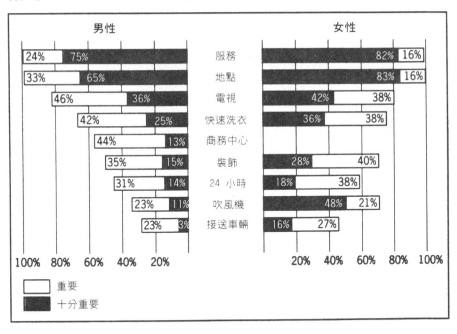

附錄 3　公司歷史

1968 年	貝爾斯托開始旅館的工作
1982 年 4 月	以 3 千萬英鎊的價格由大都會公司買下 26 間旅館
1986 年 11 月	以 1550 萬英鎊的價格買下荷蘭 Bilderberg 旅館
1988 年 4 月	以 9600 萬英鎊買下 7 家 Crest 旅館
1990 年 2 月	以 1 億 5700 萬英鎊的價格取得諾福克集團的控制權
1990 年 4 月	以 3 千萬英鎊的價格，購買 HI Management of France 公司 49% 的股權
1991 年 3 月	發行 1 億 8400 萬英鎊的債權；支付 4500 萬英鎊，購買 15 家位於歐陸的旅館
1991 年 6 月	發行 1 億 8 千萬英鎊的可轉換累積可買回特別股
1992 年 8 月	期中報表揭露債務淨值達 7 億 9 千萬英鎊
1993 年 3 月	股票暫停交易
1993 年 5 月	Deputy 總裁馬丁‧馬可士（Martin Marcus）及財務長大衛‧賀喜（David Hershey）辭職
1993 年 7 月	貝爾斯托辭職，另有其他八位高階主管辭職

附錄 4　QMH 不同區域的銷售額比率（%）

國家 / 年度	1991	1992	1993
英國	48	38	41
德國	27	29	28
荷蘭	16	15	16
法國	4	9	7
比利時	4	6	5
其他	1	3	3

附錄 5　　經濟景氣改變對旅館業的影響

年度	1986	1987	1988	1989	1990	1991	1992
GDP	88.6	92.8	97.5	99.6	100	97.8	97.3
旅館數	12,855	12,960	13,648	13,934	14,410	14,382	n／a
總營業額 （百萬英鎊）	4,279	4,781	5,514	5,862	6,212	5,790	n／a

1. GDP 爲英國國內生產毛額指數，以 1990 年爲基期 100。

2. 旅館數代表位於英國的旅館以及其他居住設施的數目。

3. 總營業額爲 2 的事業所創造出來的總營業額，單位爲百萬英鎊。

附錄 6　QMH

資產負債表（百萬英鎊）

	1988	1989	1990	1991	1992	1993
資產	963.9	1353.1	1739.6	1943	735.6	927
有形固定資產	71.5	93.9	128.5	179.8	155.5	
其他固定資產	18.6	41.8	101.5	22.8	3.3	0.6
總固定資產	1054	1488.8	1969.6	2145.6	894.4	927.6
存貨	24.6	42.8	41.6	37.8	40.3	32.2
債權	32.8	67.7	121.5	58	125	66.3
現金	42.9	136.7	76.5	381.6	179	209.7
其他流動資產	3.7	9.8	14.4	12.9	6.3	0.1
流動資產	104.1	256.9	254	490.3	350.6	308.3
總資產	1,158.1	1,745.7	2,223.6	2,635.9	1,245	1,235.9
股東權益	669.4	989.7	1168.9	1192.6	-388.9	-377
非流動負債	6.6	-0.1	0.8	36.5	73.1	
中長期負債	400.7	599.4	751.2	1093.3	744	
短期負債	8.5	41.3	151.6	148.6	600.6	1433.8
淨資產	1,085.2	1,630.3	2,072.5	2,471	1,028.8	1,056.8
負債	47.3	68.4	90.3	101.4	180.7	127.7
應付稅賦	19.1	35.5	47.6	45.5	35.5	
預計股利	6.3	11.6	13.2	18		
債務準備						51.4
負債與權益	1,157.9	1,745.8	2,223.6	2,635.9	1,245	1,235.9

損益表（百萬英鎊）

	1988	1989	1990	1991	1992	1993
銷貨額	234.4	409.4	484.5	314.7	387.4	381.3
營業純益	54.4	92.2	135.5	22.4	-923	49.8
其他所得	2.7	7.1	9.8	10.8	11.8	13.9
息前純益	57.1	99.3	145.3	33.2	-911.2	63.7
利息費用	15	36.9	51.2	89.5	129.3	110.1
稅前純益	42.2	62.4	94.1	-56.3	-1040.5	-46.4
稅賦	7.3	9.7	15.9	12.5	7	2
稅後純益	34.9	52.7	78.2	-68.8	-1047.5	-48.4
可享盈餘	34.9	52.7	78.2	-68.8	-1047.5	-48.4
股利	11.2	18.4	24.7	33.7	23.7	14.7
保留盈餘	23.7	34.3	53.55	-102.5	-1071.2	-63.1

個案 11：BBA

BBA 起源於兩個人在瑞典的一次巧遇。威廉‧芬頓（Ｗｉｌｌｉａｍ
Ｆｅｎｔｏｎ），一位蘇格蘭人，當時受雇於 Ｊｏｎｓｅｒｅｄ 一座紡織工廠，擔任紡
織經理。另一位是華特‧卡柏特（Ｗａｌｔｅｒ　Ｗｉｌｓｏｎ　Ｃｏｂｂｅｔｔ），他是一
個工業材料商人，當時正在度假。

芬頓發明了一種堅固的斜紋編織棉帶。他認為這將改善現有的平織
帶，而這些平織帶正開始取代以皮革、帆布帶帶動機器的功用。芬頓將獨
立負責生產，而卡柏特將單獨負責銷售事宜。

芬頓於 1879 年離開瑞典，並在 Ｄｕｎｄｅｅ 開設了一家小工廠，他自稱為
「棉帶與水龍軟管製造工人」，並以「斯堪地亞」（Ｓｃａｎｄｕｒａ）的品牌開
始生產棉帶。1897 年企業變成聯合公司，結合了兩個兒子於 1888 年，各
自開始營運的製造工廠。新公司需要新的廠房，公司於 1901 年搬遷到約
克夏的 Ｃｌｅｃｋｈｅａｔｏｎ。

在大戰期間，日漸增加的煞車原料生意，讓公司覺得有必要購併
Ｂｒｉｔｉｓｈ　Ａｓｂｅｓｔｏｓ 公司。第二次世界大戰給 BBA 產品帶來很大的刺激，
並幫助其成長。舉例而言，每架英國的 RAF 戰機，都需要 BBA（或是敏德
公司—Ｍｉｎｔｅｘ）的煞車皮。BBA 的織布廠也為坦克車、其他軍隊的陸上

運輸工具、降落傘、以及防毒面具製造原料。廠房以每天 24 小時，一週七天的方式運轉，雇用的員工由 400 位增加到 1,400 位。

1960 年公司於股票市場中上市，但是直到 1985 年為止，芬頓以及皮爾森（Pearson，卡柏特的後代子孫）家族仍在董事會中佔據重要地位。

1984 年之產品、市場、以及績效

工業產品

1945 年，人們開始進行以 PVC 作為衣料的實驗，試圖生產出防火帶。在 1950 年 Cresswell 煤礦的悲慘大火後，英國能源部公佈一項方針，要求所有用於煤礦的帶子，都必須要通過防火測試。斯堪地亞的產品成為第一種通過官方認證的煤礦輸送帶產品。斯堪地亞的帶子運送煤礦、泥土、銅礦、磷酸鹽、碳酸鉀、砂石、木材以及食品業和包裝業的產品。

斯堪地亞其他的產品，包括包裝以及獵捕海豹用的石綿紗線、隔熱的石綿衣、以及填料、包裝材料、膠帶、外套、襯裡、和管狀材料。斯堪地亞有不同等級的窗簾以供選購，而斯堪地亞的填充瓣適合在電線與水管中使用。由公司製造的無數帶子，廣泛地運用於香菸產業的碾壓機中。斯堪地亞同時針對隔熱與一般的工業用途，生產玻璃纖維、帶子以及管子。

BBA 的其他工業活動包含 Sovex Marshall，這是一家運送裝置製造商、以及系統處理的工程業者。他們的文件系統裝設於許多的政府機構、銀行、以及保險公司中；空氣管系統中的 Postube，則用來處理文件以及零碎物件。

Marshall Mechanisation 為公司另一個重要的營運分支機構，生產大量的標準化傳送裝置。其汽車部門供應處理大、小型汽車零件的內部程序機器。

汽車部門

公司在煞車業務中，擁有很長的成功歷史，Jaguar於1959年，是首先採用敏德（或BBA）固定式碟煞系統的重要使用者。BBA透過世界各地的生產機構，比世界上其他的生產集團供應更多的碟煞護墊。此外，受到授權的夥伴也在一些海外國家，替BBA生產煞車材料。

BBA汽車事業中另一個著名的子公司，為塑膠軸承製造商雷爾克公司（Railko）。1930年代，雷爾克針對鐵路用途，開發出一種新的中心軸原料一而且不須潤滑。BBA於1962年買下該公司50%的股權，而在1970年變成完全自有的子公司。

雷爾克發展出一系列軸承以及摩擦控制材料，這些材料廣泛地運用於海運、鐵路、汽車、機械處理以及其他產業中。

地理區域

自從其創辦人在瑞典巧遇之後，該公司逐漸朝國際化發展。19世紀後期的外銷帳戶顯示，公司的代表機構遍佈法國、德國、西班牙、澳大利亞、印度、俄羅斯、荷蘭、瑞典，甚至蘇丹、巴西、以及千里達。

在第二次世界大戰之後，BBA的海外事業持續擴充。1984年公司在澳大利亞、加拿大、南非、美國以及德國擁有生產的工廠。集團的7,000名員工中，有2,500位在海外工作。

至1984年為止，BBA公司的績效

1980年BBA承受了汽車與零組件製造商瘋狂減少存貨的壓力；汽車部門的純益由83%降低為虧損狀態，敏德也產生虧損，Textar（在德國生產摩擦原料的子公司）營收減少，下半年甚至發生虧損。Regina Fiberglass以及Sovex Marshall持續虧損，但斯堪地亞公司卻有良好的表現。德國的公司迅速在1981年復甦，但是在1979年至1984年集團有獲

利的情況下，英國的業務仍然持續虧損。

在英國境內，敏德在 1980 年至 1984 年期間持續虧損，Sovex Marshall 公司在 1984 年只有小幅獲利，而 Regina Fiberglass（BBA 擁有該公司 49% 股權）在 1980 年損失約 1 百萬英鎊之後，於 1981 年，以 150 萬英鎊現金的價格賣給皮克金頓兄弟（Pilkington Brothers）的公司。其餘的英國公司，在這段期間的營運大致上還算成功時期，斯堪地亞公司也有長足的進展，直到它在 1984 年，被礦工罷工牽連甚深為止；不管如何，即使在那些情況較差的年份中，公司仍然能夠持續創造利潤。主要的問題在於新式摩擦材料的壽命較長（例如：現在離合器的預期壽命至少和汽車相同）。進口商品雖然銷售的數量佔整體的比重不高，但也開始對於獲利率產生不利的影響，以及獲利率已經受到英國境內三大製造商—敏德、唐氏公司（Don，凱培工業公司）、以及 Ferodo（Turner & Newall）—彼此間價格戰的衝擊。敏德經過數年的重整之後，似乎並不能使公司更接近獲利的交易地位。

表 1 與表 2 顯示了 1979 年至 1984 年 BBA 的績效與稅前純益。

表 1　1979 至 1984 年 BBA 公司之績效

	營收 （千英鎊）	稅前純益 （千英鎊）	每股盈餘 （便士）	稅率（%）	股利 （便士）
1979	137,316	8,168	9.30	31	2.63
1980	135,423	850	(0.90)	215	1.74
1981	130,607	3,559	1.50	75	1.74
1982	150,904	4,547	2.10	73	1.74
1983	156,112	5,513	3.57	56	1.74
1984	176,110	5,409	0.92	77	1.74

表 2　1979 至 1984 年稅前純益（千英鎊）

	英國	海外	總額
1979	3,647	4,521	8,168
1980	（948）	1,798	850
1981	（754）	4,313	3,559
1982	（279）	4,826	4,547
1983	708	4,805	5,513
1984	（154）	5,563	5,409

1985 年的變革

在約翰‧懷特博士（John White）擔任 BBA 的總經理之後，公司於 1985 年 3 月，以 1,575 萬英鎊的價格購併凱培工業公司（Cape Industries）汽車部門的股份，其中 1,050 萬英鎊是以現金的方式支付，其餘部份（不計算利息）在五年後還清。這次的購併同時伴隨著一次以 60 便士的價格，發行一換四的股權（14,473,316 股），這次的股權發行一共募集了 810 萬英鎊的資金。此次凱培工業公司的交易，包含購併三家位於英國的公司：唐氏國際公司、Trist Draper、以及 TBL（1983 年，這三家在 2,460 萬英鎊的營業額中一共虧損了 544,000 英鎊）。

Trist Draper 是一個商用車輛零件替換市場的大盤配銷商。1983 年，該公司擁有 16 個分支機構，約有 140 名員工以及 580 萬英鎊的營收，而產生 141,000 英鎊的虧損。

TBL 是針對鐵路以及工業應用摩擦材料的專業製造商；該公司也製造一系列的汽車傳動零組件。公司位於布里斯托，與唐氏公司共用工廠，並擁有 70 名員工。

此外，這次的購併也包含兩家海外公司：位於比利時的 SA 唐氏國際公司（Don SA），以及位於瑞典的 Svenska, Bromsbandfabriken AB（SBC），他們擁有的子公司遍及印度、西班牙、馬來西亞、以及紐西蘭。在 1983 年，凱培工業公司的這些子公司，其稅前純益為 263,000 英鎊。

英國公司在 1985 年的績效改善不少，但是仍處於虧損狀態。在 1985 年 12 月 31 日，公司購入的淨資產，價值約 2,070 萬英鎊。

海外的進展大致上較令人滿意，位於德國的 Textar、以及位於澳大利亞的關係企業 Bendix Mintex 之績效特別出眾。雖然 1982 年由於工業用帶子的需求減低，以及礦業用的帶子需求遭受嚴重衝擊，而使獲利大幅度下滑，但位於美國的斯堪地亞公司仍持續獲利。該公司在 1983 年以及 1984 年的銷售額與純益，都有長足的進步。

1985 年 8 月 13 日，BBA 宣布以大約 1,350 萬美元（930 萬英鎊）的價格，購併聯合皇家公司（Uniroyal）位於美國以及加拿大的橡皮帶事業。聯合皇家與位於美國的斯堪地亞公司合併，而成為美國第二大原料處理公司。

1984 與 1985 年之市場績效分析

汽車

BBA 集團位於英國最大的公司英國敏德-唐氏公司（UK Mintex-Don）生產摩擦材料，大部份的產品針對汽車業，包括煞車墊、離合器墊、以及碟煞護墊。摩擦材料原始的設備（OE）市場，由煞車與離合器製造商 Lucas Girling、Automotive Products 以及 Laycock 公司供應，而維修市場，則由 23 個維修服務站，提供零件與車庫維修工具。敏德在英國的市場佔有率達 20-25%，銷售量中有 2% 為英國的出口商品，營收約為 3 千萬英鎊。在英國受到的競爭來自 Ferodo、Antela（汽車產品）、以及進口商品。

在 1980 年代前半期，敏德所經歷的問題已如前所述，雖然五個不同的系列產品當中，有一個系列在 1984 年被處分掉，且估計減少約 2 百萬英鎊的營運成本，然而這並不代表公司因此開始獲利：該公司在 1983 年

的營運損失近 2 百萬英鎊，而 1984 年的損失超出 2 百萬英鎊。在購併凱培工業公司的汽車事業之前，敏德是希望能夠在 1985 年達到損益平衡。

唐氏國際公司之前在煞車與離合器內襯的生產上，與敏德直接競爭，而其配銷通路則是透過維修網路。唐氏公司和 TBL 在 1983 年的營收為 1,880 萬英鎊，虧損的總額達 40.3 萬英鎊。

在購併時公司指出，敏德和唐氏公司，可以合併為一家強健、且獲利良好的英國製造公司。這個過程迅速完成，兩間公司就結合為敏德－唐氏。就產能而言，這兩間公司結合得十分緊密：分別在不同的市場區隔中享有優勢，BBA 在房車市場中較佔優勢，而凱培工業公司擅長於商務車市場。

在接下來約 18 個月的期間，公司對下列產品線進行合理化與重整：

1. 敏德停止生產商務車的內襯，並專注於房車市場，而唐氏公司專注於商務車（CV）內襯市場。毫無疑問地，唐氏公司為英國「重型車」市場的領導者，並在歐洲享有良好的技術聲譽。敏德有兩個製造工廠，而唐氏公司則有四個。這個統合的集團，擁有兩家針對商務車、兩家針對房車的生產工廠。

2. 針對通路進行大幅度調整；唐氏以及敏德透過22家維修站進行營運（包含 Trist Draper），部份維修站在相同的城市中彼此直接競爭。將維修站削減至16個的措施，節省了約150萬英鎊的營運支出。

3. 制定一項讓兩家公司在原料與產品上共同合作的策略，讓這兩間公司比過去更緊密結合，並使研發與生產都能依照集團的規模來進行。舉例而言，過去在集團中，敏德以及Textar多少以獨立單位的方式營運；在英國的後續生產，將以更好的方式進行協調運用，以減少Textar德國工廠的壓力；敏德約15%的產品直接出口給 Textar，並依照 Textar 的「顏色」來包裝。由於這些進展讓成本大幅度下降，而增加的合作使英國公司的營運效率也大幅改

善。

4. 唐氏及敏德的合併使固定成本、以及包含管理、銷售、財務、計算和研發成本等均大幅度削減。

據估計，BBA 購併唐氏公司之後，每年可以節省 250 萬至 300 萬英鎊的支出。一般預料會因為此合併案而減少 150 萬英鎊的銷售額，但是後來證明這個數字過於高估，實際銷售額的損失相對較小，每年對於純益的影響約達 400 萬至 450 萬英鎊。此外，毛利率也同時提昇了。敏德-唐氏由於購併所提昇的市場佔有率（達到 40% 至 45%），使得公司能夠在訂價上變得更自主，並大幅度提昇售價（某些產品線達 40%）；過去曾在英國遭受虧損、且擁有類似市場佔有率的 Ferodo，很高興地跟隨此一策略。這樣的價格上漲，讓 BBA 有機會削減獲利不佳的產品。BBA 這次的合併，總成本達 250 萬至 350 萬英鎊。

當時因為集團內有其他問題，凱培工業公司因而被迫讓售。此外，唐氏公司的情況比 BBA 預期的還要好，尤其是管理以及技術能力。BBA 對於唐氏公司的生產廠房及固定資產狀況，印象十分深刻。在此我們要特別註明，敏德與唐氏公司的員工，皆積極回應 BBA 針對兩個公司所採取的行動，他們能夠體會公司所處的產業狀況有多麼惡劣。

雷爾克公司生產強化塑膠、軸承以及組件。該公司在 1984 年的稅前純益為 54.6 萬英鎊，當中包含淨利息收入 6.4 萬英鎊。營業額提昇了 22% 而達到 370 萬英鎊。其中 33% 的營業額來自出口。

海外　Textar 是 BBA 近年來的成功例子。該公司在 1984 年雖受到汽車減少、以及德國商用車輛註冊規定的雙重影響，再加上 IG Metall 員工罷工，但其營收與獲利仍能夠增加。Textar 就如同敏德-唐氏一樣，也製造煞車以及離合器內襯，在德國的市場佔有率為 33%，且 40% 的出口來自德國，並與 Jurid、Pagid、以及 Beral 競爭。

相對於敏德，Textar 值得注意的良好表現來自於一些因素，包含德國製造商的展售方式較英國同僚佳，以及英國和德國不同的市場結構。後者是較為重要的因素：德國煞車墊以及碟剎護墊的 OE 市場，就像英國一樣，直接由煞車器製造商提供服務，但是德國專注於生產零組件的汽車製造商，比英國的廠商更有能力控制與維持市場價格，這對於零件替換市場的獲利率有很大的影響。

工業產品

英國　斯堪地亞公司是工業市場中最大的公司，平均年營收額達 1,500 萬英鎊。在1984年，斯堪地亞遭受礦工罷工的不利衝擊，九月份的單月損失達 10 萬英鎊。雖然如此，這次罷工對 BBA 的影響，因為將帶子銷售給其他位於英國、海外的分支機構，而緩和不少。

斯堪地亞的活動可以區分為兩大領域：帶子、以及工業紡織品與填充瓣。這兩個領域中較大者為帶子；公司同時生產輕型以及重型的帶子。重型帶子最大的單一使用者為 NCB（對該公司的銷售量佔斯堪地亞總營收的 40%），斯堪地亞是得到該公司技術許可的四家供應商之一，其他三家為 Fenner、TBA、以及 Dunlop。過去十年中，斯堪地亞對 NCB 的銷售量增加了一倍，雖然 1984 年 NCB 的訂單因為罷工的緣故而減少約 40%，該公司仍供應 NCB 總需求的 30%。重型帶子的出口量就非常多，特別是出口到加拿大、印度、西班牙、紐西蘭、以及斯堪地那維亞地區的出口。

在工業紡織品與填充瓣市場中，雖然斯堪地亞仍出口 45% 的紗線產品，大部份的營收仍來自於集團間銷售的乾式石綿紗線，這被用來製造汽車摩擦材料。在英國，主要的石綿紗線與纖維競爭對手是 Turner & Newall。生產出來的石綿布用來製成薄片狀，或作成防護衣。此外，斯堪地亞也生產汽車墊及石化設備所須使用的橡膠片及石綿。據估計在英國，斯堪地亞這些產品的市場佔有率達 12%。

Sovex Marshall 供應標準化的機械處理系統以及設備，以供批次操

作使用。主要的顧客包含郵局、印刷貿易、文件處理、機場及港口之行李與貨物處理。該領域有許多競爭對手，包含 GEC-Elliot、Fenamec、Lamson、Crabtree-Vickers、Denag 以及 Desicon。Sovex Marshall 一度虧損連連，但在 1984 年公司採行改善績效的措施後，該公司已恢復獲利（在 1983 年有 300 萬英鎊的營收，仍虧損了 20 萬英鎊）。

海外　　在美國，斯堪地亞公司針對煉煤以及打穀需求，生產高關稅的固體編織 PVC。其中一種較薄的款式，在加州、佛羅里達州、以及德州中，用於採收柑橘等水果。該公司成功地將帶子引入食物處理業，並可用於倉儲、超市、以及百貨公司。斯堪地亞公司擁有良好的交易記錄，且仍持續獲利；雖然因為礦業需求減少，使獲利降到 1 百萬英鎊以下，過去數年，它的獲利都有 2 百萬英鎊以上。由於食品處理業由固態編織轉移至塑膠帶子，再加上管理團隊換新血，讓公司的獲利在隨後兩年中回升。

於 1985 年 8 月買入的聯合皇家公司，將與斯堪地亞公司合併。聯合皇家公司的事業在歷經連續數年的虧損之後，終於開始獲利，但 BBA 察覺仍須進一步削減成本，以改善獲利的空間。結合後的集團營收，預計將在 1985 年達到約 5,500 萬英鎊，其中聯合皇家事業將貢獻大部份的營收。這將使得結合後的公司處於一個有力的地位，僅次於固特異公司，在美國市場中佔據第二大的位置。在 Goodrich 公司退出市場之後，公司的市場佔有率展望變得更佳。由於公司擴大後，將能節省成本以及增加銷售量的潛力，預測將在美國市場中有好的進展。一項對聯合皇家公司之生產廠房的早期調查，更讓 BBA 相信它們進行了一項不錯的購併交易。

1985 年的汽車產品集團（AP）

在 1986 年 1 月 27 日，BBA 以 5,625 萬股，併購總值約 1 億 1,360 萬英鎊的 AP 集團。這是 1986 年 3 月 17 日公佈的數字。

汽車部門

該部門佔 AP 集團營收的比率約三分之一，並爲 OEM 廠商生產一系列產品。舉例來說，AP 離合器在英國市場的佔有率極高（可能達 90%），而在歐洲市場的佔有率亦節節高昇。該部門包含煞車、方向盤和懸吊系統，以及其他相較於上述產品，銷售量之比重較低的商品。

汽車更換組件

AP 透過 OEM 廠商以及自己的配銷網路 Antela，銷售更換組件。Antela 擁有 89 個維修據點，並透過這些據點配銷至各個車庫銷售點。其營收達 2,500 萬英鎊，市場佔有率低於 2%。Antela 的營收中，約 30% 來自 AP 的產品。在這個疲弱不振且供應過多的市場中，AP 逐漸走向經銷制度，而超過 50% 的維修據點爲加盟。過去兩年間獲利能力逐漸改善。

精密抽水機

該部門生產飛行控制與著陸傳動裝置，供給民間航空公司與空軍所用，另外生產抽水機與國防產品，供軍方使用。1985 年的營收約 1,400 萬英鎊。產業關係問題已經獲得解決，營收預計將達到 1,900 萬英鎊，並會有良好的獲利水準。

1988 年的加特利公司（Guthrie）

1985 年之後，即使沒有大購併案，公司的每股盈餘依然有顯著的改善。在 1988 年，BBA 購併加特利公司，當時該公司的銷售量和資產規模，約為 BBA 的三分之一。

在 1988 年 4 月，Permodalan Nasional Barhad 接受 BBA 以 1 億 3,500 萬英鎊的現金，購併加特利公司 61% 股權。BBA 同意發行 2.7 股的累積可轉換特別股（股利率 6.75%），來換加特利每股的股票。當時 BBA 的股價為 154 便士，其累積特別股價格為 292 便士，而加特利公司在交易之前，每股價格為 198 便士；另一方案是現金購買每股 270 便士。

這次購併的理由

在汽車組件的事業中，加特利公司專注於北美市場，並可與 BBA 的歐洲以及澳洲市場互補。加特利公司在美國汽車產業之結構塑膠的優勢，將進一步促 BBA 在該領域於歐洲的成長。

BBA 已經花了一段時間，希望能將其供應各種終端使用者的工業紡織品之利基擴大。在這個考量下，加特利公司的水管以及地板覆蓋業務，將可讓 BBA 向前跨一大步。

一般認為公司應將兩大集團的事業，分佈到北美、歐洲和澳洲，此將可以提供完美的地理區域分佈，並保護擴大後的集團免於暴露在單一經濟體下營運。新集團廣泛的市場分佈，將顯著地改善這兩家公司之活動的產業平衡。

加特利公司的事業

加特利公司的活動分為六大營運部門：汽車零件、航空服務、電子儀器、防火設備、紡織品與地板、以及貿易。

汽車零件　該部門主要包含位於Ontario的巴特勒金屬公司（Butler Metal），而廠房位於多倫多和北卡羅來那州，研發中心位於底特律的Butler Polymet。巴特勒金屬公司是通用汽車的主要供應商，並擁有GM-10系列中型車的重要汽車組件供應合約。Butler Polymet生產與組裝結構塑膠鑄造品，並與福特汽車簽訂合約，供應Taurus車型的行李箱地板，以及供應Sable車型的緩衝裝置。這兩家公司都通過通用汽車高品質的認證，而且Butler Polymet還獲得福特汽車尊崇的Q.1等級評價。

航空服務　該事業是透過Page Avjet這家銷售飛機與相關服務公司，來提供美國一般與商務航空一系列的產品與服務。主要地點位於Dulles，其他重要的營運地點為奧蘭多、邁阿密、底特律、以及明尼亞波利。Page擁有世界上最大的獨立飛機維修中心之一，並建立了良好的高品質內裝設計與安裝聲譽。它也承攬專門的工程專案，包含供應波音727及737客機油箱、替DC-8客機減少噪音、以及貨艙門的安裝。Page也有一個飛機銷售部門，該部門購買與銷售噴射客機、貨機，並獲得Beech航空公司的經銷權。

電子儀器　該部門包含Ajax Magnethermic公司以及Trench Electric。Ajax為世界頂級之感應式加熱與融化設備的製造商之一，其產品廣泛運用於鋼鐵廠、鑄造廠、以及金屬處理工業中。其總部及研發中心位於俄亥俄州，並在肯塔基州、北卡羅來那州、加拿大與英國，擁有製造工廠。Trench Electric位於多倫多，且在德國擁有行銷子公司，該公司替全世界的公用事業以及主要的電子承包商，設計並生產特殊的高壓電電子傳送設備。

Angus Fire Armour是世界領先的防火設備供應商。其主要的顧客為消防隊、擁有高價值設備的產業、政府、與軍方，產品的應用範圍十分廣泛，並在世界各地大部份的國家中使用。其主要的產品包含在英國銷售量最佳的Angus Duraline水管、消防泡沫、固定式防火設備、滅火器、以及灑水設備。

　　紡織品與地板　該部門主要的英國公司爲 Duralay，是歐洲最大的地毯製造公司。「Super Duralay」爲英國市場的領導品牌，而 Duralay 像 Harris Queensway、Allied Carpets 以及 John Lewis 一樣，也供應零售商自有品牌的墊子。Duralay 已經發展出一系列地板覆蓋的附件，由於購併了生產膠帶以及乳香脂塗劑的 P. C. Cox（Newbury）有限公司，因而進一步成長。

　　在澳洲，Tascot Templeton 針對澳洲市場生產 Wilton、Axminster、以及黏性地毯，同時並積極於出口貿易。Palm Beach Towel 是澳洲第二大毛巾製造商，供應款式眾多的高品質毛巾、以及毛巾類商品。

　　貿易　該部門處理集團大部份位於 Malawi 的批發、零售、以及包裝業務，這些部份於 1988 年 3 月售出。Guthrie Export Service 提供政府以及私人出口及購買上的服務。

　　在 1987 年 12 月 31 日年度結束時，加特利集團的營收爲 3 億 1,980 萬英鎊（1986 年爲 3 億 2,100 萬英鎊），稅前純益爲 2,260 萬英鎊（1986 年爲 1760 萬英鎊），每股盈餘爲 21.8 便士（1986 年爲 19.1 便士）。在該日，公司的有形資產淨值達 1 億 690 萬英鎊，而現金餘額爲 1,300 萬英鎊。

1993 年 BBA 之產品

　　1988 年之後，公司進行了一些小幅度的購併以及處分活動，然而產品市場組合並未有大幅度的更動。1993 年集團營運的三大區隔如下：

汽車

　　該部門進行三項主要的營運活動：摩擦材料，大部份爲煞車及離合器內襯，以及煞車和傳動系統的生產。

工業產品

該部門主要有兩大活動。

高效能紡織品　該部門生產輸送帶、紗線、以及高溫紡織品、領先歐洲的地毯緩衝材料，以及附件製造商 Duralay、滅火器用的水管與泡沫、和高效能紡織品。後者的商品包含包裝材料、清潔用的緩衝紡織品、以及營建業使用的基礎控制系統。

重電設備　該部門的主要商品為高壓設備輸送裝置以及電力反應器。

航空服務

Aviation Services 提供地面支援設備（加油、清潔、以及行李處理）。該產業區隔得十分細密，而在產業變得越來越集中化時，就會有進一步的購併機會出現。BBA 目前的知名品牌 Signature，為該市場的主要競爭者。Aviation Engineering 從事客機的相關服務與清洗。Component Manufacturing 製造著陸以及駕駛傳動裝置。

1993 年秋天，總經理懷特（White）博士，因為健康因素而退休，他的位置由羅柏托・闊爾多（Roberto Quarto）接任。

附錄 1　　1979 至 1993 年 BBA 的財務資料（單位：百萬英鎊）

	1979	1980	1981	1982	1983	1984	1985	1986	1987	1988	1989	1990	1991	1992	1993
營收	137	135	131	151	156	176	230	553	673	1,012	1,244	1,229	1,252	1,322	1,417
息後純益	8.0	0.4	3.6	4.5	5.5	5.4	13.1	26.6	41.2	64.0	71.0	59.3	30.9	47.4	(12.8)
營業外損益							(3.9)			(1.6)	(11.1)	(22.5)	(26.2)	(22.6)	(80.0)
股東可享純益			(3.5)	5.7	14.7	(9.0)	2.5	15.0	28.7	37.2	35.3	22.6	(0.5)	11.4	(35.3)
固定資產			40	43	45	50	72	165	181	301	372	377	393	484	461
淨流動資產			21	23	28	28	51	90	145	195	214	204	182	82	227
使用資本	54	73	62	67	73	78	123	256	326	497	586	581	575	566	689
一年後到期之負債			2	3	3	4	8	10	13	22	22	22	21	23	96
準備			46	47	59	59	84	204	233	267	351	319	374	373	374
股本			14	14	14	14	23	46	51	142	148	150	168	168	191
保留盈餘			30	31	32	32	49	142	166	107	155	131	163	153	157
股東權益			45	46	46	47	72	188	217	249	303	281	331	321	348
少數股權			1	1	13	12	12	16	16	18	48	38	43	52	26
資本支出			5	6	7	7	11	33	40	62	71	69	56	64	64
員工數			5980	5425	5726	5610	7366	17234	18294	24828	23485	23468	22025	23086	20705
每股盈餘（便士）	10.5	0.0	2.6	3.4	4.6	2.2	8.2	10.2	15.0	18.3	20.2	15.7	7.2	8.1	(5.1)
股價：最高（便士）	55	48	39	39	40	59	147	288	248	188					
最低（便士）	35	21	19	21	23	25	50	114	102	139					

	1979	1980	1981	1982	1983	1984	1985	1986	1987	1988	1989	1990	1991	1992	1993
物價指數	59.9	70.7	79	85.9	89.8	94.3	100	103.4	107.7	113	121.8	133.3	141.1	146.2	148.5
毛利率（%）	5.84	0.30	2.75	2.98	3.53	3.07	5.70	4.81	6.12	6.32	5.71	4.83	2.47	3.59	(0.90)
資本報酬率（%）	14.81	0.55	5.81	6.72	7.53	6.92	10.65	10.39	12.64	12.88	12.12	10.21	5.37	8.37	(1.86)
股東權益報酬率（%）			(7.78)	12.39	31.96	(19.15)	3.47	7.98	13.23	14.94	11.65	8.04	(0.15)	3.55	(10.14)
積棒率（%）			30.4	36.2	18.6	25.4	36.9	20.6	34.3	77.9	60.7	75.2	48.1	45.6	58.6
員工每人銷售額（英鎊）			21,906	27,834	27,244	31,373	31,225	32,088	36,788	40,760	52,970	52,369	56,844	57,264	68,438
調整後員工每人銷售額（英鎊）			41,178	48,118	45,053	49,404	46,369	46,083	50,724	53,566	64,582	58,341	59,826	58,165	68,438

附錄 2　BBA 之不同產業與地區資料（單位：百萬英鎊）

	1981	1982	1983	1984	1985	1986	1987	1988	1989	1990	1991	1992	1993
產業別銷售額													
工業	37	42	42	46	55	94	107	227	396	445	459	486	556
汽車	94	109	114	130	174	460	566	694	713	632	596	621	574
航空								91	135	152	198	215	286
純益													
工業	1.18	2.04	1.89	2.57	4.41	12.4	10.4	20.6	39.6	46.2	35.3	39	55.3
汽車	7.55	6.35	6.48	12.69	26.4	41.4	52.9	52.4	34.6	34.6	19.8	37.6	21.5
航空								10.4	17.7	16.1	14.1	10.7	12.2
使用資產													
工業	15.5	16.1	20.2	22.6	31.9	63.1	n / a	n / a	230.5	198.1	199.4	217.5	213.2
汽車	30.1	30.6	38.1	36	52	140.6	n / a	n / a	267.1	246.8	244.1	267.6	235.3
航空									44.7	69.7	85.5	115.1	124.7
地區銷售額													
英國				48	66	173	214	287	287	270	244	252	259
歐洲				91	120	241	277	319	350	388	389	404	434
北美				24	29	67	66	232	372	379	439	469	584
世界其他地區				13	15	73	116	174	235	192	180	197	140
純益													
英國				0.71	3.41	5.93	18.1	26.8	22.8	16.9	8.5	18.81	15.2
歐洲				5.36	8.21	15.1	15	20.3	25.6	22.5	16.9	26.3	25.5
北美				1.33	2.86	8.2	7.7	19.6	36.5	38.5	31.3	25.3	37.9
世界其他地區				-0.31	0.93	8.17	8.9	13.3	20.5	15.4	9.4	13.8	9.4
使用資產													
英國									173	175	173	167	159
歐洲									120	114	123	144	181
北美									165	159	162	204	230
世界其他地區									72	56	60	73	1

附錄 3　1993 年 BBA 之不同市場與地區資料

汽車部門	總銷售額 5 億 7400 萬英鎊		總純益 2150 萬英鎊	
	摩擦材料	煞車	離合器	其他
佔總銷售額（％）	52	15	24	9
	英國	歐洲	北美	世界其他地區
佔總銷售額（％）	33	57	6	4
佔總純益（％）	31	62	5	2
工業部門	總銷售額 5 億 5600 萬英鎊		總純益 5530 萬英鎊	
	工業紡織品		重電	工程塑膠
佔總銷售額（％）	56		32	12
	英國	歐洲	北美	世界其他地區
佔總銷售額（％）	24	19	56	1
佔總純益（％）	21	19	60	-
航空部門	總銷售額 2 億 8600 萬英鎊		總純益 1220 萬英鎊	
	航空服務		航空工程	零組件生產
佔總銷售額（％）	22		17	61
	英國		北美	
佔總銷售額（％）	11		89	
佔總純益（％）	13		87	

附錄 4　汽車產品集團（AP）（百萬英鎊）

	1981	1982	1983	1984	1985
營收	202	230	223	242	260
營業純益	7.3	1.3	14.3	13.2	17.2
息後稅後純益	（2.2）	（14.1）	4.0	3.9	7.5
固定資產	73.5	78.6	73.3	77.8	79.2
營運資金	74.2	73.3	.75	80.6	65.9
	147.7	151.9	148.3	158.4	155.1
資本與保留盈餘	100.3	87.8	87.4	86.9	88.2
負債淨額	47.4	64.1	60.9	71.5	66.9
	147.7	151.9	148.3	158.4	155.1
每股盈餘	-7.54	-27.7	4.18	3.72	9.92
資本報酬率（%）	4.9	0.9	9.6	8.3	11.1
員工數	10,493	9,285	9,186	85,522	8,172
營收					
英國				187.7	189
歐洲				28.5	46
世界其他地區				19.4	25.2
純益					
英國				10.5	14.6
歐洲				0.9	1
世界其他地區				1.6	2.1

附錄 5　加特利公司（百萬英鎊）

營收	1983	1984	1985	1986	1987
營收	280.5	359.5	332.1	321	319.8
營業純益	11.1	16.8	18.2	19.7	22.3
息後稅後純益	5.3	9.1	11.7	14.7	17.8
固定資產					55.8
營運資金					75.8
					131.6
資本與保留盈餘					107.2
負債淨額					24.4
					131.6
每股盈餘（便士）	7.5	12.8	16.5	19.1	21.8

附錄 5（續）

1987 年

	純益	營收
部門分析		
汽車零組件	5.61	65.0
航空服務	5.97	78.7
電子儀器	2.72	51.4
防火設備	3.68	56.7
紡織品、地板	3.48	56.5
貿易	0.83	11.5
	22.29	319.8
地理分析		
非洲	1.05	11.3
澳洲	1.69	14.2
加拿大	4.28	63.7
英國與歐洲	3.22	92.0
美國	12.05	138.6
	22.29	319.8

附錄 6　Turner & Newall 公司之財務資料

	1989	1989	1989	1989	1989
營收 （百萬英鎊）	1,188	1,294	1,359	1,390	1,662
稅前純益 （百萬英鎊）	84	70.5	40.4	63	48.4
股東可享純益 （百萬英鎊）	62.6	47.9	11.1	26.2	19.2
非常損益 （百萬英鎊）	5.9	3.5			
固定資產 （百萬英鎊）	446.8	555.7	552.8	618.5	797
營運資本 （百萬英鎊）	307.3	323.4	316.5	302	449.2
總資本 （百萬英鎊）	754.1	879.1	869.3	920.5	1246.2
股東權益 （百萬英鎊）	477.4	487.4	524.1	516.3	559.3
長期資本 （百萬英鎊）	681.4	801.3	789.9	847.3	1148.7
短期負債 （百萬英鎊）	72.7	77.8	79.4	73.2	97.5
總資本 （百萬英鎊）	754.1	879.1	869.3	920.5	1246.2
股數 （百萬英鎊）	27.05	358.6	436.9	438.1	438.1
員工數（千人）	39.8	42.1	39.1	38.1	41
物價指數	121.8	133.3	141.1	146.2	148.5
毛利率（%）	7.07	5.45	2.97	4.53	2.91
資本報酬率（%）	12.33	8.80	5.11	7.44	4.21
股東權益報酬率（%）	17.60	14.46	7.71	12.20	8.65
槓桿率（%）	42.73	64.40	50.72	64.11	105.38
每名員工銷售額（千英鎊）	29.85	30.74	34.76	36.48	40.54
調整後每名員工銷售額 （千英鎊）	36.39	34.24	36.58	37.06	40.54

附錄 7　股價（便士）

	1984	1985	1986	1987	1988	1989	1990	1991	1992	1993	1994
BBA 最高	57.5	148.1	290.0	250.0	189.0	180	178	160.2	157.3	190.0	230.0
BBA 最低	24.5	49.9	115	103	140	140	98.9	100.0	105.8	147.0	174.0
面額 25 便士											
T & N 最高	107.5	114.1	239.8	321.0	200.0	220	213.1	193	174	223	260
T & N 最低	60.3	73.5	80.1	139.0	154.0	160	135.1	103	99	167	157
面額 100 便士											
指數最高點	1510	1490	1750	2450	1880	2460	2460	2720	2830	3490	3500
指數最低點	1290	1270	1390	1600	1590	1800	2000	2120	2290	2750	2870

T & N = Turner & Newall

附錄 8　世界汽車與商務車產量

	汽車數（百萬）						所有汽車與輕型商務車
	汽車與商務車						
	英國	法國	西德	義大利	日本	北美	全世界
1950	0.78	0.36	0.31	0.13	0.32	6.67	
1960	1.81	1.37	2.06	0.64	0.48	8.26	
1970	2.10	2.75	3.84	1.85	5.29	9.48	
1975	1.65	2.86	3.19	1.46	6.94	10.41	
1978	1.61	3.51	4.19	1.66	9.04	14.71	
1980	1.31	3.38	3.88	1.61	11.04	9.38	
1982	1.16	3.15	4.06	1.45	10.73	8.25	
1983	1.29	3.34	4.15	1.57	11.11	10.72	
1984	1.13	3.06	4.04	1.60	11.46	12.75	
1985	1.31	3.02	4.45	1.57	12.27	13.60	
1986	1.25	3.19	4.60	1.83	12.26	13.22	
1987	1.39	3.49	4.63	1.91	12.25	12.61	
1988	1.54	3.70	4.63	2.11	12.70	13.19	
1989	1.56	3.92	4.85	2.22	13.03	13.05	44.45
1990	1.57	3.77	4.98	2.12	13.49	1.63	45.12
1991	1.45	3.61	5.01	1.87	13.25	10.48	43.24
1992							44.40
1993							42.63

附錄 9　懷特博士每月購併摘要

　　若懷特博士使一家公開上市的公司更為健全，且他所做的工作看起來似乎十分容易的話，這歸因於他的視野清晰，以及要求事業採行高度組織化、嚴格、以及不做無意義舉動等作風。這個自認為工作狂的傢伙，在 1985 年初，被任命為 BBA 集團總經理。自他於 1984 年 10 月被任命為 BBA 主管開始，該公司的股價由 32 便士，一路上升至 149 便士。這夠令人印象深刻了。

　　這家位於約克夏的零組件製造商內部有一些問題。近年來，雖然BBA的海外子公司績效良好，位於英國的事業卻持續虧損。基於這個理由，懷特被選來引導這個公司提高獲利。

　　其策略的關鍵部份在於進行購併活動。單是在 1985 一年，BBA 在英國以及海外所進行的八次購併活動就花費了 4,400 萬英鎊。

　　懷特擁有豐富的購併經驗。他說他第一次處理購併的經驗，是在他26歲的時候，現在他已經 43 歲了，並完成了 23 次的購併，其中只有一次未能成功。這些購併都是使「公司轉變」的一部份，並且似乎是目前為止懷特的職業商標。

　　他覺得他第一次的大突破在 1967 年，羅朗‧史密斯（Roland Smith）教授提供他一個在曼徹斯特之 Institute of Science & Technology 擔任資深研究助理的機會，稍後並徵募他進入 Stavely Industries。他為 Stavely 診斷問題，並將現代行銷學運用在這家機械工具公司。

　　在獲取經驗以及博士學位之後，懷特前往 Bullough 公司工作。在該公司，一開始他是一個經營控股公司的團隊成員，該控股公司由八家工程公司以及兩家化學公司所組成。他是一個對於良好購併個案擁有銳利眼光的人，並替小型的公開上市公司 Newton Derby 找到了復甦的可能性。身為 Bullough 的代表，懷特介入 Newton Derby 的購併案，稍後並重整且

擔任這家公司的總經理。

由 1975 年至 1978 年爲止，懷特運用其知識優勢去經營 Hepworth 鋼鐵公司，及其母公司 Hepworth Ceramic 控股公司。身爲 Hepworth 鋼鐵公司的副總經理，其主要的工作是成立一個在歐洲的黏土輸送集團。他透過購併的方式，迅速建立一個在西德、荷蘭、比利時、以及法國擁有四家公司的組織，並迅速建立一個成功且具有凝聚力的集團。

Tarmac 公司在 1978 年 10 月雇用懷特。欲瞭解懷特在六年的期間中對於 Tarmac 的貢獻，我們可以由數字得知。他首先負責建築材料子公司 Permanite，並在它營收 2 千萬英鎊時達成損益平衡。在隨後的數年內，他負責創建了擁有 20 家子公司的 Tarmac 建築產品有限公司，其銷售額達到 2 億 1 千萬英鎊，純益爲 1,220 萬英鎊。

經營 BBA 三代的皮爾森與芬頓家族，都應該能感受到他們很幸運地挖到懷特。 BBA 是一家小型的多國籍公司（1986 年的銷售額 1 億 7,600 萬英鎊，純益 540 萬英鎊）、生產汽車業使用的摩擦材料以及主要做爲輸送帶之用的工業紡織品。懷特認爲 BBA 仍應是一家零組件的供應商，且其擴張應圍繞著核心事業來進行。

BBA 在懷特到達之後，所進行的第一項大型購併案，就是 BBA 之摩擦材料子公司在英國主要的競爭對手—敏德。該年 4 月，它以 1,580 萬英鎊的價格，購併凱培工業公司的子公司唐氏公司，並將這兩家公司同時重組，以降低所有層面的成本。其他重大的購併活動包含以 1,350 萬英鎊的價格，購併美國的橡膠帶子公司 Uniroyal，以及購併高科技的 USM 公司 Synterials：該公司涉足複雜精密模組的設計與製造。

BBA 的收購目標都是與其核心事業相關的公司，進入這些市場的成本較高，以及這些公司仍然可以在萎縮的產業中，賺取良好的現金流量。價格也應反映淨資產有大幅折價。

懷特說，BBA 的小型董事會—包含董事長、他自己、財務長、以及非執行董事—可迅速對提案或決策做出回應，而這樣的架構對於購併的決策

尤其重要。懷特親自盯著購併的過程,進行必要的研究,不須經過中介機構的協助,就進行確認與協商。「若是其他人替我買下一家我尚未瞭解的公司,我擔心我將會無法控制它。」

在考慮要在特定的市場中進行購併時,他通常會有一張載有十家潛在公司的清單,並在當中選擇一家公司著手進行購併。一提到實際的購買行動,他說若是目標公司的總裁離職—通常情況是如此—,他希望「原有的高階主管,可優先被選來擔任新的子公司之高階主管。」

懷特替BBA本身的管理方法,創造出一張具有魔力的企業哲學清單。在這張清單中,他談論到「勇氣以及進取心,比懶惰與小聰明來得受人歡迎」,還說長期成長需要「資源—尤其是人才和資金」以及「維持績效的天份而非淺薄的天份」。

這些哲學觀在許多層面反映懷特內在的宗教信仰。懷特是一位 Central Board of Finance of the Methodist Church 的成員,並已經擔任傳道者達 24 年之久。

他說,在上床前,他將完成他自我設定的每項工作。這個堅持,讓他能夠參與自己在 Leicestershire 的小農場中進行「乾石壁畫」(dry-stone walling)的嗜好。他說他在他的嗜好與事業中,發覺到相似之處—「掌握細節、並讓它們彼此搭配,使達成具體的目標」(Acquisitions Monthly, December 1985)。

附錄 10

BBA 的企業哲學

歷史的慣性對於企業哲學有很大的影響力。BBA 103 年的生存歷史，極受下列特性的影響：

1. 約克夏家長式統治管理主義
2. 專注於重型紡織品的編織；以及
3. 使用編織或以壓平松脂為媒介的摩擦技術

BBA 未來數年的哲學將會調整而非摒棄這些傳統。

管理

1. 勇氣與進取心比懶惰和小聰明來得受人歡迎。
2. 維多利亞時代的工作倫理並非過去才應有的古風。
3. 一位員工只向一位主管負責，該主管只負責最小定義範圍內的工作。
4. 我們擁有或購併的大部份公司中，均應有適當的人選能隨時接手成為領導者。
5. 組織的績效和組織的層級數成反向關係。

市場

我們必須要專注的市場特徵如下：

1. 產品處於成熟或是衰退階段的「夕陽產業」
2. 我們在該區隔的規模可以掌握價格領導地位。
3. 進入市場所需的資本十分高昂。
4. 供應商所有權的零碎程度，讓購併所貢獻的現金流量，可以迅速達成營收成長的目的。

資金

1. 長期屬於奧斯卡·偉德（Oscar Wilde）負責，他已經去世了。
2. 我們事業關鍵的總體以及個體變數之變化極大，以至於撲克牌比賽比規劃更容易預測，反應比沈思更容易預測。
3. 管理者制定的預算是一種對他們上級、下級、股東以及自己的個別承諾。
4. 最便宜的產品才會獲勝。
5. 投資報酬率比市場平均高不到 3% 的事業必須僅限於 Ascot（英國著名的賽馬場）。
6. 槓桿率不得超過 40%。資金運用之處必須為了獲利。
7. 我們並非貨幣投機者，即使我們獲利時也如此。
8. 稅賦是事業的直接成本，因此也必須規避。

9. 維多利亞時代的節儉並非過去才應有的古風。

10. 天下沒有白吃的午餐，便宜的資產通常不實用。

週一

我們的策略是要：

1. 透過有方向的努力增快 BBA 的變化速度；

2. 大幅度的削減成本以提昇純益率；

3. 思考並延長我們生產的產品之壽命；

4. 藉由下列方式而成為我們利基市場的領導者：

（a）產量比競爭者來得多；

（b）將我們在一般市場次要的地位轉化為利基市場的主導地位。

（c）買下競爭對手；

5. 使用較少的資金，並讓稅捐人員和高利貸者無法接觸我們的資金；

6. 規避購買比工作來輕鬆的信念；

7. 疲倦滿足地回家。

也許

1. 複製我們每天的技巧可以提供長期的成長。

2. 我們需要在這個禮拜強化「週一」，而我們的回應應是在未來的三年內，每天都是「週一」。

3. 三年的期限是在目前的環境中，個人可以理解的極限。

4. 長期成長需要：

（a）資源——尤其是人才和資金。

（b）維持績效的天分而非淺薄的天分。

個案 12：GKN ／衛斯蘭（Westland）

GKN 之公司背景

GKN 在 1902 年以 Guest, Keen and Nettlefolds 有限公司的名字成立，該公司是由鋼鐵製造商 Guest、螺絲製造商 Keen、以及木栓製造商 Nettlefolds 三家公司結合而成的。Guest 位於南威爾斯，在密得蘭擁有兩家製造公司。1919 年，該集團購併了汽車業的 Joseph Sankey 公司。至第二次世界大戰結束為止，公司的經營模式大致如此，它在鋼鐵生產與鋼鐵製品事業中取得平衡。

第二次世界大戰後，GKN 同時發展在鋼鐵製造以及諸如鍛造物、沖壓件、和裝配物品之類鋼製產品的活動。這些擴張活動都有英國汽車業的快速成長所支持，而 GKN 並以針對英國陸軍設計、製造的 FV432 人員裝甲載具，打入國防工業市場。

由 1960 年代早期開始，GKN 開始生產技術較為複雜的商品。透過 1966 年購併 Birfield 的方式，該公司開始生產前輪傳動車所使用的固定速度接頭（constant velocity joints, CVJs），並在歐洲傳動系統集團 Uni-Cardan 中取得部份股權。在鋼鐵業於 1967 年國有化之前，該公司將鋼鐵生產以及鋼鐵製品的活動分離。

　　GKN介入CVJs以及前輪傳動裝置的事業，在1970年代獲得回報，當時英國汽車業開始衰退。歐陸製造商經歷著榮景，並在小型以及中型車中，運用更多的前輪傳動設計。GKN也在美國善加運用它這項科技的經驗，稍後，它於1980年代初期在美國建立了兩家CVJ工廠。在1974年和澳洲的布藍柏工業公司（Brambles Industries）以合夥的方式，在英國成立了切普國家運貨拖板聯營中心（Chep），而以此進入了運貨拖板出租事業。切普在1978年進入歐洲大陸市場。

　　公司大部份係透過一系列的購併活動，得以成長進入汽車業。然而，這些活動卻因為在1983年，獨佔委員會（Monopolies Commission）干預阻撓GKN購併Automotive Engineering（AE）的計劃而告終止。

　　在1984年，GKN已經成為英國最大的工程集團。該集團包含216家子公司，並雇用34,000位員工，其雇用員工的數目不及十年前的二分之一。

　　當時組成公司的四大事業部如下：

汽車組件與產品

　　該事業部為汽車、卡車、牽引機、以及其他車輛的製造商生產傳動設備，此外並生產車軸、軸承、活塞、軍用車輛，以及從駕駛台、底盤，到聯結器、碟煞系統之品類眾多的汽車組件。主要之生產區域位於英國，但是該公司也在西德、義大利、美國、法國和丹麥擁有廠房。

工業材料與服務

　　該項事業包含範圍極廣，涉入運貨拖板出租、鷹架、販賣機、金屬拴螺絲機器、椿材、土壤改善材料、以及專業地基服務。其主要的營運區域為英國、南非、美國、西德、荷蘭、法國以及比利時。集團的營運範圍也包含房屋維修系統、鋁及塑膠壓製品、安全鞋與安全衣、水處理裝置、鎖、絞鍊、鋼鐵強化裝置、釀酒桶、以及儲存系統。

批發與工業事業部

該事業部的營運活動包含關於汽車更換組件、鋼鐵儲存與處理，同時將金屬、園藝設備及工具、DIY 與休閒商品配送至超市。其主要活動範圍為英國、法國、美國、以及愛爾蘭。

特殊鋼品與鍛造品

該區隔位於英國，替汽車、農業、太空、礦業、以及鐵路業生產電解合金、以及特製碳鋼和鍛造鋼品。其產品包含凸輪軸、機軸、汽油渦輪機盤、鋼鐵、以及懸吊組合。

崔維・何斯華斯（Trevor Holdsworth）在 1980 年 GKN 最低潮時接手。其繼任者形容他將 GKN 從「密得蘭的領導金屬商轉為世界複雜新工程商品的創新與發展領導者，並在設計與生產中，運用最尖端的科技。」

何斯華斯描述公司的目標，是要在 1980 年代以及之後，透過新科技、新產品、新服務、新市場、以及新設備，來重新建立並擴張 GKN。他察覺到讓 GKN 成為全球競賽者的重要性。GKN 在國際舞臺上攫取市場，並在歐洲、日本以及北美洲進行策略聯盟。

在 1984 年至 1988 年期間，GKN 採行合理化、處分或移轉與發展策略無關之關係企業等措施。這包含如鋼鐵鎖這種公司原本提供的事業，以及鋼鐵鑄造之類的事業。同時公司也開始進行如廢棄物處理之類的新投資。

在宣布退休之前，何斯華斯「已經準備好繼承事宜」，1986 年宣布由大衛・李斯（David Lees）繼任，而總經理以及其他的副主管並且退出，以讓新的管理團隊進駐。該團隊包含當時的執行董事，這些人在 1987 年組織重組時，被賦予更大的權限。該團隊的成員年齡比退休者年輕約十歲。

李斯成為總裁後所發表的第一項聲明指出：GKN 現在已經擁有清晰的

策略，經營團隊具有充分的能力能夠加以執行，並且散佈於各國的生產與服務事業提供健全的根基可以進一步成長。他說，他的目標是透過購併、投資、以及有機性成長的方式，持續擴張服務業務。汽車事業的策略是要持續國際化，並將發展新產品視為關鍵議題，此外，他宣布將國防事業的擴充視為策略目標。

1990 年董事會面臨一些組織重整。國防事業不再是該企業的重要方向，而汽車事業部分割為 GKN 汽車駕駛系統、以及工程與農機產品。國防事業的主管，變成機械與農機產品的主管。新事業部的名稱並未直接反映在營運的回顧中。事業發展主管離職且未遞補。公司也進行其他變革，以回應許多市場中疲弱的需求狀況，李斯認為這些市場的狀況無法在短期間扭轉。這包含採取改善績效與降低成本的行動，同時包含縮短管理報告路徑。即使廠房與機器設備的投資必須要延遲，訓練與管理發展仍然被認為是需要持續投資的領域。GKN 持續重視品質，並獲得 16 項新的品質獎項。

就策略而言，只要立刻在東德進行購併，就可獲得進入東歐汽車業的機會，這將用來供應東歐汽車市場的駕駛零組件。國防事業的策略地位仍然十分重要。1990 年也在美國推出切普運貨拖板堆置處。這將與歐洲的事業結合，而公司認為在 1990 年代，該事業將十分具有發展潛力。

在 1993 年的年報中，GKN 不同事業部的前景敘述如下：

汽車駕駛產品

該區隔在 1993 年的銷售額約佔集團的 57%，負責生產 GKN 產品組合中最重要的單一產品 CVJ。CVJ 的發展已經有超過 35 年的歷史，該產品用來使汽車能夠採用前輪傳動，現在 84% 的商品應用在輕型商務車和房車上。GKN 是全世界最大的 CVJ 以及方向盤製造商，約佔世界總產量的 30%（第二大製造商為日本的 NTN，產量佔 15%，其餘的部份大多由汽車製造商的自家工廠所生產）。1993 年，GKN 在英國、德國、法國、西班牙、

義大利和美國，以及在全世界十個關係公司的工廠中生產了約4,800萬套
CVJ。

該事業部也包含與西門子在德國的策略聯盟（48.5%）Emitec，該公
司生產觸媒轉化器所使用之金屬材料。1993年該公司的銷售額增加了
31%。

工程與農機產品

該區隔包含GKN國防、車軸事業部、以及粉末冶金事業部。農機事業
部位於德國，並銷售農業駕駛系統以及牽引機附屬系統。

GKN Sankey包含工程產品以及工業產品事業部；GKN Wheels的營運
地點位於英國與丹麥，而GKN Sheepbridge Stokes生產汽車、商業、以
及工業柴油引擎。Powder Metallurgy事業部提供一系列工業與汽車市
場使用的金屬粉末組件。

國防事業的銷售額超過1億英鎊，而與科威特政府與英國政府之間的
協議，能保障 Warrior 戰鬥車輛出口到 1997 年為止。

工業服務

該區隔主要的事業為切普運貨拖板出租事業（與澳洲布藍柏工業公司
策略聯盟）、Cleanaway之廢棄物處理相關活動，以及包含鷹架出租和販
賣機的其他事業。

由於公司處分一些事業，使1993年的銷售額減少了2,400萬英鎊。
切普目前在歐洲擁有3千萬個運貨拖板，而每年跨國的運貨成長50%。在
所有國家的營運，都顯示1993年的業務將持續成長。

切普在8月推出一個歐洲的專屬集散中心。第一項合約是替通用汽車
運送零組件，每年在11個汽車製造中心以及約600個供應商之間運送8百

萬件貨品。

切普擁有6百萬個運貨拖板,並在全國擁有150家維修站。其規模在1993年加倍。在雜貨、同盟、以及其他產業中的許多開創性營運,將提供企業持續成長的良機。

產業趨勢

汽車組件產業

全世界位於北美、歐洲、日本的汽車與商務車製造商,均面臨疲弱的需求以及全球市場的競爭壓力,並產生財務緊縮等問題。汽車的生產成本中,約有50%至70%來自外部供應商的零組件與原料。領導的汽車製造商開始在世界各地進行營運活動,零組件製造商若想要維持核心供應商的角色,就必須被迫因應這樣的國際化拓展趨勢。汽車製造商也尋求將大部份的新產品研發與零組件製造商共同分擔。領導的供應商擔任系統製造商,而非個別零組件供應商的角色。他們透過同步工程的方式,和汽車製造商緊密合作,因此他們在設計與製造工程上高度整合。

來自於汽車製造商的壓力,迫使零組件產業進行重整。零組件製造商大幅地減少他們自己的供應商,並在合理化的壓力下,開始在全球各地尋找供應來源。傳統上這個產業的區隔十分零碎,開始因而變得較集中。最大的集團透過購併的方式開始成長─尤其可以在最近英國集團T&N,對德國活塞環製造商Goetxe的購併案中看出。同時,諸如西門子以及曼內斯曼(Mannesmann)之類,過去將汽車業視為外圍產業的大型企業,也開始進入汽車零組件的專門領域,在這些領域中,它們可以善加運用自身的技術與財務優勢。

工業服務產業

在雜貨產業中，因為未使用標準的運貨拖板，而導致的產品損耗、生產力喪失、增加的運費、以及增加的處理量，所衍生的運貨拖板問題，每年浪費掉 20 億英鎊之多。問題來自產業的運貨拖板交換系統，這個系統包含運貨者與收貨者，它們應自願性地依照單位數，交換品質相近的運貨拖板。然而這樣的情況很少發生。此導致對於第三者的運貨拖板交換之興趣增加。運貨拖板集散中心主要的優點，是所有的參與者，都能使用標準的高品質運貨拖板。

運貨拖板集散的概念在英國被廣泛接受，但是在美國並未受到重視，這個概念在英國面臨須顯示符合成本效益的挑戰。

航太與國防產業

世界市場過去由軍方的需求所主宰，然而目前的情況不再—1980 年代早期，軍方的需求在該市場的佔有率達 70%，1990 年軍方和民間的需求比率大約相等，而在 1994 年，民間需求主導 70% 的市場。

競爭具有全球的規模，全球有超過一半的產量被出口。美國為該產業的領導者，其四個主要廠商的生產量，比歐洲整體航太產業的兩倍還多。歐洲航太產業居世界第二，其民間產量在過去 10 年內持續成長，而該區隔在 1980 年代進出口的比率持續上升。

由於進入航太業的投資要求門檻高，使它成為一個高度集中化的產業。舉例來說，即使目前的直昇機中包含80%的電腦系統，現在強調的重點，仍然在於發展方案中，電腦科技所扮演的角色。因此研發是一項特別重要的因素，這可由該區隔所雇用高比例的技術熟練人員而得知。1990 年該產業雇用的員工中，有 24% 從事研發活動。

大型公司的民生與國防子公司的企業文化有很大的差異。舉例來說，波音公司認為這將無法使企業的績效達到最佳狀態，因此將其民間與國防武器事業部分離，這使得個別單位的績效都有顯著的改善。此事件意味著任何同時涉足這兩個區隔的公司，如衛斯蘭公司，若是試圖以減少對於國

防事業部投入的方式，來擴充民生事業，將會面臨困難。

英國的國防採購自 1985 年起，開始引入合約競標以及固定價格合約。這個事件十分重要，因為這使部份的英國企業，首次面對來自國外的競爭對手，同時也增加了進口量。

英國政府在政策上的轉變，對國防工業的影響，因為 1980 年代晚期冷戰的結束而更加深遠，之後全世界出口額因為油價疲軟，以及第三世界的債務危機，而使其生意減少了三分之一。這些對英國國防工業的衝擊，使得本地的銷售額減少了 20%，而進口增加了 10%。

另一個在固定合約下產生的更大問題，是新進方案在研發成本的膨脹。要融通如此高漲的成本，是產業未來所必須面對的重大挑戰。

仍然停留於國防工業中的企業，以處分非核心事業、購併競爭對手、以及策略聯盟等方式，整合其競爭地位。這些行動進一步增加了市場的集中度，較弱小的企業難以建立足夠的市場佔有率，因而容易被購併。

政府的採購活動仍然是一項重要因素，而許多政府仍然保護自己國家的國防產業─舉例而言，在 1993 年英國的國防預算中，有 75% 由英國企業獲得，16% 是合作協議，僅有 9% 來自進口品。

由於英國國防支出削減，外銷市場的成功將會變得越來越重要。英國是僅次於美國的第二大國防設備出口者，並佔有全世界 20% 的市場。圖 1 說明近年來英國企業的主要顧客以及主要的進口國家。

1990 年 MOD 發表了《改變的抉擇》（Options for Change）白皮書─說明未來十年的國防支出規劃─該計劃中指出，將減少坦克、槍械、步兵軍隊、地面攻擊飛機、以及海面護航艦隊。由於空中騎兵的概念，重心將放在增加規模縮小後的軍隊之機動性與彈性。如此一來該產業將面臨更多的直昇機需求，而衛斯蘭公司的優越地位，使它可以藉由新發展的 EH101 直昇機奪得有利地位。

此外，英國民間航太產業預期將在 1995 年之後好轉，預估需求將與

旅遊和休閒產業同步穩定成長。

由於策略的重要性，政府必須在支持英國航太業中扮演關鍵角色。英國是世界上四個擁有完整航太能力的國家之一，而該產業對於英國出口的貢獻最大。

雖然國防與民生區隔中存在著差異，它們之間仍然存在著綜效，這在直昇機產業中尤其明顯。在直昇機產業中，所有的製造商都極仰賴軍方的訂單，而幾乎所有的民用直昇機，都是軍用直昇機的衍生機型。

全球市場中有八家主要的直昇機製造商一其中四個位於西歐：

⊙ 法國的 Aerospatiale

⊙ 義大利的 Augusta

⊙ 德國的 Masserschmitt-Bolkow-Blohm

⊙ 英國的衛斯蘭公司

另外四家為美國公司：

⊙ 貝爾公司

⊙ Boeing-Vertol

⊙ 休斯（麥道航空的子公司）

⊙ Sikorsky（聯合技術公司的子公司）

這些公司在各種機型上彼此競爭，從輕型設備、大型戰術運輸機、到反潛戰鬥機。預測顯示，十年後世界市場將有 35,000 架直昇機，其中一半供為軍事用途，而美國的需求主要為中大型飛機。大部份的民間市場將由小型飛機主導，而上述的歐洲製造商專注於這些市場。

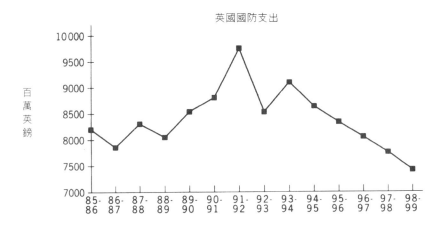

英國國防支出

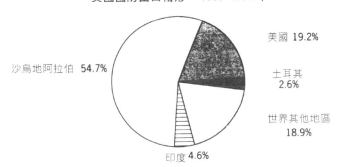

英國國防出口情形，1985-1989 年

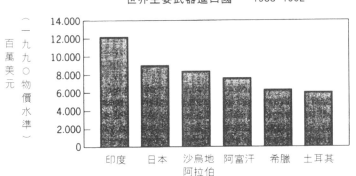

世界主要武器進口國 ，1988-1992

圖 1　國防支出、出口與進口情形

　　雖然歐洲製造商傳統上依賴美國的直昇機授權，近年來它們廣泛地自行開發，並開發出許多原型的民用與軍用設計，而和美國產品激烈競爭。同時，新型直昇機增加的研發成本，使得在範圍極廣的各種投資中，產生了多項國際合作案，爲了這些目的，還發展出許多專業的歐洲公司。這些策略聯盟成爲直昇機產業的重要特徵。

　　舉例而言，歐洲直升機財團—由 Aerospatiale 以及 Messerschmitt-Bolkow-Blohm 共同擁有—在 1990 年代，針對這兩個國家的軍方發展出反坦克直昇機。第二個集團爲 Anglo-Itilian EH Industries—由衛斯蘭公司與 Augusta 共同擁有—該集團的設立是爲了要替英國皇家海軍（更換 Sea King 反潛直昇機）、以及義大利海軍發展直昇機，同時也發展民用機型。

　　在這四家歐洲公司之中，Aerospatiale 是最大的公司，並廣泛涉足包含飛機、直昇機、戰術飛彈、太空與戰略系統。直昇機約佔其銷售額的 23%（營收爲 4 億 3,500 萬法郎），並計劃要專注於生產優越的民用直昇機 Ecureuil，同時也產軍用的 Super Puma、Dauphin 以及 Tiger 型。

　　Augusta 爲一家義大利集團的子公司，多角化的範圍極廣，該公司擁有很多類型的直昇機，包含 A-109 一般用途直昇機、及 A-129 Munngusta。Augusta 同時獲得授權，生產一些 Sikorsky、貝爾公司、及 Boeing-Vertol 的直昇機機型。另外該公司也與衛斯蘭公司一同生產 EH101 直昇機。

　　德國的 Messerschmitt-Bolkow-Blhm 公司專注於輕型直昇機，主要包含 PAH-1 反坦克直昇機與 BO-105 型的軍用與民用版。

　　美國的 Sikorsky 公司是聯合科技公司的子公司，營收達 180 億美元，且銷售平均分佈於航太、國防、建築與汽車業，該公司是主要的競爭

對手。其主要的直昇機組合一包括成功的黑鷹（Black Hawk）、阿帕契
（Apache）、以及海鷹（Sea Hawk）一使它成爲美國陸軍與海軍最大的
供應商。

衛斯蘭公司

公司主要的活動是製造與供應直昇機和氣墊船，供民用與軍方用途，
同時針對航太產業不同區隔的顧客，供應各種複雜的零組件，並提供支援
服務。這些活動組合爲三個事業部：直昇機、航太、以及科技。然而，直
昇機事業部幾乎佔銷售額與獲利的三分之二。

在1980年代中期，該公司因爲W30的失敗，並未擁有重要的產品可
供銷售。如此一來，公司的訂單就產生了很大的缺口，這個缺口無法以公
司當時（和Augusta一同）發展的新型EH101來彌補，因爲該型機在1990
年中期之前，都還無法產生任何的銷售利潤。

爲了立即的生存問題，該公司尋求英國政府以下訂單的方式強力介
入。隨後政府於1987年，下了3億英鎊的訂單，同時承諾支付EH101的
研發費用。這樣的情況強調了政府持續支持的重要性，但更重要的，是公
司必須發展出與生命週期互補的產品。W30的失敗產生了一個無法彌補的
縫隙。

在重整後的期間內，衛斯蘭公司積極透過購併、以及擴充產品組合的
方式，追求發展並強化其航太與科技事業部。1987年，衛斯蘭公司以250
萬英鎊的價格，買下美國航太服務公司Hermetic飛機60%的股權，並用
作主導科技事業部的航空空調事業中，客戶服務的基礎。同年，衛斯蘭公
司也買下Marex Technologies公司65%的股權，這是一家替近海產業、
以及工業程序控制、製造控制與資料存取系統的公司。透過小型的購併
案，它們擴充公司目標，增加產品線，納入了對民用航空業的支援服務，
同時欲達到在航太研發之高科技領域的領導地位。除了EH101有利的特

色、以及在過去的專案中所學到的知識，該企業也同時發展數種軍用與民用的產品類型。

　　EH101 具潛力的一項徵兆，就是它所獲得的大規模訂單。在 1991 年，英國海軍訂購了 44 架反潛直昇機，加拿大政府訂購 50 架，這兩項訂單總額達 12 億英鎊。1994 年訂單達 19 億英鎊，但是直到 1996 年才能交貨，在這段期間內，該企業將因為升級作業、以及 Sea King 與 Lynx 的逐漸交貨而獲利。

GKN／衛斯蘭公司

　　在 1988 年，GKN 以 4,800 萬英鎊的價格（每股 112 便士），由 Fiat 和 Hanson 公司處買下衛斯蘭公司 22% 的股權。加上特別股轉換後，GKN 控制衛斯蘭公司 26.6% 的股權。它們也因此捍衛了聯合科技公司（United Technologies, UTC）購併該公司的可能性。該項交易背後的理由是：「拓展 GKN 在機動武器方面的生意」（1988 年年報）。一般認為，由 GKN 製造，可迅速反應的武裝車輛，和擁有類似能力的直昇機之間存在著綜效。這兩種武器，被用來當作類似武器系統的砲座，並且由行銷的觀點來看，買主也通常是相同的一群人。

　　在 1994 年的前幾個月中，GKN 以每股 290 便士的價格，自 UTC 手中買下衛斯蘭公司 17.9% 的股權，這讓 GKN 擁有的股權比例達到 45%。1994 年 3 月，GKN 出價，欲以 290 便士的價格，購買衛斯蘭公司剩餘的股權。這次的交易因為和阿拉伯工業化組織（Arab Organization for Industrialization, AOI）進行的一些訴訟，而變得更為複雜。

　　在 1993 年，AOI 指出因為 1979 年合約的取消，而遭受 3 億 8,500 萬英鎊的生意損失。這對於可運用於未來產品研發、購併等活動的財務資源，產生很大的衝擊。

　　在 GKN 競標時（如下），並未有任何款項的支付。對於整筆款項是

否能夠交付，或能否以現金的形式交付等議題，仍存在著相當大的疑慮。在提供的文件中，GKN 談到：

> 在宣布這項交易之前，*GKN* 完整地依照公開資訊，評估過衛斯蘭公司未來的展望。*GKN* 相信，在 *GKN* 於去年 *11* 月開始出價賭這項可能性時，市場對衛斯蘭公司之價值的看法，能夠忠實地反映出衛斯蘭公司的前景與不確定性。自那時候開始，就很少有關於衛斯蘭公司的公開資訊發布。事實顯示，在市場瞭解 *AOI* 於去年 *7* 月初發表之宣言所造成的影響後，直到 *11* 月底競標開始為止，衛斯蘭公司的股票交易的價格維持在 *210* 便士至 *250* 便士之間。這個範圍與 *GKN* 內部對於產品環繞著不確定性的衛斯蘭公司之價值的看法一致。

　　4 月時，對衛斯蘭公司每股價格（面額 2.5 便士）的出價，上漲到 335 便士。替代方案為 165.6 便士的現金加上新 GKN 股票每股 0.3096 便士。GKN 的股價為 538 便士，但與 AOI 有未了的官司，推估要付每股 44 便士。

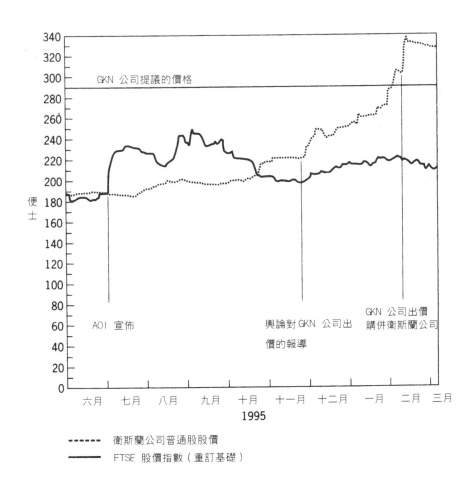

便士

六月　七月　八月　九月　十月　十一月　十二月　一月　二月　三月

1995

AOI 宣佈

輿論對 GKN 公司出

價的報導

GKN 公司出價

購併衛斯蘭公司

GKN 公司提議的價格

-------　衛斯蘭公司普通股股價

────　FTSE 股價指數（重訂基礎）

圖2　自十一月起反映炒作的股價

附錄 1   購併、處分以及策略聯盟

日期	國家	公司	活動
購併			
1984 年 8 月	美國	Godfrey Holmes	汽車通路
1984 年	美國	Beck/Arnley	汽車零件
1984 年	美國	Hayward Baker	大地工程
1985 年	美國	Kwikform America Inc	鷹架與模版企業
1985 年	美國	Automotive Parts	汽車零件
1985 年 11 月	澳洲	Quinton Hazell Automotive Div.	汽車零件批發/零售通路商
1985 年		Manchester Steel	鋼鐵
1986 年 6 月		British Vending	販賣機
1987 年 7 月	義大利	Saini SpA	粉末冶金
1987 年 9 月	澳洲	Macbro Rental Pty	
1987 年 9 月	英國	Adapt Vending	販賣機
1987 年 12 月	英國	Compass Vending	販賣機
1987 年 6 月	英國	General Plumbing & Roofing Services	資產維護
1987 年	荷蘭		脚踏車零組件
1987 年 4 月	美國	Sparks Tune Up Centers	汽車調整及潤滑
1988 年 2 月	英國	Cory Coffee Service	販賣機
1988 年 2 月		Triplex/Lloyd	工程鋼鐵
1988 年 10 月		衛斯蘭公司 22% 股權	直昇機製造商
1988 年	美國	Woodbine Corporation	大地改良專家
1988 年 8 月	美國	Mid-American Industries Inc	汽車零組件通路
1988 年		F.H. Lloyd	鋼鐵廠/碾壓廠
1988 年		經由 United Engineering Sttels 購併 Woodstone	碾壓廠
1988 年		British Bright Bar	
1988 年	美國	National Automotive Superstores	
1989 年 1 月		Hollicell	uPVC 窗戶、金屬包被
1989 年 2 月	義大利	Comaxle Srl	四輪牽引機輪軸之領先供應商
1989 年	美國	Daves Auto Stop	
1989 年	美國	Roberts Automotive	
1989 年	美國	Save Auto Stores	
1989 年		Midland Bright Drawn Steel	
1990 年	美國	H&H Rentals	設備租賃
1991 年	英國	Caird Group	乾燥廢棄物收集
1993 年	東德	GKN Walterscerd Getrrebe	變速箱

附錄 1（續）

日期	國家	公司	活動
處分			
1984 年 1 月	澳洲		牽引機暨卡車輪胎
1984 年	英國		活塞暨卡車輪胎
1985 年 9 月		Hardware Distrib.	
1985 年		Industrial Services and Suppliers	鈕釦、安全鞋
1986 年		Firth Cleveland	
1986 年		Granville Chemical	
1986 年	愛爾蘭	GKN Autoparts	
1986 年		GKN Steelstock	鋼鐵儲存
1986 年	法國	Uni-Cardan Service	
1986 年及 1988 年	德國	GKN Stenman	
1987 年		GKN Birwelco	石化工廠、焚燒阻絕裝置
1987 年 1 月		Scandinavian Security Systems	安全系統
1987 年 10 月		Laycock	離合器
1987 年		切普	第三者運貨拖板製造公司
1987 年 9 月		South London Pistons	引擎零件通路商
1987 年 10 月		Allied Steel & Wire	
1988 年		GKN Sankey	釀酒桶暨釀酒設備
1988 年			建築硬體
1988 年	美國		安全鎖

附錄 1 （續）

日期	國家	公司	活動
購併			
1988 年 9 月	美國	GKN Aftermarket	進口零件
1988 年 9 月	美國	Worldparts	汽車零件
1988 年 9 月	美國	Beck/Arnley	
1989 年		GKN Kwikform	工業服務部門
1989 年 8 月		GKN Autoparts	通路
1990 年 10 月	澳洲	GKN Autoparts	
1991 年		Small peripheral businesses	工業服務與通路
1991 年	英國	ACS Coffee Service	販賣機
1991 年	荷蘭	GKN Stenman	
1991 年		GKN Property Maintenance	
1992 年		Dudley Plating	工程產品
1993 年 8 月		Automatic Catering Supplies Company	販賣機

附錄 1（續）

日期	國家	公司	活動
策略聯盟（含佔股權比例較小者）			
1983 年	西班牙	Carraro SpA	車軸與相關零組件生產
1983 年 7 月		GKN Kwikform 60% 股權	鷹架與建築服務
1983 年 1 月		British Bright Bar 40% 股權	
1984 年	德國	Viscodrive GmbH 50% 股權	開發與銷售黏著控制系統
1986 年 3 月	西班牙	增加在 Ayra Surex SA 的控股比例	駕駛組件
1986 年	西班牙	Industrias Mecanicas de Galicia SA 66% 股權	C.V.方向盤
1985 年 4 月	澳洲	GKN Kwikform Industries 66% 的股權	鷹架暨建築服務
1985 年	日本	Viscodribe Japan KK 51% 股權	黏著控制系統
1985 年	墨西哥	Sinter SA 17.65% 股權	
1986 年	日本	Translite KK 60% 製造公司股權	混合彈簧葉
1985 年		United Engineering Steels	
1987 年 3 月	德國	ViscodriveGmbH 股權增加至 75%	
1989 年 1 月		Hollicell	uPVC 窗戶、金屬包被
1986 年 8 月	德國	Emitec GmbH	觸媒轉化器的金屬底盤
1986 年 12 月	美國	GKN Dyno-Rod Inc 60% 股權	
1988 年 1 月		在 Uni-Cardan 股權比例增加到96.7%	
1988 年 2 月	澳洲	Unidrive Pty Ltd 30% 股權	
1988 年		Venture Pressings Ltd	替 Jaguar 汽車製造沖壓外殼
1988 年 3 月	中國	Shanghai GKN Drive shaft Company 25% 股權	
1989 年 2 月		GKN-Brambles Enterprises	
1988 年		買下 GKN Kwikform Industries 剩餘股權	
1989 年	德國	United Engineering Steels	汽車懸吊暨鋼鐵組件
1990 年 9 月	美國	切普 Pallet Pool	

附錄 2　GKN 之財務資料（百萬英鎊）（調整至 1993 年物價水準）

	1993	1992	1991	1990	1989	1988	1987	1986	1985	1984	1983	1982	1981	1980	1979
銷售額															
子公司	2022	2034	2028	2286	2594	2626	2636	2975	3286	3303	3280	3181			
關係企業	617	543	534	623	700	505	706	666	451	425	315	284			
	2639	2577	2563	2909	3295	3131	3342	3641	3737	3728	3595	3465	3451	4068	4896
營業純益	107	129	100	167	236	209	191	211	236	217	200	148	153	78	345
來自關係企業營業	27	24	31	65	70	54	53	35	22	19	15	5	9	15	50
外損益前之淨稅前純益															
（92 年前如報表所示）															
息前稅前純益							244	246	258	236					
應付利息減應收利息	-25	-23	-31	-39	-42	-28	-40	-55	-60	-54	-67	-89	-98	-95	-80
營業外損益前暨稅前純益	109	130	100	193	264	235									
停業部門損益	-1	-4	-23	-29	-10	-46									
（91 年以後如報表）															
關係企業收取之營業外費用	-10	-1	-4	-37	-1	0									
繼續營業部門稅前純益	98	124	73	127	253	189	204	191	199	182	148	64	64	-2	315
稅賦	-41	-58	-43	-63	-86	-73	-69	-74	-88	-94	-80	-57	-51	-68	-110
少數股權	-18	-17	-18	-20	-20	-16	-18	-19	-16	-16	-10	-9	-13	-15	-17
本期盈餘	39	49	12	44	147	100	116	98	94	73	58	-2	0	-85	187
非常損益							-31	-52	-30	-32	-38	-92	-47	-106	
（92 年以前如報表）															
股利	-52	-51	-55	-57	-61	-56	-47	-45	-43	-38	-33	-23	-25	-27	
結轉保留盈餘	-13	-2	-43	-13	86	45	39	1	21	3	-13	-117	-72	-218	

附錄 2（續）

資產負債表
（調整至 1993 年價格）

	1993	1992	1991	1990	1989	1988	1987	1986	1985	1984	1983	1982	1981	1980	1979
有形固定資產	672	707	707	778	803	711	734	790	884	996	950	1051	1128	1256	1445
存貨	265	313	307	368	470	457	523	611	678	779	671	748	850	986	1293
償權減償務	-227	-100	-92	-95	-110	-114	-101	-104	-125	-130	-87	-75	-128	-40	70
（不含租賃）															
淨營運資產	710	920	922	1050	1163	1055	1155	1297	1437	1645	1534	1724	1849	2202	2809
投資	321	300	294	297	342	338	293	403	194	228	221	176	195	70	110
應付稅賦與應付股利	-59	-78	-59	-66	-91	-89	-69	-56	-64	-62	-78	-49	-38	-44	-155
借款淨額											-399	-637	-621	-696	-652
（88 年以前如報表所示）															
債務與費用準備	-149	-151	-121	-119	-131	-108	-116	-120	-93	-94	-70	-71	-66	-63	-67
資產	823	992	1036	1162	1283	1196	1262	1524	1474	1717	1208	1143	1319	1468	2045
股東權益	656	668	699	762	816	817	850	932	947	1059	1082	1028	1228	1381	1942
少數股權	157	163	149	154	103	89	90	118	87	163	126	115	91	87	102
負債淨額	10	160	189	247	364	291	322	474	441	495					
	823	992	1036	1162	1283	1196	1262	1524	1474	1717	1208	1143	1319	1468	2045
統計數字															
每股盈餘	14.7	19.0	4.3	17.1	57.5	41.0	48.1	41.2	39.7	32.2	29.0	0.0	0.0	0.0	115.3
營業外損益前每股盈餘	18.7	21.0	15.0	40.5	61.3	58.2									
每股股利	20.5	20.9	21.6	23.0	24.5	22.5	20.1	18.8	17.9	16.7	15.0	13.9	15.1	16.9	48.4
營業純益佔子公司銷售額比率（%）	5.3	6.3	5.0	7.3	9.1	7.9	7.3	7.1	7.2	6.6	6.1	4.6	4.4	1.9	1.9
營業純益佔淨營運資產比率（%）	15.0	14.0	10.9	15.9	20.2	19.7	16.6	16.2	16.4	13.2	13.0	8.6	8.3	3.6	12.3
息前稅前純益佔資產比率（%）							19.3	16.1	17.5	13.8					
本期盈餘佔股權比率（%）							13.8	10.6	10.0	6.9	5.4	0.0	0.0	0.0	9.6

附錄 3　GKN 之不同 SBU 的財務資料

GKN 不同事業的比率分析（百萬英鎊）

	1985	1986	1987	1988	1989	1990	1991	1992	1993
汽車與工程部門									
營業純益	108	101	92	100	117	90	60	95	96
淨營運資產	536	640	618	562	671	671	644	675	496
銷售額	1001	1143	1208	1282	1373	1436	1413	1523	1559
資本報酬率	20.15	15.78	14.89	17.79	17.44	13.41	9.32	14.07	15.32
毛利率	10.79	8.84	7.62	7.80	8.52	6.27	4.25	6.24	4.87
銷售額佔固定資產比率	1.87	1.79	1.95	2.28	2.05	2.14	2.19	2.26	3.14
工業服務與配送部門									
營業純益	32	36	46	58	75	59	35	31	31
淨營運資產	260	258	215	236	277	266	231	227	214
銷售額	823	723	693	705	742	604	512	471	463
資本報酬率	12.31	13.95	21.40	24.58	27.08	22.18	15.15	13.66	14.49
毛利率	3.89	4.98	6.64	8.23	10.11	9.77	6.84	6.58	6.70
銷售額佔固定資產比率	3.17	2.80	3.22	2.99	2.68	2.27	2.22	2.07	2.16
鋼鐵與鍛造部門									
營業純益	18	9							
淨營運資產	166								
銷售額	376	193							
資本報酬率	10.84								
毛利率	4.79	4.66							
銷售額佔固定資產比率	2								

附錄 4 不同區域的財務資料

GKN不同區域的比率分析（百萬英鎊）

	1985	1986	1987	1988	1989	1990	1991	1992	1993
英國									
營業純益	29	25	48	58	62	52	29	38	37
淨營運資產	287	286	270	243	274	339	325	300	170
銷售額	689	621	714	824	772	728	649	661	659
資本報酬率	10.10	8.74	17.78	23.87	22.63	15.34	8.92	12.67	21.76
毛利率	4.21	4.03	6.72	7.04	8.03	7.14	4.47	5.75	5.61
銷售額佔固定資產比率	2.40	2.17	2.64	3.39	2.82	2.15	2.00	2.20	3.88
歐陸									
營業純益	56	77	69	69	91	77	62	67	38
淨營運資產	309	405	398	379	458	422	393	429	372
銷售額	580	721	707	695	796	824	815	834	779
資本報酬率	18.12	19.01	17.34	18.21	19.87	18.25	15.78	15.62	10.22
毛利率	9.66	10.68	9.76	9.93	11.43	9.34	7.61	8.03	4.88
銷售額佔固定資產比率	1.88	1.78	1.78	1.83	1.74	1.95	1.07	1.94	2.09
美洲									
營業純益	51	28	13	21	24	12	3	14	22
淨營運資產	168	176	131	133	152	126	114	138	136
銷售額	484	451	398	368	411	374	354	403	481
資本報酬率	30.36	15.91	9.92	15.79	15.79	9.52	2.63	10.14	16.18
毛利率	10.54	6.21	3.27	5.71	5.84	3.21	0.85	3.47	4.57
銷售額佔固定資產比率	2.88	2.56	3.04	2.77	2.70	2.97	3.11	2.92	3.54
世界其他地區									
營業純益	4	7	8	10	15	8	1	7	10
淨營運資產	32	31	34	43	64	50	43	35	32
銷售額	71	73	82	100	136	114	107	96	103
資本報酬率	12.50	22.58	23.53	23.26	23.44	16.00	2.33	20.00	31.25
毛利率	5.63	9.59	9.76	10.00	11.03	7.02	0.93	7.29	9.71
銷售額佔固定資產比率	2.22	2.35	2.41	2.33	2.13	2.28	2.49	2.74	3.22

附錄 5　1988 年至 1992 年 GKN 切普有限公司之財務分析

合併損益表（千英鎊）

	1988	1989	1990	1991	1992
營收	49,983	60,771	73,687	79,342	80,342
營業純益	20,323	22,349	26,690	30,087	27,314
利息費用	-4,088	-7,204	-10,171	-9,677	-8,444
稅前純益	16,235	15,145	16,519	20,410	18,870
稅賦	-4,423	-3,580	-2,515	-4,912	-2,574
稅後純益	11,812	11,565	14,004	15,498	16,296

合併資產負債表（千英鎊）

	1988	1989	1990	1991	1992
固定資產					
有形資產	60,034	73,165	88,909	91,146	100,613
無形資產					
	60,034	73,165	88,909	91,146	100,613
流動資產					
存貨	1,284	672	2,604	1,064	2,265
債權	9,787	12,781	14,461	13,477	13,817
投資					
銀行存款	1,396	790	1,354	1,199	
其他	111	370	276	638	3,018
	12,578	14,613	18,695	16,378	19,100
流動負債					
債務	-6,678	-8,368	-8,154	-11,463	-12,890
貸款／透支	-1,832	-2,360	-2,724	-2,721	-2,129
其他	-14,437	-11,988	-16,794	-13,108	-15,996
	-22,947	-22,716	-27,672	-27,293	-31,015
淨流動資產	-10,369	-8,103	-8,977	-10,914	-11,915
總資產減流動負債	49,665	65,062	77,932	80,232	88,698
長期負債	-36,792	-52,202	-63,970	-66,177	-74,598
一年後到期之負債	-13		-58	-62	
淨資產	12,860	12,860	13,904	13,993	14,100
股東權益					
投入資本	6,129	6,129	6,129	6,129	6,129
保留盈餘	6,731	6,731	7,775	7,864	7,971
	12,860	12,860	13,904	13,993	14,100
核定資本	10,000	10,000	10,000	10,000	
營收	49,983	60,771	73,687	79,342	80,342
稅前純益	16,235	15,145	16,519	20,410	18,870
有形資產淨額	49,665	65,062	77,932	80,232	88,698
股東權益	12,860	12,860	13,904	13,993	14,100
純益率（％）	32.48	24.92	22.42	25.72	23.49
股東權益報酬率（％）	126.24	117.77	118.81	145.86	133.83
資本報酬率（％）	40.92	34.35	34.25	37.50	30.79
流動比率	0.49	0.61	0.58	0.56	0.54
長期負債	38,637	54,562	66,752	68,960	76,727
槓桿率（％）	0.75	0.81	0.83	0.83	0.84
員工數	742	822	938	924	1,042

附錄 6　衛斯蘭公司之資產負債表暨損益表

合併資產負債表（百萬英鎊）

	1984	1985	1986	1987	1988	1989	1990	1991	1992	1993
固定資產										
無形資產				4.3	4.0	3.7	3.3	3.0	2.7	2.3
有形資產	105.8	95.7	93.1	108.9	105.4	109.7	112.1	133.7	133.9	133.1
投資	1.10	1.40	1.50	1.50	1.60	1.80	1.10	1.10	1.50	1.70
	106.9	97.1	99.3	114.7	111.0	115.2	116.5	137.8	138.1	137.1
流動資產										
存貨	138.2	114.8	109.7	160.2	169.9	128.9	127.0	133.2	145.8	146.3
債權	78.1	72.5	69.3	71.8	81.9	92.7	85.7	101.9	102.9	111.1
現金與銀行存款	2.4	1.9	70.7	25.9	3.2	13.6	14.2	12.8	7.7	33.0
	218.7	189.2	249.7	257.9	255.0	235.2	226.9	247.9	256.4	290.4
總資產	325.6	286.3	349.0	372.6	366.0	350.4	343.4	385.7	394.5	427.5
一年內到期之負債	127.3	132.1	104.2	121.4	145.8	128.6	125.5	136.7	134.1	153.6
淨流動資產	91.4	57.1	145.5	136.5	109.2	106.6	101.4	111.2	122.3	136.8
總資產減流動負債	198.3	154.2	244.8	251.2	220.2	221.8	217.9	249.0	260.4	273.9
一年之後到期之負債	46.2	49.6	65.4	40.4	37.2	42.5	43.3	44.3	40.4	39.6
債務與支出準備	15.9	68.4	67.3	65.4	39.9	27.4	11.8	12.3	14.9	14.3
淨資產	136.2	36.2	112.1	145.4	143.1	151.9	162.8	192.4	205.1	220.0
資本與保留盈餘										
股本	14.8	14.8	50.7	44.1	44.1	44.2	44.2	44.2	44.2	44.3
股本溢價	1.1	1.1	21.6	3.8	3.9	4.7	5.3	5.6	6.8	7.8
資產重估增值	24.0	23.1	22.6	31.7	25.9	24.5	23.5	41.8	39.4	38.2
其他保留盈餘	5.0	3.3	14.8	34.4	34.4	34.2	35.0	34.6	34.7	34.0
損益彙總帳戶	79.6	-20.0	-13.8	12.3	14.0	24.1	33.1	46.2	59.1	73.8
股東權益	124.5	22.3	95.9	126.3	122.3	131.7	141.1	172.4	184.2	198.1
少數股權	11.7	13.9	16.2	19.1	20.8	20.2	21.7	20.0	20.9	21.9
權益	136.2	36.2	112.1	145.4	143.1	151.9	162.8	192.4	205.1	220.0

附錄 6（續）

合併損益表（百萬英鎊）

	1984	1985	1986	1987	1988	1989	1990	1991	1992	1993
營收	296.3	308.4	344.4	381.6	358.1	431.9	411.0	467.4	422.1	448.0
銷售成本	-253.6	-270.0	-306.5	-338.5	-315.0	-393.3	-368.7	-417.4	-373.6	-391.7
銷售毛利	42.7	38.4	37.9	43.1	43.1	38.6	42.3	50.0	48.5	56.3
研發與開發淨成本	-19.4	-15.6	-5.7	-7.5	-4.7	-8.3	-10.6	-12.5	-10.8	-14.7
重整前純益	23.3	22.8	32.2	35.6	38.4	30.3	31.7	37.5	37.7	41.6
重整支出									-5.2	-6.1
營業前純益	23.3	22.8	32.2	35.6	38.4	30.3	31.7	37.5	32.5	35.5
固定資產處分損失										-0.5
息前稅前純益	23.3	22.8	32.2	35.6	38.4	30.3	31.7	37.5	32.5	35.0
淨利息支出	-6.5	-11.5	-5.9	-1.2	-7.8	-6.4	-5.5	-6.8	-7.6	-4.5
營業外損益前暨稅前純益	16.8	11.3	26.3	34.4	30.6	23.9	26.2	30.7	24.9	30.5
營業外損益	-14.0	-106.6	0.1	-16.0	-13.2	-3.2		-7.0		
稅前純益	2.8	-95.3	26.4	18.4	17.4	20.7	26.2	23.7	24.9	30.5
稅賦	0.7	-0.3	-6.0	-5.5	-3.0	-2.6	-5.3	-4.7	-5.1	-7.9
稅後純益	3.5	-95.6	20.4	12.9	14.4	18.1	20.9	19.0	19.8	22.6
少數股權	-2.4	-3.1	-3.3	-3.8	-2.6	-1.0	-1.7	1.1	-0.8	-1.3
股東可享純益	1.1	-98.7	17.1	9.1	11.8	17.1	19.2	20.1	19.0	21.3
非常損益稅後淨額	-5.7					-0.2				
股利	-4.9	-1.8	0.0	-8.2	-7.9	-8.0	-8.3	-8.6	-9.0	-9.4
股東權益變動數	-9.5	-100.5	17.1	0.9	3.9	8.9	10.9	11.5	10.0	11.9

附錄 7　衛斯蘭公司之部門別與區域別財務資料

不同區域之銷售額分析（百萬英鎊）

區域之營收	1984	1985	1986	1987	1988	1989	1990	1991	1992	1993
北美	43.1	27.1	29.5	41.7	40.9	50.4	62.9	61.3	66.8	56.5
印度			22.5	66.2	49.7	115.6	40.5	19.6	6.3	7.6
亞洲	2.1	12.0	18.6	4.9	5.2	1.9	25.0	68.6	45.6	95.5
中東										
歐盟	43.3	35.8	38.4	44.7	45.5	37.7	37.8	52.5	27.7	15.8
其他歐洲國家										
其他	30.6	19.2	17.4	19.7	15.6	21.2	22.4	25.8	14.3	16.8
英國	180.7	247.5	244.7	229.4	240.5	244.7	258.6	274.6	292.6	294.9
扣除集團內交易	-21.5	-33.2	-26.7	-25.0	-39.3	-39.6	-36.2	-35.0	-31.2	-39.1
合併營收總計	296.3	308.4	344.4	381.6	358.1	431.9	411.0	467.4	422.1	448.0

不同部門之銷售額與純益分析（百萬英鎊）

銷售額	1984	1985	1986	1987	1988	1989	1990	1991	1992	1993
太空			46.7	42.1	42.9	47.6	58.8	81.6	81.0	74.1
直昇機與太空	216.9	219.7	219.9	255.5	235.0	297.0	263.3	311.0	262.5	295.1
科技	81.7	92.5	89.4	97.8	94.0	103.3	105.4	87.6	90.9	91.7
總公司與合併調整	-2.3	-3.8	-11.6	-13.8	-3.8	-16.0	-16.5	-12.8	-12.3	-12.9
合計	296.3	308.4	344.4	381.6	358.1	431.9	411.0	467.4	422.1	448.0

息前稅前純益	1984	1985	1986	1987	1988	1989	1990	1991	1992	1993
太空			4.9	4.33	0.9	3.5	5.8	7.4	4.5	7.6
直昇機與太空	12.06	9.79	12.67	18.1	28.6	19.7	19.2	25.9	26.2	26.7
科技	11.99	14.55	13.03	12.41	9.1	8.0	9.6	5.6	5.3	6.3
總公司與合併調整	-0.75	-1.54	1.6	0.76	-0.2	-0.9	-2.9	-1.4	-3.5	-5.1
合計	23.3	22.8	32.2	35.6	38.4	30.3	31.7	37.5	32.5	35.5

附錄 8　世界汽車與商務車產量

| | 汽車數（百萬） | | | | | | |
| | 汽車與商務車 | | | | | | 所有汽車與
輕型商務車 |
	英國	法國	西德	義大利	日本	北美	全世界
1950	0.78	0.36	0.31	0.13	0.32	6.67	
1960	1.81	1.37	2.06	0.64	0.48	8.26	
1970	2.10	2.75	3.84	1.85	5.29	9.48	
1975	1.65	2.86	3.19	1.46	6.94	10.41	
1978	1.61	3.51	4.19	1.66	9.04	14.71	
1980	1.31	3.38	3.88	1.61	11.04	9.38	
1982	1.16	3.15	4.06	1.45	10.73	8.25	
1983	1.29	3.34	4.15	1.57	11.11	10.72	
1984	1.13	3.06	4.04	1.60	11.46	12.75	
1985	1.31	3.02	4.45	1.57	12.27	13.60	
1986	1.25	3.19	4.60	1.83	12.26	13.22	
1987	1.39	3.49	4.63	1.91	12.25	12.61	
1988	1.54	3.70	4.63	2.11	12.70	13.19	
1989	1.56	3.92	4.85	2.22	13.03	13.05	44.45
1990	1.57	3.77	4.98	2.12	13.49	1.63	45.12
1991	1.45	3.61	5.01	1.87	13.25	10.48	43.24
1992							44.40
1993							42.63

個案 13：拉普利特公司（Laporte）

化學業

在 1991 年底時，化學業是一個年產值 1 兆 2,300 億美元的產業。一般而言，化學業有一半的營收來自對其他製造業的銷售（包含化學業的其他部門），而非直接賣給消費者。其他重要的消費者產業包含電子設備、工廠設備、國防、汽車、包裝、及營建。西歐、日本、以及北美約佔世界化學產量與消費量的 70%。不管如何，在低度開發國家仍中有著很大的潛力，尤其是產業中較低科技的部份。

化學業由五大主要的市場所組成：

1. **石化**：大部份產量大且生產成本低。用來做為製造其他合成原料的基礎。該市場的特色為只有數目相對較少、而產量極高的製造商。產品通常屬大宗產品，或彼此十分相關。獲利率低就必須以大量銷售來彌補，才能在這個資本密集的產業中賺取利潤。近年來，該市場的特色為產能過剩，特別是與景氣循環緊密相關。

2. **塑膠**：年產值 1,200 億美元的產業。1989 年銷售量為 9 千萬頓，75% 為聚乙烯、聚苯乙烯、聚丙烷乙烯、以及 PVC。這些塑膠也

爲大宗產品。特殊區隔包含工程塑膠。

3. **大宗無機原料**：這些爲不含碳的大宗材料。該領域銷售量最大的產品包含氯、氫氧化鈉、碳酸鈉、二氧化鈦、以及過氧化氫。該產業之結構、獲利率、以及景氣榮枯和製藥業十分類似。

4. **純化學產品或特製品**：這些產品以小批量與高價銷售，並使用較複雜的製造方法。化學產品通常十分特殊，但本質上運用的技術程度可高可低（也可以看成不同的市場）。

5. **製藥**：年產值1,300億美元，75%的銷售量來自西歐、北美、以及東亞的已開發國家。兩個市場區隔爲領導藥品與一般藥品。後者通常是在領導藥品的專利權保護到期後，大量生產的大衆藥品。我們需注意對藥品價格管制的壓力逐漸增加。雖然在專利保護期間可以賺取較高的獲利，增加的管制以及激增的研發成本，仍大幅提昇了這個市場的不確定性。

分析師預測，該產業的石化以及塑膠產品之價格，面臨長期緩慢下降的趨勢。特製化學產品公司之績效優於產業的平均水準。1990年，該產業整體的成長預估爲2.5%，這是近年來的最低。

特製化學產品

不同的化學產品之需求模式各不相同。大宗化學產品可能代表較高的營收，但是卻必須在公開市場中，承受循環性需求與較激烈競爭等壓力，價格也設定在大宗物資的水準。市場的零碎程度迫使產業必須更努力調整，以生產特殊形式的原料來迎合顧客的需求。這代表化學公司必須善加運用其行銷及技術能力，以迎合特殊的區隔，而非試圖讓產品迎合所有市場中的區隔。

　　隨著市場區隔越來越零碎，化學公司致力於往高獲利的市場走。因此紛紛脫離諸如聚乙烯與聚苯乙烯之類基本大宗物資的生產。特製品擁有較高的獲利率（40%的獲利率十分稀鬆平常，而大宗物資的獲利率通常只有個位數）、有主導利基市場的可能性、較高的顧客忠誠度、以及較不明顯的景氣榮枯波動。此外，小型的廠房較容易調和為了因應益趨嚴格之污染防治，所帶來日漸趨高的壓力。在特殊化學產品的 15 個產品區隔中，光是在歐洲就有 1,000 個製造商，這個事實就可以充分說明市場的零碎程度。這些消費產品的原料區分為 20 個區隔。

　　過去特製化學產品的成功，促使大型化學公司開始在 1980 年代中期購併與發展特製品事業。其想法是透過進入穩定但成長迅速的化學產品事業，來跳脫經濟景氣的循環。ICI 和 Rhone-Poulenc 都大量投資於購併特製品事業，然而這兩家公司並非特別成功；R-P 的特製品事業之營業純益率約在 5% 的水準，而其他較傳統的特製化學產品企業之營業純益率為 15%。

環境因子

　　對化學公司而言，環境保護變成一個越來越艱苦的議題。全世界在環保措施的支出，使資本投資支出減少。據估計，歐洲環保措施的執行成效落後美國五年，但公司仍必須在不景氣、而非經濟情況良好的時候進行投資。根據化學工業協會（Chemical Industries Association）的報告指出，英國環保支出約佔整體資本投資的 20% 至 25%。據預測，這項投資將由 1990 年的 2 億英鎊成長一倍，而在 1992 年達到 4 億英鎊。在德國，BASF 和拜耳（估計每年環保支出達 3 億英鎊）警告說，德國政府增加的環境法規，將使德國的環境無法吸引產業投資。根據拜耳公司的資料指出，化學產業每年潛在的支出可能達 13 億馬克，並聲稱這些措施將迫使企業關閉其基礎的無機化學與二氧化鈦事業。增加的措施，可能會增加約佔營收 15% 的成本支出。而在英國，根據化學工業協會（Chemical Industries Association）的報告指出，1993年環境保護的行動，預計將花費15億英鎊進行資本投資，並增加3億的營運成本。

在歐洲，環境法規的壓力來自兩個方向。首先，雖然各地程度不同，但政府介入的程度逐漸增加。其次是歐盟尋求統合環境法規。一般認為最重要的措施是二氧化碳稅，目標是要鼓勵使用替代能源。較廣義的環境負債之解釋，也使得購併和處分變得更為困難。

購併活動的消沈增加許多企業之環保資格的不確定性。若是產品或製程在進行的途中，受到環保法規的規範，就可能產生大筆的隱含成本。前共產國家的環境困境迫在眉睫。產業領導者擔心增加的環保法規將威脅歐洲的競爭利基。化學業增加的成本，是否會迫使公司離開這些國家，是一個持續爭論的議題，尤其是在德國。英國在1994年採行Integrated Pollution Control（IPC）法規，這使英國變成歐洲最嚴格的環保控制系統之一。ICI報告指出，環保成本佔資本支出的比例將由10%增加到15%，而在2000年可能達到20%。

拉普利特公司

在1888年，該公司由1862出生於德國Hanover的柏納‧腓德瑞‧拉普利特（Bernard Frederick Laporte）所創立。雖然其家族來自法國，他們移民到德國，最後搬遷到比利時，而柏納就在當地長大。他在德國一家化學公司開始工作，但是在幾年後他就在約克夏成立自己的化學貿易事業。他最初銷售的產品包含進口的過氧化鋇，但是他看見過氧化氫作為漂白劑的潛力，並在1888年開始製造，最後在Shipley設立了一家工作坊。在一年之內，柏納在布拉福的Booth Street開設了一家子公司。1898年受到Luton稻草帽產業的吸引，之後他達到聲望的最高峰，而漂白劑的使用也大幅增加，他在Vicarage Street的Ray＇s Yard設立一家過氧化物工廠。同時拉普利特和Luton也開始產生聯繫。

表 1 英特洛集團佔拉普利特營收之比例（百萬英鎊）

	1992	1991	1990	1989	1988
拉普利特	534	431	463	449	364
英特洛集團	74	185	187	168	153
總計	608	616	649	617	516
拉普利特（％）	88	70	71	73	70
英特洛集團（％）	12	30	29	27	30

1970年初發生了三件大事，每件事都對公司產生了深遠的影響。第一件為 Burmah 石油有限公司出價要併購這個集團，然而因為拉普利特強烈抵抗而終告失敗。其次，在這事件後不久，拉普利特和比利時重要的化學公司索維（Solvay et Cie SA），宣布要在一家工廠中，結合兩家公司在活化氧產品的利益。它們共同設立一家股權各半的英特洛集團（Interox）。第三，拉普利特要建設歐洲第一家透過「氯化」程序，大規模生產二氧化鈦的工廠。這是一項非常大的進展，並使企業的財務狀況吃緊。

英特洛集團的合作持續至 1992 年 5 月。這次的合作可能是要規避不受歡迎的購併。表 1 說明英特洛集團近來佔拉普利特集團營收的比例。

工廠的獲利延後、1973 年能源危機、以及全世界蕭條，讓公司開始檢討其在資本密集產業的依賴程度，在這些產業中必須要維持大量生產，才能獲得合理的報酬。因此，重心由量產規模轉移到部份產品與服務的附加價值。不管如何，在英特洛集團成立後，透過拉普利特和索維公司，在氧化物領域中技術與商業優勢的結合，能達成大部份的目標。1978 年 Interox America成立，並開始進入世界上最大、且競爭最激烈的市場。

1980 年代

1980 年代初期為世界蕭條的年代，該公司因為整合 Interox America，所產生的高昂支出使情況更加惡化。1980 年 1 月 1 日時，凱文

・明頓（Kevin　Minton）被任命爲集團的營運長，理查・林渥德（Richard Ringward CBE）被任命爲總裁兼執行長。獲利能力下降，不同的事業依照它們的資本報酬率與其他財務目標來重新定義，而基本決策是要帶領拉普利特拓展特製品領域。

1984年，公司將二氧化鈦事業全部賣給SCM（目前爲Hanson所有）。這個事業佔集團總資產的28%。這次出售產生了超過8千萬英鎊的資金，可以貼補投資。在1984年至1987年12月間，集團於美國購併了12家公司，事業領域範圍橫跨木材處理（1987年爲北美三大廠之一）、營建化學材料、水池與溫泉化學產品、以及造紙和水處理化學產品事業。在1980年至1987年底之間，該公司投資了1億3,400萬英鎊的資金，進行新的購併。1985年，拉普利特由原本十分依賴少量的大宗化學產品的公司，轉變成爲一家專門製造特殊化學產品的企業。1986年明頓（Ken Minton）繼承了林渥德的執行長職位，而羅傑・貝克森（Roger Bexon，英國石油前副總裁）接任總裁。

創新與新產品開發用來提供競爭優勢與更高的附加價值。子策略（事業部的策略計劃）由十分重視研發的各事業部門自行擬定，事業部掌握它們自己的產品、程序發展方案、以及技術中心，來完成這些計劃。該公司的研發支出不論在絕對數字、或佔銷售額的百分比，都呈上漲的趨勢，同時，不同領域間的技術轉移也逐漸增加。

1992年主要的事件是，重組與索維公司之間的策略聯盟─英特洛集團（持續21年之久的策略聯盟）、索維公司保有過氧化氫、氧化鹽、以及相關事業，而拉普利特則保留有機過氧化物與硫酸鹽事業。英特洛集團營運的分割，和這兩家公司的長期策略直接相關，索維的策略重心爲資本密集的大宗化學產品，拉普利特爲特製化學產品。來自英特洛集團的獲利達到高原期已經四年了，這樣的原因大部份是來自清潔液需求的疲弱，與使用硼酸鹽做爲清潔粉末的需求，恰爲強烈的對比。拉普利特分解掉英特洛集團營運的氧化物產品事業部，並將特殊氧化化學產品事業（有機氧化物與

硼酸鹽），置於其現有的有機特殊化學產品事業部之下，該事業部之營收規模由 1991 年的 3,400 萬英鎊成長爲 1992 年的 9 千萬英鎊。

由 1983 年至 1990 年，該公司花費了 2 億 7,500 萬英鎊，進行了超過 60 次的購併行動，所需資金主要由銷售資產與保留盈餘的資金來支應。在 1987 年至 1992 年間，公司每年支出的範圍在 3,300 萬至 7,200 萬英鎊之間（參閱圖 1）。1992 年 4 月時，公司以 3,300 萬英鎊，購併美國一家重要的氧化鐵染料供應商羅克伍德（Rockwood）；稍後於 1992 年，它以 2,300 萬英鎊的價格，購併另一家位於義大利的氧化鐵染料供應商希羅（Silo）。這進一步擴充了營建化學產品事業部的顏料產品子事業部。希羅與羅克伍德的結合應能讓彼此在資訊傳輸與全球行銷上互蒙其利。1992 年，公司又支出 1,200 萬英鎊進行另一項購併行動。1993 年開頭的兩個月中，拉普利特買下了艾佛得公司（Evode），這次的購併帶給拉普利特集團超過 20 個新企業。當時拉普利特的高槓桿率，讓它需要 8,440 萬英鎊的資金以支應這次的交易。最近的一次有這樣的需求是在 1990 年。拉普利特和艾佛得集團的總裁接觸已有一段時間，討論讓艾佛得公司成爲擴充後拉普利特一部份的益處。這項交易最後在 1993 年 2 月達成。

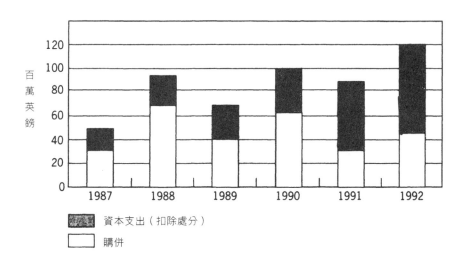

圖 1 **資本支出與投資**

購併艾佛得公司

艾佛得公司的規模爲拉普利特的三分之一,這次的購併牽涉到超過2,000名員工,以及20家公司。「艾佛得公司爲全球市場重要的混和器與變壓器製造商。該集團在國際上生產膠帶、衣料粉末、熱塑性物混和器、與鞋類組件。艾佛得在它選定的市場中都佔有領導的地位。」這是艾佛得集團在1991年年報中,用來形容自己的詞彙。1992年晚期,艾佛得成爲一家小型集團Wassall惡意購併的目標。艾佛得在1993年初,由拉普利特擔任「有良心的騎士」(White Knight)的角色而加以收購。

艾佛得於1989年,以8,900萬英鎊的價格,買下鞋類配件集團Chamberlain Phipps。購併Chamberlain Phipps的行動帶來許多問題,艾佛得花了許多時間與費用才釐清頭緒,使其企業就如同遭遇不景氣的衝擊一般。這次的行動讓艾佛得擁有令人不安的高槓桿率水準,若是將特別股視爲債務的話,這個比率幾乎達到200%。

1992年初,由於在英國的純益減少三分之二,使艾佛得將其最後的股利減少60%。雖然股利減少了,公司仍然必須由準備金中,移轉1,800萬英鎊的資金,來支應這項支出。在英國純益的衰退,反映其主要顧客所處產業之不景氣情形,這些產業包含營造、汽車、以及電子消費品。雖然集團裁減25%的員工(由1990年開始裁減了600人),並執行嚴格的合理化和削減成本計劃,獲利依然持續下滑。

1992年艾佛得的期中稅前純益顯示,1992年稅前純益增加28%(1992年爲380萬英鎊,而1991年爲3百萬英鎊)。增加的純益主要來自艾佛得北美以及義大利子公司之優良績效。該年初期將鞋子組件事業一部份來自對Chamberlain Phipps集團的購併—以1,190萬英鎊的價格出售。這筆款項用來減少集團4,600萬英鎊的債務。

1992年11月時,Wassall提出惡意的購併,欲以9,800萬英鎊的價格收購艾佛得。艾佛得對這項提案強烈反對,顯示這樣的數字並未反映出

公司的價值。該公司持續對抗 Wassall「不合宜」的出價，同時開始和拉普利特協商。1993 年 1 月，拉普利特以「良心騎士」的姿態，以 1 億 3,400 萬英鎊的價格，買下艾佛得及其債務。當時艾佛得的淨資產價值為 1 億 1,200 萬英鎊，其市值達到 1 億 30 萬英鎊。

艾佛得的基本事業十分健全，但是集團受到 1980 年一些不良的購併之影響，這些購併案讓集團沒有足夠的財力可以成長。集團在一些市場區隔中競爭、在這些區隔中擁有市場的領導地位，同時具有一些優勢的品牌。以 Evo-Stik 品牌銷售的膠帶與黏劑事業部，在英國的 DIY、以及在營建產業市場中，皆是市場的領導者。鞋類黏劑與衣料事業部也是品牌的領導者。工業塗料事業部是英國汽車業隔音材料的主要供應商。艾佛得也是北美最大的非整合 PVC 製造商。塑膠事業部為歐洲最大的獨立熱塑性人造橡膠的製造商。

資本支出

拉普利特專注於將資本支出，投入在資本需求比大宗化學產品來得少的特殊化學產品上。然而，在分析資本支出的趨勢時（參閱圖 1），我們可以明顯地看出，公司在 1987 年至 1992 年間的資本投資年復一年增加。1992 年一年內，資本支出達 7,400 萬英鎊。這主要用於吸收材料、金屬以及電子化學產品和有機事業部，這些事業部的資本支出達 5,800 萬英鎊。在吸收材料事業部中，Organo Bentonites 大量投資位於美國的新黏土處理工廠，增加了 40% 的產能（Southern Clays Inc.）。金屬與電子化學事業部在法國的高純度化學產品工廠中大量投資。有機化學事業部的資本投資，是為了要拓展其有機與氧化物化學產品的產品範圍。1992 年公司推出一些重大的計劃，至於 1993 年的資本支出，預測將會大幅度減少。集團主要將對成熟產品的事業部投資，以創造規模經濟，並降低成本。因此，由於 1992 年的大量投資，1993 年的支出估計約為 5 千萬英鎊。

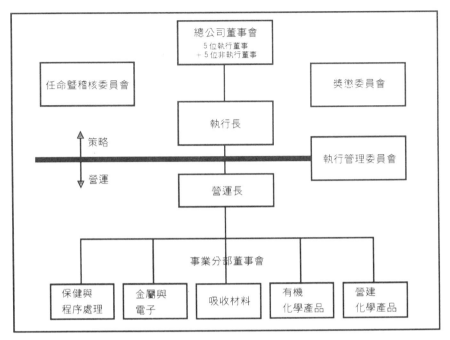

圖 2　拉普利特公司之組織結構

結構

　　執行長（CEO）傳統的角色區分為策略性與營運性功能。集團的CEO
明頓（由1976年就進入管理團隊）只擔任策略發展的角色，而營運長
（COO）大衛‧威博漢（David Wilbraham）博士負責每日的營運活動。
1992年早期將CEO的權責如此劃分，讓明頓可以在企業方向採取更寬廣的
視野，並向董事會回報，而事業部的績效就由威博漢來加以控管。

　　集團的高階管理委員會由11位資深經理人組成，包含五位高階主管
（CEO、COO、財務、營運、人事與行政）、五位核心經理人（生產服務、
財務副主管、策略規劃主管、北美區域總裁暨集團法律顧問）以及一位事
業部經理人（有機化學）。這個高階管理委員會在研討出策略提案後呈交
給董事會。

　　集團在不同國家的營運概況詳見表2。

表 2　不同國家之營運概況

國家	公司數	區域	總數	銷售額比率（%）	純益比率（%）
英格蘭	16	英國	16	27.0	31.0
美國	22	北美	24	34.0	19.0
加拿大	2	北美			
法國	8	歐洲	25	21.0	10.0
德國	3	歐洲			
義大利	2	歐洲			
荷蘭	1	歐洲			
比利時	1	歐洲			
西班牙	2	歐洲			
奧地利	1	歐洲			
瑞士	4	歐洲			
芬蘭	1	歐洲			
挪威	1	歐洲			
瑞典	1	歐洲			
澳洲	1	澳洲	11	12.0	3.0
紐西蘭	1	澳洲			
新加坡	2	澳洲			
馬來西亞	1	澳洲			
台灣	1	澳洲			
泰國	2	澳洲			
巴西	3	南美	6	n / a	n / a
秘魯	1	南美			
愛爾蘭	2	南美			
南非	1	南非	1	n / a	n / a
總和	83		83		

Source: Company Reports

人事

　　提名擔任新事業部經營團隊的人員大多來自內部，這反映出公司內部管理的強度與深度。在組織的最高層，年齡 58 歲的現任 CEO 明頓，一輩子都在這家公司服務。他自 1976 年在 41 歲被選入董事會時事擔任營運主管。

研究與發展

　　部門的策略方案由各個部門分別制定。因此研發上極為專注，部門能夠控制它們自己的產品、製程發展計劃，以及執行這些計劃的技術中心。公司的報告顯示拉普利特的研發支出不論在絕對數字、或是佔銷售額的比例上都有顯著的增加，而不同領域間技術轉移的增加也有助於促進競爭力。

　　以下將詳述各個事業部門：

有機化學

　　該事業部針對製藥、農化以及聚合體產業生產純化學產品。至 1991 年為止，該事業部是集團最小的事業，僅貢獻所有純益的 5%。然而，由於 1992 年和索維公司策略聯盟的重整，該事業部的產品增加了用於聚合體產業、以及其他工業市場的有機過氧化物以及硫酸鹽。該事業部包含兩大主要產品：特殊有機產品、與特殊過氧化物。

吸收材料

　　該部門生產的產品用來當作吸收材料，以及流變劑（Rheological Aids）。它們由天然的黏土中提煉，並用於食品、石化、造紙、以及顏料產業中。吸收粒供作寵物棲息以及工業用途。該部門的主要產品包含：（1）活化黏土；（2）有機黏土：這些用來提煉用於處理食品、烹飪以及個人保健用的植物油；（3）Fulacolor；（4）Laponite：這些提供基礎濃化劑性質的產品，供諸如濃縮肥皂、牙膏、以及顏料之類範圍極廣的本地商品所使用；（5）寵物保健產品：如寵物棲息材料；（6）硫酸鋁與硫磺酸。

金屬與電子化學

該部門的三個產品子部門如下：

1. 半導體化學產品與服務：該產品部門生產極純的化學產品，以供生產矽晶片使用。相關產品包含將微線路攝影印刷至矽晶圓的攝影遮蓋物，以及保護膜Pellicle。該部門亦包括矽晶圓回收事業與無塵衣事業。

2. 印刷線路板化學產品：針對印刷線路板之製造提供化學產品，以及支援性技術服務。

3. 金屬處理化學產品：該產品部門針對鋼鐵、煉鋁以及鑄造工業和一些特殊應用，提供一系列的無機化學產品。

保健與處理化學產品

該部門結合特殊化學產品、以及相關的應用技術和技術支援，而成為四個不同的產品群：

1. 造紙與工業處理應用產品：提供造紙與紙漿、水處理、礦物處理、顏料與觸媒產業應用產品。

2. 水科技與生化產品：用來維護游泳池與溫泉。

3. 保健化學產品：食品處理、飲料、乳製品、農場以及機構使用的高品質消毒殺菌劑，以及清潔劑。

4. 表面處理化學產品：這類產品用於清潔、保護以及修飾鋼鐵之金屬表面，並服務金屬處理業、汽車、工業染料與塗料市場。

營建化學產品

該部門包含三個主要的產品子部門：

1. 營建化學產品：包含膠帶與黏劑、混凝土維護材料、防水材料、薄膜和結構塗料。

2. 木材處理化學產品：包含防腐劑、防水材料、防火材料、抗斑點配方以及抑制劑。

3. 顏料產品：如合成氧化鐵顏料。

這些子部門都包含一些彼此獨立營運的事業。每個事業都是拉普利特特殊品公司中自主營運的一部份，並以獨立的利潤中心方式營運。這些部門一同分享中央的行政與人事功能。

附錄 1　競爭資料

Allied Colloids

　　營收中 35% 來自歐洲，30% 美洲，18% 為英國。該公司針對礦業、造紙、紡織、污水與水處理產業生產化學產品。已開發國家的環境法規，迫使它改變成為生產「乾淨化學產品」的公司，部份產品預料將持續獲利。

Harcross Chemicals Group

　　Harrisons & Crossfield 控股公司經營的範圍集中在英國：63% 的營收以及 57% 的淨資產均位於英國境內。依照營收來看，另一個較大的市場為美國，佔營收的 19%。化學與工業部門 Harcross Chemicals Group 僅佔集團之毛利率的 5%。該事業部主要在五個區隔中營運：鉻化學產品、氧化鐵顏料、氧化鋅以及氯化鋁、有機化學產品、以及化學產品通路。其有機部門是歐洲最大的聚合體添加劑製造商之一，而其特殊品事業包含表面材料、黏劑、人造橡膠、膠帶、以及放射處理化學產品。營建與汽車業也是該公司化學產品的主要客戶。

Foseco

　　被稱為「最後一個主要事業為特殊化學產品的國際控股集團」，在 36 個國家中擁有 100 家營運公司。Foseco 最近被 Burmah Castrol 購併，以強化 Burmah Castrol Chemicals 的發展。超過 55% 的營收和獲利來自冶金化學部門：鑄造物、精細鋁製品、陶瓷與陶瓷鍛接。其次為營造與礦業化學產品部門（佔營收以及獲利的 26%）。該事業的特殊配方化學產品都採用 Foseco 的樹脂膠接技術。Foseco 的木材處理部門與 Burmah Castrol 的化學塗料部門合併。

Croda

　　主要活動為製造人造油脂、羊毛脂、黏劑、膠質、特殊蛋白質、技術性油脂、防火化學產品、特殊食品、樹脂、防鏽化學產品、顏料與水性墨

水。羊毛脂所衍生的產品用於化妝品，Croda除了供應給化妝品製造商之外，同時也自行生產。約38%的銷售量、79%的純益以及90%的淨資產來自英國。

Hicksons

Hicksons「專注於提供高品質的化學產品」，其組織分為三大策略事業部門：純化學產品、特殊性能化學產品、以及應用化學產品。Hicksons也涉足樓板通路、木材處理與配銷事業。

Cookson Group

Cookson擁有三大產品領域：陶瓷、塑膠、與金屬。該公司將其Tioxide Group的股份處分轉賣給ICI。Cookson為歐洲陶瓷原料的最大供應商，並製造特殊高溫、抗腐蝕的陶瓷產品。塑膠品部門供應園藝包裝市場聚丙烷乙烯、供應印刷電路板市場環氧基樹脂板，並供應光纖業特殊材料。在金屬產品部門中發展出無鉛的接合物，並行銷全世界。現在並針對多層次電容器產業生產無鎘材料。

由於拉普利特營運所處之特殊化學產品區隔的特性，我們並不容易找出特定的競爭對手。舉例來說，拉普利特聲稱在特殊產品領域，它同時是ICI的競爭對手與顧客。1991年Laoprte的銷售額比世界上第25大化學公司的七分之一略低（Norsk Hydro，其銷售額達49億2,400萬英鎊）。

表3依照營收排名簡述了前20大英國化學公司的主要營運活動，並指出為何拉普利特無法比較的理由。

表 3　1991 至 1992 年依營收排列英國領先的化學公司

公司	銷售額（百萬英鎊）	排名	主要活動
ICI	12,906	1	所有市場
聯合利華	7,517	2	化妝品、肥皂、清潔劑、清潔用品
Glaxo holdings	3,397	3	製藥
BP Chemicals	3,164	4	石化與大量有機物
BOC Group	2,731	5	大量無機物
Reckitt'& Colman	1,987	6	消費性化學產品
Courtaulds	1,943	7	纖維、衣料、軟片、海軍褲
Wellcome	1,762	8	製藥
費森	1,284	9	製藥與農化
Cookson Group	1,164	10	陶瓷、特製塑膠以及金屬
Shell Chemicals（UK）	717	11	石化與塑膠
Albright & Wilson	663	12	大量無機物、特製漂白劑
拉普利特	608	13	特製品
Foseco	573	14	冶金、營建與採礦
Harcros Chemical Group	516	15	特製品（添加物）
Ellis & Everard	383	16	商品通路與零售藥房
Croda International	363	17	化妝品、樹脂、水性墨水
Hicksons	343	18	特殊化學產品
艾佛得集團	279	19	膠帶與封水劑
Allied Colloids	255	20	特製品（水處理、紡織品）

Source: Annual Reports and Accounts

附錄 2　Allied Colloids

合併資產負債表（千英鎊）

	1988 年 4 月 2 日	1989 年 4 月 1 日	1990 年 3 月 31 日	1991 年 3 月 30 日	1992 年 3 月 28 日
固定資產					
有形資產	50,695	65,643	80,411	86,854	94,826
投資	-	-	-	-	5
	50,695	65,643	80,411	86,854	94,831
流動資產					
存貨	30,214	34,445	37,387	42,896	47,117
應收帳款	33,038	38,306	45,044	52,978	52,990
其他債權	8,284	8,313	10,599	9,109	7,384
預付費用	1,549	1,236	1,925	3,803	804
現金	11,761	23,360	21,830	10,806	16,015
	84,846	105,660	116,785	119,592	124,313
負債（一年內到期）					
銀行貸款	1,457	2,795	3,590	7,216	15,297
保證貸款	766	79	846	745	30
應付帳款	9,152	12,961	18,668	19,962	21,397
當期稅賦	16,556	21,401	26,043	15,797	12,817
稅賦暨社會保險支出	654	896	1,119	1,234	1,947
其他負債	1,387	2,809	2,418	2,049	1,089
應付費用	5,893	6,166	6,515	8,649	6,464
股利	4,180	5,122	6,321	6,998	7,869
	40,045	52,229	65,520	62,650	66,910
流動資產淨額	44,801	53,431	51,265	56,942	57,403
總資產減流動負債	95,496	119,074	131,676	143,796	152,234
負債（一年後到期）					
稅賦	10,168	9,755	-	-	-
其他負債	-	17	18	9	1
保證貸款	1,968	6,217	8,640	7,797	7,178
債務與費用準備					
遞延稅賦	6,620	6,988	6,424	5,500	183
其他準備	-	72	79	74	66
	18,756	23,049	15,161	13,380	7,428

附錄 2（續）

合併損益表（千英鎊）

	1988 年 4 月 2 日	1989 年 4 月 1 日	1990 年 3 月 31 日	1991 年 3 月 30 日	1992 年 3 月 28 日
營收	162,964	182,254	220,216	232,910	254,481
銷售成本	94,069	108,154	129,635	138,030	149,347
銷售毛利	68,895	74,100	90,581	94,880	105,134
配銷成本	10,538	11,307	14,793	16,505	16,804
管理費用	23,508	27,996	36261	40,536	46,874
利息收入	-	-	-	（1,887）	（1,412）
利息支出	（575）	（1,399）	（1,741）	873	783
稅前純益（虧損）	35,414	36,196	41,268	38,853	42,085
公司稅賦	10,205	9,711	11,801	10,319	10,200
海外稅賦					
當期	2,293	3,273	2,627	3,914	5,235
遞延	380	368	563	（924）	（292
例外遞延稅賦	-	-	-	-	（5,025）
總稅賦	12,878	13,352	14,991	13,309	10,118
稅後純益（虧損）	22,546	22,844	26,277	25,544	31,967
股利	5,827	6,783	8,255	9,071	10,167
保留純益（虧損）	16,719	16,061	18,022	16,473	21,800
母公司	217	（44）	46	（393	204
子公司	16,502	16,105	17,976	16,866	21,596
保留盈餘（虧損）	16,719	16,061	18,022	16,473	21,800

附錄 2（續）

地理分析（千英鎊）

	1988 年 4 月 2 日	1989 年 4 月 1 日	1990 年 3 月 31 日	1991 年 3 月 30 日	1992 年 3 月 28 日
不同來源地之營收					
英國				103,886	102,393
北美				65,445	74,750
歐洲				40,660	47,017
亞洲				8,520	13,432
澳洲				14,399	16,889
				232,910	254,481
不同區域之稅前純益（虧損）					
英國				2,9285	29,208
北美				1,194	3,128
歐洲				3,600	4,040
亞洲				1,342	2,238
澳洲				2,418	2,842
利息				1,014	629
				38,853	42,085
不同區域之淨資產					
英國				58,965	71,373
北美				49,467	52,588
歐洲				14,665	13,759
亞洲				5,746	6,289
澳洲				6,550	7,298
負債淨額				（4,997）	（6,501）
				130,416	144,806
不同區域之營收					
英國	30,830	34,417	37,543	40,801	40,851
北美	52,509	57,790	70,194	70,463	79,480
歐洲	50,077	57,534	72,210	82,174	88,710
亞洲	13,899	12,678	16,965	20,768	23,321
非洲	5,463	5,578	6,112	4,270	5,375
澳洲	10,186	14,257	17,192	14,434	16,744
	162,964	182,254	220,216	232,912	254,481

附錄 3　1980 年至 1992 年拉普利特之財務資料（百萬英鎊）

	1980	1981	1982	1983	1984	1985	1986	1987	1988	1989	1990	1991	1992
營收	196	214	240	290	355	371	422	463	516	617	649	615	608
拉普利特	129	137	156	192	242	240	271	299	357	438	455	424	522
英特洛集團	67	77	84	98	113	131	151	164	153	168	187	1874	74
關係企業									6	11	7	7	12
純益													
營業純益	5.5	9.8	12.6	17.9	25.4	23.3	29.0	38.5	51.9	61.8	66.0	60.0	77.5
英特洛集團	8	8.6	10.6	13.9	21.3	27.6	32.5	35.0	30.6	29.5	34.1	30.8	9.6
關係企業									1.8	2.1	1.0	0.1	1.6
營業外損益									1.5	11.8	(1.7)		
利息	-1.8	(3.2)	(3.1)	(1.6)	0.8	4.9	2.7	1.7	(1.4)	(3.1)	0.9	5.5	(2.1)
稅前盈餘	11.7	15.2	20.1	30.2	47.5	55.8	64.2	75.2	84.4	102.1	100.3	96.6	86.6
稅賦	8.5	8.9	9.1	12.0	18.7	19.8	21.7	25.5	31.2	34.5	28.7	26.8	22.6
息後稅後純益	3.2	6.3	11.0	18.2	28.88	36.0	42.5	49.7	53.2	67.6	71.6	69.6	64.0
每股股利（便士）	4.7	4.7	5.8	7.0	8.8	8.3	10.3	12.0	13.1	15.7	17.8	18.9	19.5
資產													
固定資產	47.5	49.4	53.1	54.2	44.8	71.4	87.1	94.1	115.4	140.2	160.0	205.0	325.9
投資	39.9	44.2	46.0	40.7	57.0	58.9	69.5	71.2	73.8	86.3	77.5	87.2	11.2
存貨	33	33.4	35.8	30.0	27.5	34.0	39.9	38.4	51.8	58.5	58.2	64.2	93.2
債權	37.2	43.8	47.1	54.0	59.3	72.6	78.4	89.2	109.7	128.7	143.3	148.4	160.8
債務	31.8	32.1	37.4	44.3	68.7	73.6	81.0	86.9	133.5	159.2	154.2	155.0	207.6
遞延稅賦	2.8	3.5	3.4	4.1	3.3	1.9	3.7	5.7	7.5	4.4	8.0	10.9	24.8
（資款）/淨額/現金/其他	-27.8	(33.4)	(35.4)	(6.9)	40.9	9.5	18.8	2.5	(46.2)	(74.1)	(24.4)	(24.6)	(125.6)
少數股權					11.9	(0.2)	(0.9)						
有形資產淨額	95.2	101.8	105.8	123.6	169.4	170.7	208.1	202.8	163.5	176.0	302.1	314.3	233.1
總資產減流動負債									259.0	301.6	453.8	456.6	506.3
資本支出									25.3	31.0	41.2	54.5	74.1
員工數	4,702	3,874	3,501	3,515	3,597	3,581	4,061	4,249	4,600	5,349	5,568	5,498	5,360
股數（面額50便士）（百萬股）									139.6	140.2	175.4	176	154.2
股價－高點									419	492	582	628	657
－低點									329	338	428	433	432

附錄 4　　詳細帳目

合併資產負債表（百萬英鎊）

	1989 年 1 月 1 日ᵃ	1989 年 12 月 31 日ᵃ	1990 年 12 月 30 日ᵃ	1991 年 12 月 29 日	1993 年 1 月 3 日
固定資產					
有形資產	115.4	140.2	160.0	205.0	325.9
投資	73.8	86.3	77.5	87.2	11.2
	189.2	226.5	237.5	292.2	337.1
流動資產					
存貨	51.8	58.5	58.2	64.2	93.2
應收帳款	60.4	75.4	77.7	80.3	107.9
應收關係企業款項	25.1	28.5	26.5	21.7	1.6
其他債權	17.5	16.4	15.5	17.5	21.9
預付退休金	-	1.4	4.7	6.4	8.7
預付費用	6.7	7.0	8.1	22.5	20.7
英鎊存款利息	-	-	10.8	-	-
現金	72.9	75.6	176.9	142.0	144.8
	234.4	262.8	378.4	354.6	398.8
負債（一年內到期）					
銀行與其他貸款	-	-	-	51.5	62.1
銀行貸款	18.2	25.0	10.0	-	-
銀行透支	-	-	-	1.6	1.7
歐洲商業本票	19.9	9.3	7.8	-	-
債券貸款	-	-	-	-	0.9
其他貸款	0.2	0.5	0.3	-	-
財務租賃	-	-	-	0.1	0.2
應付帳款	37.1	43.6	47.5	44.8	62.5
應付關係企業款項	3.3	7.5	5.6	2.5	1.2
稅賦	25.8	29.9	28.4	26.2	27.9
社會保險	1.9	1.9	1.9	1.9	2.2
其他負債	18.2	17.7	12.7	16.5	15.3
應計負債	28.0	37.5	28.0	23.1	31.7
股利	12.0	14.8	19.9	22.0	23.9
	164.6	187.7	162.1	190.2	229.6
流動資產淨額	69.8	75.1	216.3	164.4	169.2
總資產扣除流動負債	259.0	301.6	453.8	456.6	506.3
負債（一年後到期）					
銀行貸款	65.6	95.9	119.0	100.0	194.2
債券	11.7	11.6	11.5	11.5	10.5
其他貸款	1.3	0.8	0.4	-	-
財務租賃	-	-	-	1.5	1.8
應付關係企業款項	-	-	0.8	0.4	-
稅賦	0.9	1.3	1.8	4.9	8.6
退休金計劃	0.8	1.1	1.4	1.5	15.8
其他負債	3.3	6.8	6.5	8.8	14.9
政府捐贈	4.4	3.7	3.2	2.8	2.6
債務與費用準備					
遞延稅賦	7.5	4.4	8.0	10.9	24.8
	95.5	125.6	152.6	142.3	273.2
淨資產	163.5	176.0	301.2	314.3	233.1
股本	69.8	70.1	87.7	88.0	77.1
股本溢價	3.8	5.3	134.0	136.3	149.0
資產重估增值	11.8	12.7	11.5	10.9	-
其他保留盈餘	10.9	22.0	11.4	19.8	5.9
商譽保留盈餘	ᵇ	(195.9)	(226.9)	(257.3)	(336.4)
損益彙總帳戶	39.7	233.1	261.8	293.7	335.8
關係企業	27.5	28.7	21.7	22.9	1.7
股東權益	163.5	176.0	301.2	314.3	233.1

ᵃ 拉普利特重組前之數字

ᵇ 未個別顯示

附錄 4 （續）

區域分析（百萬英鎊）

	1989 年 1 月 1 日[a]	1989 年 12 月 31 日[a]	1990 年 12 月 30 日[a]	1991 年 12 月 29 日	1993 年 1 月 3 日
營收					
英國	172.8	177.2	181.4	150.3	167.0
北美	98.4	125.4	132.1	140.6	184.5
歐洲	29.0	61.9	76.4	71.2	105.3
澳洲	56.5	67.2	56.3	52.8	53.2
世界其他地區	1.9	6.4	9.1	9.3	11.8
	357.6	438.1	455.3	424.2	521.8
稅前純盈（虧損）					
英國	32.6	36.6	38.8	29.5	28.6
北美	11.6	14.1	15.8	17.9	25.3
歐洲	4.5	11.5	13.2	9.4	17.6
澳洲	5.2	5.7	3.6	3.1	4.3
世界其他地區	(0.3)	0.4	0.7	0.1	1.7
關係企業	33.4	35.1	36.2	30.7	11.2
營業外損盈	9.7	6.7	(6.2)	-	-
利息淨額	(1.4)	(3.1)	0.9	5.5	(2.1)
	95.3	107.0	103.0	96.4	86.6
淨資產					
英國			120.4	157.2	170.2
北美			39.7	52.0	84.7
歐洲			31.3	33.5	88.2
澳洲			17.4	18.7	22.7
世界其他地區			3.3	8.7	16.5
非營運資產			11.7	(42.9)	160.3)
關係企業			77.4	87.1	11.1
			301.2	314.3	233.1
稅前純盈（虧損）					
氧化產品		33.0	35.2	-	-
建築化學產品		13.0	10.5	10.6	17.9
吸收性產品		24.1	25.1	11.7	12.1
金屬與電子化學產品		12.7	16.7	15.2	14.2
衛生與程序化學產品		10.4	12.9	14.1	16.1
有機特殊化學產品		6.0	3.7	4.9	15.8
其他		4.2	4.2	3.6	3.0
停業部門損盈		-	-	30.8	9.6
營業外損盈		6.7	(6.2)	-	-
利息淨額		(3.1)	0.9	5.5	(2.1)
		107.0	103.0	96.4	86.6
淨資產					
氧化產品			73.8	-	-
建築化學產品			38.8	49.2	60.4
吸收性產品			54.5	77.0	107.3
金屬與電子化學產品			37.9	52.2	70.8
衛生與程序化學產品			25.6	27.7	36.5
有機特殊化學產品			51.8	60.6	111.4
其他			7.1	7.3	7.0
停業部門			-	83.2	-
非營運資產			11.7	(42.9)	160.3)
			301.2	314.3	233.1

[a] 拉普利特重組前之數字

附錄 5　英國之化學產品需求（百萬英鎊）

	1985	1986	1987	1988	1989	1990
無機產品	1,692	1,571	1,612	1,790	1,849	1,755
有機產品		2,262	2,747	3,069	3,266	1,755
肥料	957	825	753	713	798	842
配方殺蟲劑	270	278	296	399	469	484
樹脂與塑膠	2,534	2,673	3,276	4,097	4,353	4,336
人造橡膠	205	192	196	205	207	225
染料	394	460	565	638	729	698
油漆	1,079	1,173	1,256	1,419	1,458	1,521
印刷墨水	197	223	243	280	284	327
藥品	2,642	3,057	3,418	3,912	4,226	4,313
肥皂與清潔劑	849	900	954	1,029	1,176	1,319
香水與化妝品	1,090	1,156	1,235	1,287	1,356	1,621
照相	530	535	562	560	602	540
油脂與香料	269	241	259	314	354	405
膠帶	468	509	544	592	636	680
臘與其他	1,949	2,201	2,470	2,587	2,897	2,967

附錄 6　艾佛得集團

總裁：A. H. Simon BSc MBA　　　　　FT 集團：化學產品
秘書：E. J. Pratt FCA FBIM　　　　　市值（千英鎊）：79,012
登記者：Barclays Registrars　　　　　資產負債表日價格（便士）：73.0
登記辦公室：Common Road, Stafford ST16 3EH　面額：20 便士
電話：0785 57755傳眞：0785 214403

	1987 年 9 月 30 日	1988 年 9 月 30 日	1989 年 9 月 30 日	1990 年 9 月 29 日	1991 年 9 月 3 日
損益表（千英鎊）					
營收	95,848	122,399	197,398	271,431	279,000
息前稅前純益	7,421	10,818	16,075	22,381	14,100
稅前純益	6,118	9,106	11,466	14,769	6,400
股東可享純益	3,744	5,842	7,703	9,541	5,100
特別股股利	40	40	305	2,877	5,100
普通股股利	1,606	2,277	4,243	4,589	2,600
平均員工數	1,659	1,942	2,593	3,650	3,675
薪資	16,728	19,842	30,427	43,434	47,900

資產負債表（千英鎊）

普通股股本	7,692	8,618	14,025	14,297	14,500
股東權益	32,432	36,080	45,967	59,373	59,200
資本淨額	44,704	56,545	101,754	114,273	112,100
流動資產	43,031	53,418	100,152	104,321	96,500
流動負債	28,274	46,333	94,648	103,188	78,400
總資產	69,022	89,536	162,941	174,392	166,600
總負債	8,234	17,413	42,031	46,932	48,300
無形資產	130	435	376	323	200

績效比率

資本報酬率（%）	18.2	24.2	28.4	22.0	12.3
毛利率（%）	7.7	8.8	8.1	8.2	5.1
槓桿率	21.4	33.4	52.2	54.2	55.7
盈餘收益率（%）	9.65	9.50	10.04	10.38	0.00
股利收益率（%）	3.55	3.48	5.30	9.01	0.00
本益比	14.21	14.04	12.03	12.34	0.00

年成長率（%）

總資產	47.65	29.72	81.98	7.03	(4.47)
營收	36.84	27.70	61.27	37.50	2.79
稅前純益	63.89	48.84	25.92	28.81	(56.67)

普通股績效（便士）

淨值	83.0	82.6	6.9	16.3	15.0
每股盈餘	16.39	19.09	15.27	9.86	0.00
每股股利	6.05	7.00	8.05	8.56	4.77
股利保障倍數	2.7	2.7	1.9	1.2	0.00
淨現金流量	13.2	15.9	11.9	12.3	6.3

最近每股股利（便士）

年底	眞實值	調整後	結束日期	支付日	稅率（%）
1989 年 9 月 30 日	股利 2.16	8.05	89 年 7 月 31 日	90 年 9 月 22 日	25
	股票 5.898		89 年 2 月 12 日	90 年 4 月 2 日	25
1990 年 9 月 29 日	股利 2.373	8.56	90 年 7 月 23 日	90 年 9 月 21 日	25
	股票 6.187		91 年 1 月 28 日	91 年 4 月 2 日	25
1991 年 9 月 29 日	股利 2.373	4.77	91 年 7 月 29 日	91 年 9 月 27 日	25
	股票 2.4		92 年 1 月 27 日	92 年 4 月 1 日	25

活動分析

營收（1991 年）：膠帶 26.4%、衣料 20%、塑膠 34.8%、鞋類 18.8%。
地理區域：英國 46.7%、其他 EEC 國家 15.9%、美洲 26.5%、世界其他地區 10.9%。

盈餘與股利

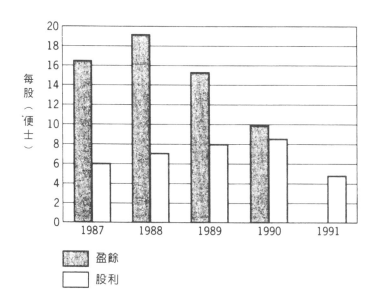

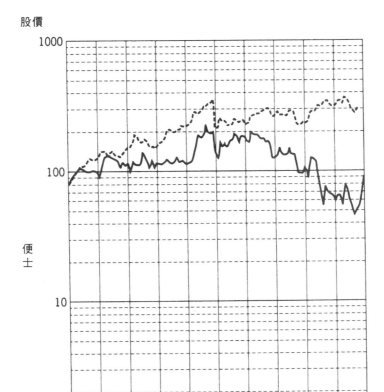

股價

1000

100

便
士

10

1

1983 1984 1985 1986 1987 1988 1989 1990 1991 1992

———— 股價－面額 20 便士

------- FT 集團 42 指數－調整後

（資料來源：Extel Handbook of Market Leaders）

股價範圍（便士），年底為 12 月 31 日

	1987	1988	1989	1990	1991
最高	229.0	192.0	213.0	158.0	124.0
最低	112.0	147.0	120.0	90.0	43.0

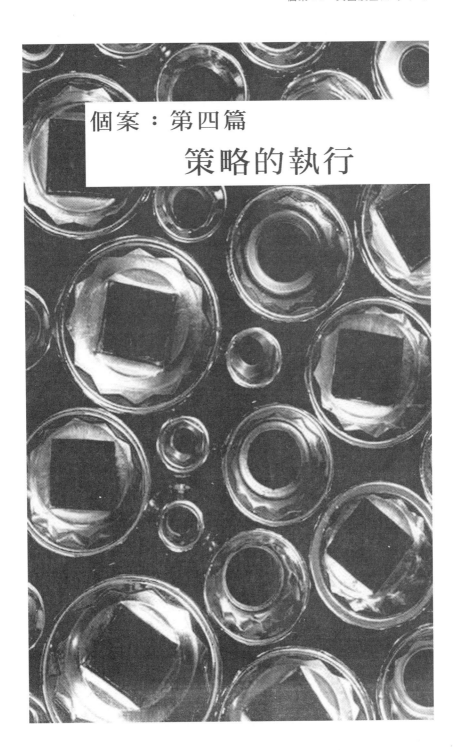

個案：第四篇
策略的執行

個案 14：英國航空公司（B）

「頂尖的航空公司」

　　英國航空在 1980 年初期的裁員行動，導致了管理人員的缺乏。這樣的情況又因為 1980 年代末期，航空旅遊的蓬勃發展而更形惡化。此外，該產業目前更為科技導向，因此科技已成為一項重要的策略變數。

　　英國航空決定以發展公司內部的管理人才識別與教育計劃來回應。公司將經理人分為三種層級：

- ⊙　高階經理人—有潛力成為高階主管者；
- ⊙　資深經理人—有潛力成為資深經理者；以及
- ⊙　中階經理人—有潛力成為資深主管者。

　　高階經理人置於哈佛與 INSEAD 的高階主管課程之中研習。資深經理人接受蘭卡斯特大學的英國航空課程訓練，而中階經理人則參加蘭卡斯特大學的訓練課程。

　　對資深經理人而言，這個過程是要培養成為一位資深的英國航空領導

人所需的技能。經由多項來源，包括英國航空未來的策略需求，建立了一份「表面」能耐（surface competence）清單（參閱表 1）。「表面」這個字的意思，代表這些能耐很容易就能夠讓組織瞭解。「來源能耐」（source competences，參閱表 2）較具因果關係，必須藉由心理測驗來辨識。另一種描述差異的方法是說，來源能耐較屬於個體且耐久，而表面的能耐可以透過經驗加以發展。很清楚地，發展這樣的剖析並非毫無困難。舉例而言：

⊙　這樣的剖析是否為未來導向？

⊙　是否正確？

⊙　若組織受限於環境的快速變化，這樣的剖析有何價值？

⊙　短期或長期的展望為何？

⊙　是公司的需求或部門的需求？

⊙　特殊論或一般論？

⊙　不符合能耐剖析的成功經理人應該如何處置？

表 1　英國航空高階主管外在能力

願景	能夠發展成創新、成熟、一致以及未來導向的狀態
方向	能夠在良好的評估優先順序、事實、風險以及可能性之後制定策略、計劃、以及戰術
商業導向	滲透至所有決策與行為的商業態度與敏感度
結果導向	統馭、負責、達成結果、並支持必要動機的驅力
關係經營	人格特質與人際技巧可促進與主管、部屬、同事、以及其他部門同事建立開放、建設性的關係
資源管理	有能力、並有技術能夠以商業的角度決定需求，並管理不論是人力或是物質資源的取得與應用
整個組織的觀點	能夠正確判斷一家大型國營航空公司的複雜互動關係，並具有相當的敏感度

Source: The Photofit Manager, ed. Marion Devine, Unwit Hyman 1990, reproduced with permission.

表2　英國航空的高階主管之能耐來源

聰明度
⊙關鍵分析思考
⊙綜合
⊙概念思考
⊙原創與分離思考
⊙彈性思考
⊙平衡思考

人際關係
⊙社會影響
⊙互賴
⊙對上關係經營
⊙下屬關係經營
⊙其他關係經營

工作方式
⊙判斷
⊙堅決
⊙有效能
⊙精力充沛

Source: The Photofit Manager, ed. Marion Devine, Unwit Hyman 1990, reproduced with permission.

　　上述代表你在唸過英國航空（A）的個案之後必須探討的一些關鍵問題。

策略、風格與能力

　　多變的環境需要策略的改變。而策略的改變又會導致諸如組織再造、角色與工作重新定位之類的組織發展活動。因此，企業必須確保管理的發展吻合策略及組織的發展。

　　因此最高管理當局的任務在於創造長期的目標及策略，以給予組織未來的方向感：創造能夠執行策略的組織結構，同時並確保組織的知識與技

術，能夠迎合當下以及未來的需求。

上述的大部份都可藉由不斷地進行小型的決策來實現。然而，環境的改變通常較為動盪，且幅度較大。後者可能導致已為人接受的實務與信念產生劇烈轉變。很清楚地，變動的速度越快、變動的幅度越大，要瞭解策略的目標並建立管理能力的要素就變得更為困難。

我們並未建議任何一種一般性的管理風格，對資深的經理人亦然。策略的執行跟管理風格，諸如獨裁相對於民主、承擔風險相對於保守等等之間，有極為密切的關連性。最合適的管理風格會因狀況而異。最重要的工作是要讓管理風格和策略彼此配合。

個案 15：邦利健康醫療信託公司（Burnley Health Care Trust）

■ ■ ■ ■

　　總裁詹姆士‧羅森（James Rawson）在邦利健康醫療信託公司1993-1994 年的年報中表示，這是一個「人性化的組織」，並在過去一年內表現良好。他稱許員工的努力以及他們所支持的自發性組織，同時說：

　　　　我們和我們的員工組織達成了新的協議，這將改善我們未來的溝通，同時，重整臨床管理的行動開始顯露出我們預期這次改變將帶來的利益。

　　根據其年報所述，在這年內患者人數比以往多，而且服務的品質也得到改善。然而 9 月一開始，憤怒的保健服務員工參加了信託董事會的年會，並在員工以及公衆代表的面前，譴責邦利的 National Health Service（NHS）信託管理階層在資金運用上極爲草率。在這個於 Burnley 的 Friendly Hotel 舉行長達兩小時半的會議中，與會人士包含了大約 100 位公衆以及員工代表。

　　一位 NHS 的員工譴責說，該信託董事會擁有整個國家裡面最沒有士氣的一群員工，同時並指出，該董事會讓員工一直遭受壓抑、缺乏資訊、同時對他們的工作缺乏信心。這個被描述爲菁英的雙層系統是因爲民營化而

開始。該董事會說，他們會逐漸解決成員在會議中所提到的問題。各方的
員工代表指出，在醫院進行大規模的改變、病房的關閉以及重組的情況
下，他們並不能確定他們的未來。

馬哈地被免職

　　1994 年 9 月中旬，資深的婦產科顧問揚・馬哈地（Ian Mahady）在
邦利綜合醫院被革職一事，引發了一連串的事件。馬哈地先生擔任邦利的
顧問已經有 14 年的歷史了，依其申訴所言，在他擔任臨床部門主管時收
到了免職通知，同時只有三個小時可以清理他的桌子。其他的顧問、地區
評議會、病患看護、社區保健董事會、一般執業醫師（GPs）、以及病患
都逐漸介入，同時應公眾要求而在 11 月舉辦了一項公開說明會，在會議
中，馬哈地先生被邀請來說明事件始末。此外：

- ⊙ 英國醫療協會（BMA）要求，這件案子必須要提交給位於 Virginia
  Bottomley 的保健部長；

- ⊙ 病患要求馬哈地先生復職；同時

- ⊙ 一些顧問表達對此次解職的關心，他們認為這樣很不道德。

　　超過 20 位顧問簽署一封給信託董事會總裁羅森的公開信，對於馬哈
地先生仍然必須照顧病患的情形下，僅因為財務的理由而遭醫院解職一
事，表達遺憾與譴責之意。在這封公開信中，顧問譴責董事會干預馬哈地
先生診療，並指出，就道德上而言，在他們不確定是否能夠持續提供看護
的情況下，要繼續合理地對待病患會十分困難。NHS 信託當局宣稱，之所
以決定裁員，是因為在病患人數減少時，該部門的員工數目已經過多，同
時指出，將盡可能減低任何的不安以及沮喪感。信託的執行長梅琪・愛金
曼（Maggie Aikman）指出，她已經給予馬哈地先生時間，並十分確信他
會接受離職的安排，包含給予他一大筆超出其資格的離職金，若是他接受
的話，這可以讓他有機會在其他地方繼續從事其工作。她提到她已與馬哈

地先生的所有病患接觸過，而且他們將由其他的顧問加以看護。

1994 年 9 月 20 日當天，位於倫敦的皇家婦產科大學對於解職、醫院員工比例、以及持續訓練新進員工的議題表達關心之意，在此同時，馬哈地先生也離開了。這間大學將要求國家的最高醫療主管肯尼士·卡爾曼（Keeneth Calman），和 Virginia Bottomley 的保健部長共同關切這項議題，同時並致函西北地區保健主管唐諾·威爾森爵士（Donald Wilson）、信託董事會以及社區保健董事會。馬哈地先生也再次確認 BMA 將代理他針對這次的解職採取法律行動，這吸引了 Virginia Bottomley 對他遭到解職的本質、以及該事件對於其他顧問所代表的意義，表達關切之意。

公眾活動

舉辦活動對抗馬哈地先生解職事件的公眾成員，保證盡全力支持他，而且認為醫院需要更多的員工，而非繼續裁員。經過超過 5,000 個人簽署的請願書中，要求讓馬哈地先生復職，同時要求 NHS 信託當局主其事者下台。

在 1994 年 10 月 12 日於邦利鎮禮堂的公開會議中，邦利議會的工黨成員派克（Peter Pike）說，他當天稍早已經和信託的總裁羅森與執行長愛金曼討論過，而他們也再度強調馬哈地先生復職並沒有問題。派克先生說，他仍然等待 Virginia Bottomley 的保健部長，對他於 9 月 30 日敦促其調查該信託的運作、以及處理員工問題的方法之回應。他保證醫院信託將在工黨政府執政下廢除。

Burnley Borough 議會領導人凱絲·瑞德（Kath Reade）議員說，她已經收到了來自病患的信件及電話，他們不知道將會由誰來照顧。她將辭退馬哈地先生的事件，比喻為一種經理人員和會計師將醫療服務視為民營企業一般營運的「疾病」之症候。Burnley 議會完全支持她的描述，而

且請求信託所資助對於這次辭退的調查能達到完全客觀、公平以及獨立的效果。

這次活動的組織成員之一史蒂夫‧歐唐納（Steve O'Donnell）說，他們已經與想要參與並提供協助的護士和員工進行接觸，但是他們擔心若是他們坦然陳述，就會危及到他們的工作。歐唐納先生建議，若邦利信託能退出這項調查，他們認為他們可以大為成功。

馬哈地先生說，在他被辭退時，所有的婦科病患仍排隊等候，而且部份病患指出，現在他們必須要等超過一個小時才能指定其他醫師。他同時指出，辭退他的事件是員工士氣低落、以及管理人員不尊敬醫療人員的一個例子。他指出：

> 我並不是唯一有問題的人。我並不確定我是否立下了一個壞榜樣。但是法律顧問告訴我，他們依這種方式將我開除時犯了一個重大的錯誤，而且我們將對抗他們。這件事現在既然發生在我身上，也有可能發生在任何人身上。

要求政府調查

辭退馬哈地先生以及要求愛金曼女士辭職的議題，隨後由派克在西敏寺中提出。他詢問保健部次長傑洛‧馬龍（Gerald Malone），是否知道邦利保健人員對有關辭退馬哈地先生議題的看法，以及要求執行長下台的訴求。派克先生說，若是信託無法依照相關準則執行，他們就必須要加以調查。他指出：

> 準則十分精確。他們詳載了公平公開的程序，而且機構管理者和雇員之間，必須建立讓事件能夠適當調查的氣氛。這也強調了我最初所講的話。整件事變得複雜且令人十分煩惱，而且邦

利、潘德以及羅森達爾的人們必須要思考相同的事情。發生的所有事件，讓我決定請求對這個議題進行獨立調查，同時我將持續關注這件事的發展。*Virginia Bottomley* 的國家官員必須瞭解政府對邦利發生的事件，需要負起部份的責任。[3]

執行長辭職

事實上愛金曼女士的辭職是應總裁羅森的要求。羅森先生發起對愛金曼女士的不信任案投票，同時要求她辭職，但是執行長認為她已經成為代罪羔羊。

邦利社區保健董事會之本地保健看護代表法蘭克·克里夫（Frank Clifford），將這次的爭論比喻為「暴風雨中的船隻」，並指出這次的衝突讓他大吃一驚。他一直深信愛金曼女士以及羅森先生可以克服馬哈地的議題，而且他們已經顯露一絲曙光。他不知道羅森先生是否可以讓董事會完全支持其決議，但是他覺得，於衝突發生五天後的 10 月 24 日，才舉行之信託會議的時間太遲了。

10 月 25 日愛金曼女士辭職，並由大衛·米金（David Meakin）繼任。當被問及時，信託拒絕說明他們提供給愛金曼女士的補償金額；她在一個冗長且緊張的醫院會議中辭職。在這個會議之後發表的簡短聲明僅指出，自 10 月 28 日起愛金曼女士辭職，同時雙方都沒有進行進一步的評論或聲明。

信託董事會總裁羅森拒絕評論，同時下令不得洩露他支付給執行長的「黃金和解」（Golden Handshake）金額，她是 1992 年將邦利轉換成為自主管理之信託基金的主要推動者。

彼得·派克要求瞭解更多內情。他指出，大眾擁有瞭解發生什麼事情，以及大眾的資金如何支付給愛金曼女士，以讓她走路的權利。他說，

大家十分擔心信託在給馬哈地顧問一大筆錢退休之後不久，現在又再提供鉅額款項，讓愛金曼女士離開。他說：

> 在爭議發生使信託誕生之前，愛金曼前任的總經理也收得大筆的款項。我們不能一直這樣花醫療保健的經費。這種情形將在何時終止？

顧問們的回應

1994 年 10 月 31 日，邦利綜合醫院的顧問及資深醫療員工，舉行了一場被認為歷史上最重要的會議。他們的正式代表團體醫療諮詢董事會（MAC）的 70 位委員，與信託董事會總裁羅森和其他成員會面，商討關於人員道德、醫療成員在醫院營運中的參與程度，以及愛金曼女士的辭職案議題。

顧問要求董事會在進行重大決策時，必須要「公開且可靠」，而非黑箱作業，並拒絕對他們的行為進行評論。若是他們不滿意董事會所提出的理由，他們已經準備好對於總裁、或整個董事會進行不信任投票。他們的總裁彼得‧艾哈爾德（Peter Ehrhardt）博士，對於信託董事會拒絕對愛金曼女士的辭職，進行更進一步的解釋，或拒絕公開牽涉的金額一事感到十分光火。他認為，一位關鍵人物的離職只是冰山一角，他說：

> 信託董事會若是已經由過去的錯誤得到教訓，就必須要更公開且更可靠。董事會拒絕對於議題進行評論可能會產生很多問題。這是公眾的錢，納稅人的稅款，因此大眾有權知道發生什麼事。很明顯地錯誤已經造成，但是信託、員工、以及邦利的人們，或是其他的信託，要如何在事實不公開的情況下學到教訓呢？這不像是人們只須對自己、或他們的股東負責之民營企業，

這是一家醫院，NHS 十分特別，且發生的事情會影響人們的健康、人們的生活、以及人們的幸福。信託的成員沒有資格攔下他們的問題，拍拍屁股就走。

9 月時，MAC 通過對於醫療主管山姆·皮更斯（Sam Pickens）的不信任投票，他對所有成員寫了一封道歉信，並說他希望能改善與他們的溝通情形。

公眾表決

一項由成員發起要求馬哈地先生復職的公眾表決中問到：「你是否信任邦利健康醫療信託的資深管理人員？」結果顯示，在超過 450 個人於一個半小時的投票中，有 417 位投否定票，另外 40 位投肯定票。成員說，他們聽到一連串來自公眾成員，以及過去馬哈地先生的病患所產生的抱怨，這些病患抱怨他們被排到其他顧問等候名單的最後面。

醫療主管的離去

1994 年 11 月 3 日，邦利綜合醫院的顧問們，要求醫療主管皮更斯辭職。這次的辭職一皮更斯博士退出董事會的席位，但是仍然是醫院的醫師一解決當時管理階層和醫療員工之間的爭論，這次的爭論讓保健信託陷入一團混亂。顧問們的發言人彼得·艾哈爾德博士說，沒有人在這次劇烈的爭論中獲益，但是他現在希望雙方都可以更進一步緊密合作。

董事會所發表的一項聲明說，去年擔任醫療主管的皮更斯博士因為「分裂的爭議」，對信託以及員工的士氣、和病患之間的和諧關係造成不利的影響，因此決定要辭職。他希望他的辭職可以讓這些問題順利克服。

即使有來自各方的要求，認為公眾有權利瞭解支出的款項金額為何，信託董事會仍然拒絕證實是否在「黃金和解」中動用到超過 125 萬英鎊的

款項。由馬哈地辭職開始―他拒絕了 10 萬英鎊的條件―信託也拒絕評論是否因執行長愛金曼的離職支付超過25萬英鎊，或提議給予皮更斯博士1百萬英鎊，來中止他的工作。因此顧問代表MAC下達最後通牒，要求皮更斯博士在 48 小時內辭職，或他們將「讓這家醫院停止營運」。

社區保健評議會的態度

1994 年 11 月初，病患看護社區保健評議會（CHC），支持三位當地MP對邦利醫療保健信託所發生的危機，進行緊急獨立調查的聲請。邦利的MP派克，第四度要求 Virginia Bottomley 的保健部長介入這次的爭議，同時進行完整的調查行動。在這次要求之中，他讓潘頓地區（Pendle）的MP哥登・普林提斯（Gordon Prentice）、以及羅森達爾（Rossendale）與達爾文地區的 MP 珍娜・安德森（Janet Anderson）加入。這些 MP 和CHC 也聯合譴責與前任執行長愛金曼之間，所進行未公開的和解―據說牽涉金額超過 25 萬英鎊。

在邦利、潘頓與羅森達爾地區的 CHC，所共同舉行之特別聲請會議中，成員無異地支持調查之聲請。總裁克里夫代表指出，大眾對信託的信心已經低落到危險的水準。一般認為，若是要重建信心，就必須將信託的營運以及結構的內容適度地公開。

CHC 執行長保羅・依瑟林頓（Paul Etherington）認為，過去數週的事件一團混亂，人們對於信託經營保健服務的信心正快速喪失。

工會的立場

1991 年 10 月的最後幾天，聯合工會的委員會在醫院中集會討論，稍後秘書安得魯・傑克森（Andrea Jackson）說，最近數週的事件並非獨立事件，而是信託長期以來對待員工的態度所產生的徵候。工會一直抱怨員工長期以來所受到的待遇，這次的議題把所有的事件公開。

　　被問到失望的員工是否已經完全喪失對於邦利信託的信心，同時開始找尋其他工作時，傑克森女士評論，據一般的瞭解，人們因為這些爭議而撤回工作申請，而若是情況不能好轉的話，員工將會離職。醫院工會尋求和信託董事會盡早協商討論醫院現職人員的狀況。這幾個月以來，員工因為醫院收取停車費用、信託採行的員工臨時合約、以及信託拒絕認可所有工會的作法，而感到十分沮喪。

一般執業醫師（GP）的看法

　　相關的 GP 在 1994 年 11 月初，與顧問們在邦利綜合醫院會面，商討這次的危機。家庭醫師希望爭議能夠在對他們的病患產生影響之前平息。然而，GP 的正式代表蘭開夏醫療委員會（Lancashire Medical Committee）的發言人，否認這次的爭議會影響到 GP 介紹給邦利健康醫療的患者數目。委員會秘書大衛・諾博列（David Noblett）說，部份來自邦利的病患因為所處區域的關係，而受到 GP 們之推薦，而且這樣的情況很正常，並沒有數字顯示 GP 們在最近幾周，開始減少推薦前往邦利綜合醫院的病患人數。他指出，GP 們明顯關心這次的爭議對於邦利綜合醫院的影響，且希望能由邦利保健的長期利益觀點，來尋求及早解決之道。

信託總裁下台

　　1994 年 11 月中，整個城市謠傳邦利保健信託的總裁羅森已經辭職了。羅森先生在他位於 Ribble Valley 的家中，說明他對此不發表評論，且信託的發言人說，他完全不知道辭職的消息。然而，邦利議員在 General Purposes and External Affairs Sub-Committee 中報告說，整個關於信託的議題將變成一項「公眾的醜聞」，而且他們相信羅森先生現在已經辭職了。

　　邦利與潘頓地區的 MP 們，稍早要求羅森先生辭職，而一位議員近來

對此評論說，羅森仍然執掌權力是「世界第八大奇蹟」。議員們也要求信託的人力資源主管肯‧杭金森（Ken Huchinson）下台。

一位議員指出，參與的個人所嚐到的甜頭變成一項公眾事務，而且他由「可靠來源」指出，支付給愛金曼女士以及皮更斯博士的金額，大約為25萬英鎊左右。他要求BHC的人力資源主管杭金森先生，必須要接受公眾調查，同時他強調：

> 很明顯地，他無法否認他未參與馬哈地先生所遭遇完全不公平的解職待遇，並且他一直是工會議題的爭論之主要來源。。

哈利‧布魯克斯（Harry Brooks）議員說，整個事件變成一項公眾醜聞，並指出情況完全不合理且無法接受，因為主要參與者中已經有兩人離去，但是主要人物羅森仍然在位，且一點也沒有想要離去的傾向，同時對於留在這個位置也不會感到羞愧。

在1994年11月21日時，謠傳羅森受Virginia Bottomley保健部長要求以「健康理由」名義辭職。信託以及區域保健部的發言人同時表示，羅森先生仍然為信託總裁，而他們不對國家部長—他指定所有的NHS信託總裁—以及羅森先生的私人回應作任何的評論。

羅森先生的辭職信在11月24日送達倫敦的保健部，並由部長核准。據報導指出，部長寫信給羅森，敦促他在瞭解自辭退馬哈地先生後，過去數週間，邦利信託的混亂情況後，考量自身的去留。

羅森先生自信託成立以來，一直擔任這個之前是邦利、潘頓以及羅森達爾保健主管機關中，薪資2萬英鎊的職位。之前他是一位企業家，在加入政府的小企業服務之前，領導邦利與羅森達爾區的紡織公司。身為一個長期服務的保守黨成員，他在1985年獲得OBE的榮耀。

馬哈地的復職

1994 年 12 月 12 日，醫院宣布馬哈地即將復職。這個消息和危機調查的完整結果同時發佈。調查成員大衛・威爾（David Warrell）博士，以及羅柏特・阿特烈（Robert Atlay）先生，對信託的管理程序表達強烈質疑，同時認爲，在三小時之內知會馬哈地先生，是完全無法接受的狀況。

他們的報告指出，沒有足夠的理由讓馬哈地先生因爲冗員的理由而離職，因此要求讓他復職。此外，信託的新總裁佛烈・阿契(Fred Archer)博士說，董事會現在正與馬哈地先生會談，以商討如何聘用他成爲NHS顧問事宜。報告也指出在跟英國醫療協會接觸之前，另一位也被信託董事會視爲類似冗員的候選人，所依據之數字並不一致。

這份報告的出現，對於這個問題的處理顯得極爲關鍵，尤其是在財務主管與醫療主管都沒有辦法得到足夠的信任時。三小時的預示時間之決策，是已辭職的總裁羅森所堅持的事項。這次的調查顯示，馬哈地先生被認爲是獨裁者、老式風格、及隱瞞進展，但是他們強調，批評中並未提及馬哈地先生的醫療能力。

馬哈地的解職宣告同時也是因爲被主張無法符合合約要求的緣故，但是調查顯示，指定第四位顧問的安排並不適宜，而且對於提案也沒有進行良好的管理。然而實際上，整體婦產科的績效有所提昇，對於冗員的問題也並未研究出其他適當的解決方案。

在結論中，建議信託董事會應該審查其授權制度，並釐清資深經理人與部份經理人的角色。在信託之內，管理者以及醫療主管彼此間的關係，必須要加以重視，而人事政策以及程序必須完整地付諸文字。同時建議，董事會必須重新仔細地檢視人力資源部份的功能。

審查團提交三個選擇供信託參考：讓馬哈地先生重新在婦產科中，擔任顧問的職位、讓他擔任信託的其他職位、或讓他擔任邦利以外的其他職

位。

　　然而，爭議持續到 1995 年 1 月時，一項由邦利、潘德以及羅森達爾社區保健董事會所進行的調查顯示，若是馬哈地先生回復原來的職位，就會讓許多 GP 拒絕建議患者前往婦女保健單位（Women's Health Unit）。在發放的 138 份問卷中回收率接近 42%；回收問卷中有 22% 指出，若是馬哈地先生復職，他們將減少對於邦利婦產服務的推薦。馬哈地的回應是，CHC 散佈駭人聽聞的消息，他對於這種傷人、沒有助益、且執行不當的調查也大感震驚。

　　信託在 1995 年 1 月的獨立調查後，同意要讓馬哈地先生復職，但是直到 1995 年 1 月中旬，董事會才宣布他將回到邦利綜合醫院工作。馬哈地於 1995 年 2 月 6 日星期一，被正式任命重新執事。

BHC 信託法人的目標與計劃 [7]

　　1994 年初，信託董事會建議下列四項提案，且正式同意要以之作為 1994 年至 1995 年的目標。

1. 觀護活動

　　信託設定下列的活動水準：

- ⊙ 完成 45,297 次醫療診治；
- ⊙ 提供 40,407 次對新門診病患的服務；
- ⊙ 提供 57,000 次對意外事件及急診的服務。

　　上述的每個數字都由 1993-1994 年的水準增加了 6%。此外，急診以外的等候時間，以及等候名單，減少到最多 3 個月（這讓全部的等候時間最多只達到 6 個月），同時符合或不超過醫療許可證的標準（參閱附錄 3）。

2. 服務模式

將開發進行下列的特殊服務：

⊙ ENT（耳鼻喉科）；

⊙ 眼科；以及

⊙ 整型外科

同時也進行其他工作，以確保心理衛生服務部門更重視病患，且符合社區的醫療模式。這將包含與官方以及慈善機構間的通力合作。

信託並將以社區為基礎，評估於心理衛生服務部門中提供具挑戰性的行為矯正服務之可能性。

目前殘障年青人部門的營運政策，將重新評估新顧問的指定，以及來自於東蘭開夏保健當局，對於慢性疾病治療者給予較低的優先次序之建議。

規劃工作在邦利綜合醫院第四階段的重大發展後結束。

3. 品質議題

董事會將遵守，即符合醫療許可證關於品質議題的標準，同時並對臨床稽核、與合作醫療規劃方面，給予更多的重視。此外，公眾將會擁有更多諮詢以及參與的機會，並和社區保健董事會建立更密切的關係。

對於「第一線」員工的重視，將經由輪調與訓練的方式大幅提昇，同時，也將更為重視下列技術的品質以及相關職位的發展：

⊙ 顧客調查報告必須要回饋給信託組織內部的員工；

⊙ 設定標竿；

⊙　資格認定；

⊙　訓練對於顧客的關心；

⊙　改進對內與對外的溝通；

⊙　讚揚與傳播成功的經驗─尤其是透過有價值獎項的申請；以及

⊙　鼓勵對體系的建言以及對人員的投訴

4.管理議題

關於管理方面，設定的目標如下：

⊙　改善資產的使用情形，讓每一分錢都達到更高的價值。

⊙　改善服務的主要與次要要素之間的關係，同時強化一般執業醫師和顧問之間的關係。

⊙　進一步發展人力資源策略，包含改善支付程序，並將醫療服務重新組合設計。

事業計劃

過去的規劃所反映的事實是邦利健康醫療是早期的信託法人之一，且有權相信它的組織接近先前提供單位的角色。其服務的範圍以及看護的活動大幅增加，到目前為止，仍能符合其大多數的目標。

風險分析指出，有一系列的議題可能會讓信託無法符合其策略目標。基本上這些議題可以區分為三大類：

⊙ 更激烈的競爭；

⊙ 要求信託不僅提供的醫療服務要符合品質標準，同時要讓醫療更有效果；以及

⊙ 由於長期契約的減少，導致較低的財務穩定性。

由於更多的信託出現，而且大部份的信託都在尋求擴張的機會，因此使得競爭程度更為激烈。同樣地，同時有其他民營、非營利、以及政府部門的出現。整體而言，BHC信託必須要瞭解，部份傳統的社區醫療服務可以由一般的職業醫師取代。

信託也面對要求其不僅展現醫療品質，同時也要增加醫療效果的聲浪。在 1994 年 -1995 年我們可以預見消費者聯盟的出現，以及醫療執照許可進一步拓展的可能性（參閱附錄 3）。醫藥分離之主要方向，越來越重視要求NHS每年的支出都能夠提供有效的醫療服務。未來幾年購買者的行為模式與優先的選擇，可能是「結果」的合約或更詳細的醫療協定，而不再僅僅是簡單的數量化合約。

1994-1995年信託所遭遇的進一步挑戰，是要處理極大的不穩定性。其原因為：

⊙ 更多的一般執業醫生；

⊙ 更特定的合約；

⊙ NHS 管理當局的新安排；

⊙ 地方政府可能的改變。

最近 NHS 仍能透過政府的行政命令產生的「穩定起飛」，而在某種範圍之內緩和市場壓力。長期合約所確保的穩定性一大多由個別購買者所

提供—將不再容易取得。此外，一般執業醫師的增加，更添增系統的波動性。

信託所發展出來的事業計劃反映出改變的需要，而在整個計劃中，環繞著三個一貫的標準。這些標準摘要如下：

- ⊙ 擁有價格競爭力。這也反映出成本，必須透過減少組織內部所有浪費的活動來削減。

- ⊙ 提供在顧客服務、以及醫療方面，都擁有最高品質之醫療服務，以及認清顧客對醫療服務效果會更加要求客觀的衡量方式。

- ⊙ 建立信託醫療服務彈性，以處理未來數年即將持續遭遇之變化和波動性需求。

這些要求使信託重新檢視其人力資源、房地產、以及品質策略，而最近規劃時，也將這些考量納入事業計劃中。

品質

信託相信品質至少包含三方面的應用。

專業的品質　包含我們服務所提供的專業能力，以及：

- ⊙ 病況診斷；

- ⊙ 使診斷與治療計劃能夠密切配合；以及

- ⊙ 提供的治療方案符合技術優越的標準。

許多病患無法瞭解治療是否達到優越的技術標準。傳統上，管理當局透過醫學審核、標準設定程序、以及同儕和專家檢討的方式，來評估自身的品質。醫療服務的購買者，越來越想要能夠依照客觀的資訊與結果，來

判斷專業服務的品質。

顧客感受到的品質　由於病患不具有評斷專業服務品質的能力，他們由其他一系列的指標來判斷品質。這些指標包含諸如醫療許可證、建築物的舒適感、以及乾淨程度和員工的態度等等。

系統的品質　和許多信託一般，邦利健康醫療採取臨床以及準臨床的科別營運模式。身為一個獨立的信託，很自然地就有許多科別，而董事會則期望每個部門都能夠負責改善他們自己服務的品質。

信託推出一項完整品質改善計劃的五年策略。這個計劃一開始減少諸如組織不穩定、無法激勵員工的聘僱合約、缺乏訓練機會等等，被視為品質議題的抑制因素。

信託已經建立了品質的穩固基礎，尤其是專業的品質。臨床審核以及標準設定程序，都依照臨床專業善加制定。

信託已經準備好一個由執行長領導的小型團隊，以組織結構、領導、以及支援來提升品質。該團隊定期在董事會的公開會議中進行簡報。

行銷

為了確保組織的存活，信託必須要對NHS的改變產生回應。NHS導入了十分新穎、且獨特的內部市場概念。

最強大的顧客為一般執業醫師（GP），他們最重視品質議題，以及諸如治療的等候名單、和等候時間之類的議題，並開始對價格和品質的議題投入更多的關注。

產品

為確保「產品」能夠符合顧客的需求，就必須強調下列議題：

⊙ 門診病患等候名單、以及等候時間，是GP選擇推薦醫院的關鍵要素，因此必須盡可能縮短。

⊙ 病患想要由顧問治療，而較不願由資淺的醫療人員治療，且不願花費較長的治療時間。

⊙ GP們開始想要改變醫療的模式，希望由顧問和他們自己，以分擔的方式、以及共同計劃，來進行醫療工作。

⊙ 某些特殊科別每天的案子太少，必須要增加。許多人較偏好不需要在醫院過夜治療。

⊙ 部份減少在醫院的等候時間，並讓病患痊癒時間縮短的新技術已經發展出來了。諸如內視鏡之類的手術，就是類似的新技術。

定位

提供服務的地點對 GP 們和病患而言都一樣重要。雖然病患願意走較遠的路程去接受較好的立即服務，但由顧客分析中可以看出，他們較偏好就近的服務。

信託區域的北部有許多患者外流。若是提供更為便利的門診服務，也許能夠使這個情況大幅反轉。1994-1995 年與當地 GP 們共同成立的策略小組，就是為了探討他們的需求。

附註

1. BHC NHS 信託 1993-1994 年之年報
2. 1994 年 10 月 14 日 *Burnely Express*
3. 1994 年 10 月 23 日 *Burnely Express*
4. 1994 年 11 月 1 日 *Burnely Express*
5. 出處同上
6. 1994 年 11 月 11 日 *Burnely Express*
7. BHC NHS 信託 1994-1995 年之年報

附錄 1　當地主管機關的角色

當地政府長期以來一直介入醫療服務的提供。1993 年，當地主管機關負有兩大重要的保健責任：個人社會服務以及環境保健服務。前者涵蓋一系列針對兒童、家庭、老人、精神病患、以及身心殘障者的醫療、保護與支援服務。當地主管機關與 NHS 和獨立機構合作，提供當地居民以及社區醫療與支援服務，而且也在社區保健發展中扮演著重要的角色。

當地主管機關的環境保健服務負責一系列會影響健康的事物，範圍涵蓋由病媒控制以及噪音污染，一直到食品的審查與登記。當地主管機關同時負責包含住屋、教育、清潔、廢棄物處理的服務，並提供運動和休閒設施。

附錄 2　國家保健服務

在 1948 年創立的國家保健服務，可能是當時最具挑戰的構想之一。歷經 40 年之後，激進的保守黨執政當局決定要對 NHS 採行改革。根本的問題在於成本。NHS 的創立者相信，當醫藥可以免費取得時，民眾就會變得更健康，並減少對醫療的需求。事實上情況似乎正好相反。醫療技術的進展，顯示越來越多過去無法醫治的病患，現在能夠治癒，而新的技術帶來新的醫療標準。然而，由於每個人擁有被治療的權利，對於這些昂貴服務的需求會大幅提高。

1990 年英國 NHS 的支出每年每人約 500 英鎊，總支出約為 280 億英鎊。就某種程度而言，由於對於醫生及護士支付的金額，比他們在其他地方可以賺得的少，因此成本可以保持在較低的水準。（1990 年擁有約 1 百萬個員工使得 NHS 變成歐洲最大的雇主。）另一個降低成本的方法是分配醫療資源，因此增加了等候手術的人數。

最巨幅的轉變是將服務區分為「購買者」以及「提供者」而創造出

被稱爲「內部市場」的機制。內部市場是一種讓 NHS 運作得更類似民營企業的方式，在這種情況下，一般預期可以維持較低的價格以及較高的品質。在醫療市場中的主要提供者爲醫院與 GP 們。這個機制主張，購買者應該購買，而提供者也應該以最具競爭力的價格提供最高品質的醫療服務。

直到 1991 年爲止，保健主管當局各自在其行政區域中負責醫院營運。稍後主管當局減少干預，並由醫院進行自身的營運管理。保健主管當局仍然負責確保所屬行政區域的醫院整體而言，能夠提供當地居民所需要的醫療服務，但是他們的主要工作變成要制定每年與醫院間的合約。

組織

NHS 的組織共分爲七個層級（見圖 1）。國家保健部長領導由數千名公務員所組成的部門。由部長所領導的保健政策董事會則決定保健服務的策略。

圖 1 NHS 的組織

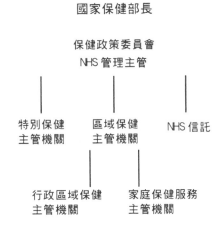

　　區域保健主管機關（RHA）將資金分配給不同行政區域的保健主管機關、家庭保健主管機關以及一般執業醫生基金持有者。他們的主要功能為決定資源應如何分配，以及調解「購買者」和「提供者」間產生的任何爭議。

　　行政區域保健主管機關為當地居民購買醫療服務，並管理除了NHS信託之外的醫院。

　　NHS信託直接向保健部報告；它們的收入主要來自與行政區域保健主管機關和 GP 之間的合約。

　　家庭保健服務主管機關（FHSA），通常和地區行政保健當局服務相同的社區。他們主要的功能是要確保 GP 、牙醫、藥劑師、以及驗光師適合在當地工作，並支付他們薪資。

　　社區保健評議會（CHC）為代表消費者權益，並提供公眾建議及資訊的法人。他們的成員包含主管機關、非營利組織以及 RHA 。

附錄 3   醫療許可證

醫療許可證中詳列病患的權益,以及保健服務應符合的標準。

⊙ 不考慮支付能力,都能接受必要的臨床保健服務。

⊙ 在一位 GP 處建立檔案記錄。

⊙ 在任何時候都能夠透過你的GP、或是緊急救護服務和醫院急救部門,來接受緊急的醫療服務。

⊙ 在 GP 認為必要時,諮詢你願意接受的顧問,同時在你和你的 GP 認為必要時,諮詢其他的意見。

⊙ 在你決定是否同意接受醫療前,能夠清楚的知道任何關於治療方式的理由、風險以及替代方案。

⊙ 可調閱自己的健康記錄,並瞭解替 NHS 工作的人,都在對內容保密的法律規定下做事。

⊙ 可選擇是否希望參與醫療研究或醫學院學生的訓練。

⊙ 可擁有當地醫療保健的詳細資訊,包含品質標準以及最長的等候時間。

⊙ 在你的顧問將你排近等候名單之後,保證你將在兩年之內的某個特定日子中接受治療。

⊙ 可對 NHS 的相關服務—不論由誰提供—之抱怨要求進行調查,同時將迅速收到由執行長或總經理所回覆的完整結果。

⊙ 可輕易且迅速的更換醫師。

⊙ 可擁有適當的處方藥品。

⊙ 在初次會診時可進行健康檢查。

⊙ 年齡在 16 歲至 74 歲間，且過去三年內未見過醫師者：在現行保
健推廣計劃下可以進行健康檢查；若年滿75歲，會有每年的家庭
訪問以及健康檢查。

⊙ 可透過家庭保健服務主管機關的記錄，瞭解關於當地家庭醫生之
服務的詳細資訊。

⊙ 可收到你醫師的服務清單，上面將介紹他或她所提供的服務種
類。

許可標準

醫療許可證中設立一些全國性的許可標準，並建議保健主管機關、
FHSA、以及 GP 應公佈他們當地的標準。部份的標準與治療的方式，和對
於NHS人員的行為標準之期望有關，其他則是較為數量化的指標。包含：

⊙ 尊重隱私、尊嚴以及宗教和文化信仰。病患的飲食要求必須要尊
重，而私人房間必須要能夠讓親屬進行隱密的討論。

⊙ 計劃必須確保包含有特殊需要的每個人，都能夠使用這些服務。
同時包含確保建築物能夠方便使用輪椅者通行。

⊙ 資訊將傳遞給親屬與朋友。保健當局須確保若是你願意，朋友與
親屬將會被告知你的治療過程。

⊙ 急救服務的等候時間：市區內 14 分鐘，郊區 19 分鐘。

⊙ 急救部門初步診斷的等候時間：立即看護並診斷。

⊙ 門診病患的等候時間：你必須約定特定的診療時間，並在該時間
的 30 分鐘內接受治療。

⊙ 手術的取消：即使因為緊急事故或醫療人員生病，你的手術不能

在你必須進行的當日取消。若你的手術被延遲兩次，醫院必須在
第二次取消手術的一個月內進行手術。

⊙　每位病患都由一位合格的護士、助產士、或是看護負責。

⊙　病患離院。在離院之前，院方必須決定關於你可能需要的持續保
健或社會醫療，必要時，則應進行任何相關的安排。

國家圖書館出版品欲行編目資料

策略管理個案集 ／ George Luffman 等原著 ：
李茂興・田美蕙譯. -- 初版 -- 臺北市 ： 弘智文化,
2001〔民 90〕
面： 公分
譯自：Strategic Management : An Analytical Introduction
ISBN 957-0453-28-1（平裝）

1. 決策管理 – 個案研究

494.1   90005751

策略管理個案集　Strategic Management

【原　　　著】George Luffman, Edward Lea, Stuart Anderson,
　　　　　　　Brian Kenny
【校 閱 者】王秉鈞
【譯　　　者】李茂興
【執 行 編 輯】黃彥儒
【出 版 者】弘智文化事業有限公司
【登 記 證】局版台業字第 6263 號
【地　　　址】台北市丹陽街 39 號 1 樓
【 E-Mail 】hurngchi@ms39.hinet.net
【郵政劃撥】19467647　戶名：馮玉蘭
【電　　　話】(02) 23959178．23671757
【傳　　　眞】(02) 23959913．23629917
【發 行 人】邱一文
【總 經 銷】旭昇圖書有限公司
【地　　　址】台北縣中和市中山路 2 段 352 號 2 樓
【電　　　話】(02) 22451480
【傳　　　眞】(02) 22451479
【製　　　版】信利印製有限公司
【版　　　次】2001 年 5 月初版一刷
【定　　　價】390 元（平裝）
ISBN　　957-0453-28-1

本書如有破損、缺頁、裝訂錯誤，請寄回更換！